安徽省高职高专护理专业规划教材

生物化学

（第2版）

（可供高职高专卫生职业教育各专业使用）

主　编　杜　江
副主编　张又良　闫　波
编　者　（按姓氏笔画为序）
闫　波（安徽医学高等专科学校）
李道远（皖西卫生职业技术学院）
杜　江（合肥职业技术学院）
陈　岩（滁州城市职业技术学院）
迟亚瑨（宣城职业技术学院）
张又良（安徽人口职业学院）
胡艳妹（铜陵职业技术学院）
蔡玉华（合肥职业技术学院）

东南大学出版社
SOUTHEAST UNIVERSITY PRESS
·南京·

内容提要

本书主要介绍蛋白质的结构与功能、核酸结构与功能、酶、维生素、生物氧化、糖代谢、脂质代谢、蛋白质代谢、核酸代谢和蛋白质的生物合成、水和无机盐代谢、非营养物质的代谢等。本书内容简练、实用，可操作性强。本书还增加"学与问""知识点归纳"等内容，以便于学生复习和掌握。

本书可供高职高专卫生职业教育各专业使用。

图书在版编目(CIP)数据

生物化学 / 杜江主编. —2版. —南京：东南大学出版社，2016.1

ISBN 978-7-5641-6325-9

Ⅰ.①生… Ⅱ.①杜… Ⅲ.①生物化学-高等职业教育-教材 Ⅳ.①Q5

中国版本图书馆CIP数据核字(2015)第320289号

生物化学(第2版)

出版发行	东南大学出版社
出 版 人	江建中
社　　址	南京市四牌楼2号
邮　　编	210096
经　　销	江苏省新华书店
印　　刷	江苏徐州新华印刷厂
开　　本	787 mm×1 092 mm　1/16
印　　张	12.75
字　　数	319千字
版　　次	2016年1月第2版　2016年1月第1次印刷
书　　号	ISBN 978-7-5641-6325-9
定　　价	36.00元

* 本社图书若有印装质量问题，请直接与营销部联系，电话：025—83791830。

随着社会经济的发展和医疗卫生服务改革的不断深入，对护理人才的数量、质量和结构提出新的更高的要求。为加强五年制高职护理教学改革，提高护理教育的质量，培养具有扎实基础知识和较强实践能力的高素质、技能型护理人才，建设一套适用于五年制高职护理专业教学实际的教材，是承担高职五年制护理专业教学任务的各个院校所关心和亟待解决的问题。

在安徽省教育厅和卫生厅的大力支持下，经过该省有关医学院校的共同努力，由安徽省医学会医学教育学分会组织的安徽省五年制高职护理专业规划教材编写工作，于2005年正式启动。全省共有10余所高校、医专、高职和中等卫生学校的多名骨干教师参加了教材的编写工作。本套教材着力反映当前护理专业最新进展的教育教学内容，优化护理专业教育的知识结构和体系，注重护理专业基础知识的学习和技能的训练，以保证为各级医疗卫生机构大量输送适应现代社会发展和健康需求的实用性护理专业人才。在编写过程中，每门课程均着力体现思想性、科学性、先进性、启发性、针对性、实用性。力求做到如下几点：一是以综合素质教育为基础，以能力培养为本位，培养学生对护理专业的爱岗敬业精神；二是适应护理专业的现状和发展趋势，在教学内容上体现先进性和前瞻性，充分反映护理领域的新知识、新技术、新方法；三是理论知识要求以“必需、够用”为原则，因而将更多的篇幅用于强化学生的护理专业技能上，围绕如何提高其实践操作能力来编写。

本套教材包括以下30门课程:《卫生法学》、《护理礼仪与形体训练》、《医用物理》、《医用化学》、《医用生物学》、《人体解剖学》、《组织胚胎学》、《生理学》、《病理学》、《生物化学》、《病原生物与免疫》、《药物学》、《护理心理学》《护理学基础》、《营养与膳食》、《卫生保健》、《健康评估》、《内科护理技术》、《外科护理技术》、《妇产科护理技术》、《儿科护理技术》、《老年护理技术》、《精神科护理技术》、《急救护理技术》、《社区护理》、《康复护理技术》、《传染病护理技术》、《五官科护理技术》、《护理管理学》和《护理科研与医学文献检索》。本套教材主要供五年制护理专业使用,其中的部分职业基础课教材也可供其他相关医学专业选择使用。

成功地组织出版这套教材,是安徽省医学教育的一项重要成果,也是对安徽省长期从事护理专业教学的广大优秀教师的一次能力的展示。作为安徽省高职高专类医学教育规划教材编写的首次尝试,不足之处难免,希望使用这套教材的广大师生和读者能给予批评指正,也希望这套教材的编委会和编者们根据大家提出的宝贵意见,结合护理学科发展和教学的实际需要,及时组织修订,不断提高教材的质量。

卫生部科技教育司副司长 孟群

2006年2月6日

前言

本教材是在安徽省卫生厅和安徽省教育厅的关心指导下，由安徽省医学会医学教育分会组织编写的安徽省五年制护理专业高职规划教材，除可供五年一贯制高职护理专业使用以外，还可供高职临床医学、医学影像、口腔技术、生物制药、妇幼卫生等专业使用，也可作为卫生类中专护理等专业的教材或参考书。

高等职业教育是我国教育教学改革的新事物，教学改革的中心工作是教材建设。教材不仅是学生获得系统知识进行学习的主要依据，而且是教师教学的主要依据。本教材编写旨在进一步提高学生的思想道德品质、文化科学知识、审美情趣和心理素质，培养学生的创新精神、实践能力、终生学习的能力和适应社会生活的能力，促进学生的全面发展，同时为学生学习药理学、生理学等后续课程打下坚实的基础。

本教材编写的指导思想是在充分体现“思想性、科学性、先进性、启发性和适应性”的基础之上，坚持“实用为本、够用为度”的原则，强调教材“以培养目标为依据，适当淡化学科意识”，以适应医学教育和医学发展的需要。

在编写过程中注意与其他相关课程知识的衔接，考虑到学生的实际情况，增加了每部分的主要问题的学与问，同时适当增加课后复习题，以便学生对所学内容的复习和掌握。

本书按54学时编写，包括绪论在内全书共十二章。本书由主编杜江统稿，参加编写的有（按章节顺序排列）：杜江（第1章、第6章、第11章），李道远（第2章、第9章）陈岩（第3章），闫波（第4章、第8章），迟亚瑨（第5章、第12章），胡艳妹（第7章），蔡玉华（第10章）。本教材主要供五年制高职护理专业使用，相关其他医学类专业也可使用。

本教材编写过程中得到了安徽省卫生厅、安徽省教育厅、安徽医学高等专科学校、宣城职业技术学院、铜陵职业技术学院、皖西卫生职业学院、城市职业技术学院、合肥职业技术学院以及各位编者所在学校的大力支持，编者在此表示感谢！并对本书所引用参考文献的作者及编者深表谢意！鲁文胜老师帮助校对部分稿件，在此一并致谢。

由于我们水平有限，本教材难免存在不少缺点和不当之处，尤其是在教材的内容取舍及编写方法的变革方面，还衷心期望各同行专家，特别是直接使用本教材的师生、读者给予批评和指正。

杜　江

2015年7月

第1版前言

本教材是安徽省五年制高职护理专业规划教材之一,是面向21世纪的高职教育课程教材。因此,我们确定编写本教材的指导思想是:在现代教育思想指导下,转变教育观念,坚持以就业为导向,以能力为本位,面向社会,面向市场,为我国经济结构调整和科技进步服务,努力造就社会迫切需要的高素质技能人才。编写的原则是:以培养能够从事护理工作的应用型高素质护理人才为目标,加强理论、联系实际、突出护理、面向发展。

全书共16章,介绍了蛋白质、核酸及酶的结构与功能,以及维生素、糖代谢、生物氧化、脂类代谢、氨基酸代谢、核苷酸代谢、基因信息的传递与表达、分子生物学常用技术与人类基因组计划、血液的生物化学、水和无机盐代谢、酸碱平衡和肝脏的生物化学等方面的知识。

编写教材时,我们尽可能地做到既顾及生物化学学科长期积累形成的知识结构体系,同时又能突出护理专业的特点,在生物化学基础知识中渗透与之相关的护理应用性知识,以适应整体护理、程序护理的要求,及融治疗、教育、咨询为一体的复合型护理模式转变对人才的需求。编写教材时注意到知识体系的框架结构、逻辑顺序,按照人们认识事物的普遍规律和科学的思维方式、方法组织教材内容,既便于学生自学,同时也有利于教师指导学生学习,试图让学生从中领悟到分析问题的思路和方法,培养学生获取知识的能力,提高其综合素质。

本教材由8位教师执笔编写，他们以严谨的治学态度和高度的责任心，经多次修改和审阅，最后定稿。在编写过程中，我们得到了安徽省宿州卫校、阜阳卫校、黄山卫校、安徽省计划生育学校、铜陵职业技术学院、淮南卫校、安徽医学高等专科学校和巢湖职业技术学院的领导和老师的大力支持，对此，我们深表敬意和感谢，对其他支持和帮助过我们的同行们、朋友们也在此一并表示感谢。

由于我们的水平有限，加上时间仓促，书中难免会出现不足和错漏，敬请师生们在使用过程中及时提出意见，我们将不断地予以改正和完善。

鲁文胜

2005年10月

目 录

目录

第一章 绪 论

学习目标

掌握生物化学的基本概念；熟悉生物化学发展的历史与现状以及其学习方法；了解生物化学学习的基本内容以及与医学专业学习的关系。

课前准备

预习全章内容，初步理解本章主要讲述的内容。

生物化学(biochemistry)也称生命化学(life chemistry)。它是一门运用化学的原理和方法从分子水平研究生命现象，阐明生命现象的化学本质，探讨其组成与结构、物质代谢与调节及其生理功能的科学。生命化学是生命科学领域重要的领头学科之一。随着研究的深入和发展，生命化学已融入了生物学、物理学、微生物学、细胞生物学、免疫学以及遗传学等知识和技术，正在逐步成为生命科学的共同语言。人们通常将生物大分子结构、功能及其代谢调控的研究称为分子生物学(molecular biology)，因此，从广义角度来看，分子生物学是生命化学的重要组成部分。

学与问：生物化学的概念是什么？

一、生物化学研究的对象和主要内容

(一) 生物化学的研究对象

生物化学研究对象为一切生物有机体，包括动物、植物、微生物和人体，研究其化学组成和化学变化的规律。生物化学分为动物生物化学、植物生物化学、微生物生物化学等，而医学生物化学是以人体作为研究对象，通过其他相关生物化学的研究知识，以及临床医疗实践累积人体生物化学资料。人体由各种组织和器官构成，各组织器官又以细胞为基本组成单位。每个细胞由成千上万种化学物质组成，包括无机物、有机小分子和生物大分子等。

人体内的化学元素主要有：碳、氢、氧、氮、钙、磷、硫、镁、钾、钠、氯、铁等。此外尚有占体重0.01%以下的微量元素，如锌、铜、碘、硒、锰等。有机小分子包括各种有机酸、有机胺、氨基酸、核苷酸、单糖、维生素等，它们与体内物质代谢、能量代谢密切相关。

生物大分子主要指蛋白质、酶、核酸、多糖、蛋白聚糖、脂类等。它们通常是由某些基本结构单位按一定顺序和方式连接形成的多聚体(polymer),分子量一般大于 10^4。尽管生物大分子种类繁多、结构复杂、功能各异,但其特征之一是具有信息功能,由此也称之为生物信息分子。

对生物人分子的研究,除了要确定其基本结构外,更重要的是研究其空间结构及其功能的关系。结构是功能的基础,而功能则是结构的体现。结构与功能之间的关系研究是当今生物化学的热点之一。

学与问:生物化学主要研究生物体的哪些方面?

(二)物质代谢及其调节

生命体的最基本特征是新陈代谢,它可分为合成和分解两个方向相反的过程。即机体在生命活动中,一方面不断地从外界环境摄取氧气和营养物质,并将其转化成自身的组成成分,以实现生长发育和组成成分的更新,同时储存能量,这称为合成代谢;另一方面,体内的组成成分不断地分解,转化成代谢终产物,并将其排出体外,同时释放能量供机体利用,这称为分解代谢。新陈代谢过程中的物质合成代谢和分解代谢总称为物质代谢,能量的释放利用和储存转化则称为能量代谢。物质代谢与能量代谢密切相关,相互依存。

生物体内的物质代谢主要包括糖、脂类、蛋白质和核酸代谢,其本质是一系列复杂的化学反应过程,这些反应过程绝大部分是由酶催化的。在神经、激素等全身性调节因素的作用下,酶的活性或含量的变化对物质代谢的调节起着重要作用。目前对生物体内的主要物质代谢途径虽已基本清楚,但仍有许多的问题有待探讨,如物质代谢有序性调节的分子机制尚需进一步阐明;细胞信息传递的机制及网络也是近代生物化学研究的课题。

(三)基因信息的传递及其调控

在生物体内,每一次细胞分裂增殖都包含着细胞核内遗传物质的复制与遗传信息的传递。遗传信息的传递涉及遗传、变异、生长、分化等诸多生命过程。个体的遗传信息以基因为单位,贮存于 DNA 分子中。研究 DNA 的复制、RNA 转录、蛋白质生物合成等基因信息传递过程的机制及基因表达时调控的规律,是生物化学的又一主要内容。

随着人类基因组计划(human genome project,HGP)的最终完成,包含 3 万～4 万个基因的人类染色体核苷酸序列将全部测定出来。在利用分子生物学技术深入探讨各种疾病发病机制的过程中,从基因水平深入理解疾病的发病机制,将为研究这些疾病的发生、发展、诊断、治疗以及预后提供新的手段。

二、生命化学发展简史

生命化学的研究始于 18 世纪中叶,由于药物的化学分析,第一次从动植物材料中分离出乳酸、柠檬酸、酒石酸、苹果酸、尿酸和甘油等,居住在瑞典的德国药剂师舍勒(K. W. Scheele)在这方面做出了贡献。1785 年,法国著名化学家拉瓦锡(A. L. Lavoisier)阐明了呼吸过程的本质及其与氧化作用的关系。

18 世纪中叶至 20 世纪初是生命化学发展的初期阶段,主要研究生物体的化学组成,其中主要对脂类、糖类及氨基酸的性质进行了较为系统的研究;发现了核酸;化学合成了简单的多肽;在酵母发酵过程研究中发现了酶,并认识了酶的基本特性。

1903 年,纽堡(Neuberg)提出了"生物化学"名称,使生物化学从生理学中分离出来成为一门独立的科学,从此,生物化学进入了蓬勃发展阶段。在营养学方面,发现了人类必需氨基酸、必需脂肪酸及多种维生素;在内分泌方面,发现了多种激素;在酶学方面,酶结晶获得成功;在物质代谢方面,对生物体内主要物质的代谢途径已基本确定,包括糖代谢的酶促反应过程、脂肪酸β-氧化、尿素合成途径等。

1953年,沃森(J. D. Watson)和克里克(F. H. Crick)提出了DNA双螺旋结构模型,以此为重要标志,生命化学的发展进入了分子生物学时代。到20世纪60年代中后期,克里克等已初步确立了遗传信息传递的中心法则,并破译了RNA分子中的遗传密码等。这些成果深化了人们对核酸和蛋白质的关系及其在生命活动中的认识。70年代,重组DNA技术的建立不仅促进了对基因表达调控的研究,而且使人们主动改造生物体成为可能。由此,相继获得了多种基因工程产品,大大推进了医药工业和农业发展。80年代,核酶(ribozyme)的发现补充了人们对生物催化剂本质的认识。聚合酶链反应(PCR)技术的发明,更使人们在体外高效扩增DNA成为可能。

1990年,美国带头启动了人类基因组计划(HGP),到2001年2月,包括中国在内的6个国家的科学家共同协作完成人类基因组草图,为人类破解生命之谜奠定了坚实的基础,为人类的健康和疾病研究带来根本性的变革。目前,生物化学又发展到蛋白质组学(proteomics)研究阶段。蛋白质组学研究蛋白质的定位、结构和功能、相互作用以及特定时空的蛋白质表达谱等,确定人类蛋白质结构与功能将比测定人类基因组序列更具挑战性。

学与问:生物化学发展史上有哪些重要事件?

我国对生物化学的发展也做出了重大贡献。早在公元前21世纪,我国人民已能用"曲"作"媒"(即酶)催化谷类淀粉发酵酿酒。公元前12世纪,已能制酱、制饴,还能将酒发酵成醋,这些都是近代发酵工业的先驱。公元前2世纪,已能提取豆类蛋白质制豆腐,这是人类从豆类提取并凝固蛋白质的开端。公元4世纪,万洪(晋朝)用含碘丰富的海藻治疗地方性甲状腺肿。公元7世纪,孙思邈用含维生素B_1的车前子、防风、杏仁、大豆、槟榔等治疗脚气病。1965年,我国生物化学工作者首先采用人工方法合成了具有生物活性的胰岛素。1981年又成功地合成了酵母丙氨酰-tRNA。近年来,我国在基因工程、蛋白质工程、人类基因组计划以及基因的克隆与功能研究等方面均取得了重大成果,我国生物化学正在迅速地向国际先进水平看齐。

学与问:我国对生物化学发展有哪些突出贡献?

三、生命化学与医学

生命化学是一门必修的基础医学课程,它的理论和技术已渗透到其他基础医学和临床医学的各个领域,被用以解决医学各门学科中存在的问题。

(一)生命化学与基础医学的关系

从分子水平阐明疾病发生的机制、药物作用的机制及其在体内的代谢过程等都必须以生命化学知识为基础。生命化学实验技术,如蛋白质和核酸分离、纯化、分析等技术也已广泛应用于组织学、免疫学、药理学等学科的研究之中。随着新知识的不断涌现、学科间的相互渗透,逐步出现了一批交叉学科,如分子免疫学、分子病理学、分子药物学、分子遗传学、生物工程学等。生命化学与其他医学基础学科的关系正变得越来越密切。

(二)生命化学与临床医学的关系

随着现代医学的发展,临床医学正越来越多地借助生命化学的理论和技术诊断、治疗和预防疾病。例如:近年来,由于生命化学和分子生物学的迅速发展,大大加深了人们对恶性肿瘤、遗传性疾病、代谢异常疾病、心血管疾病、神经系统疾病、免疫缺陷性疾病等重大疾病本质的认识，并出现了新的诊断方法。相信随着生命化学和分子生物学的进一步发展，基因诊断和基因治疗在临床上的应用将会获得新的突破。

（三）生命化学与护理学的关系

随着生物医学模式向社会-心理-生物医学模式的转变，护理模式也正由疾病护理转变为整体护理和程序护理，护理工作由单纯被动执行医嘱的治疗型转变为治疗、教育和咨询的复合型，这就为护理教育改革提出新的要求。新型护理人才应具备的护理基本操作技术、对常见病和多发病病情及用药反应的观察、对急危重症病人进行应急处理和配合抢救、健康评估、进行健康教育和卫生保健指导等能力，无不与生命化学知识和技术紧密相关。因此学习生命化学基本知识，了解生命化学常用实验技术，对21世纪的护理人才非常必要。

学与问：生物化学与医学主要有哪些联系？

四、生物化学的学习方法

生物化学是在分子水平上研究生命活动规律的一门边缘学科，其内容相当广泛，在学习本课程时，将涉及化学、生物学、生理学等许多学科的基本知识。学习时应遵照循序渐进的原则，在学好相应学科基本知识的基础上再学习本课程。在学习方法上，首先要把生物体看成是体内无数的生物化学变化和生理活动融合成的统一的整体，物质代谢过程虽然错综复杂、多种多样，但却又相互制约、彼此联系。体内的生化活动过程既要与内环境的变化和生理需要相适应，又要与外界环境相统一。因此，在学习过程中，不应机械地、静止地、孤立地对待每一个问题，必须注意它们之间的相互关系及发展变化，要理解和运用所学知识，深入掌握代谢过程的条件、意义以及与其他物质代谢之间的联系。由于生物化学是一门迅速发展的学科，对现有的结论与认识还在不断地发展、提高或纠正，新的认识与概念会不断出现。总之，生物化学所阐述的一切现象都发生在活的生物体内，因此，我们必须以辩证的、发展的观点来学习和研究生物化学。

学与问：我们该如何学习生物化学？

一、名称解释

生物化学

二、简答题

1. 简述生物化学发展的几个主要历史阶段。
2. 简述生物化学与临床医学类专业的关系。

（杜　江）

第二章　蛋白质的结构与功能

学　习　目　标

掌握蛋白质的元素组成、蛋白质的基本单位、蛋白质的分子结构、蛋白质的理化性质；理解蛋白质分子结构中肽键、多肽链、一级结构、空间结构的概念以及蛋白质分子结构与功能的关系，理解蛋白质的生物学功能；了解食物蛋白质的营养作用。

课　前　准　备

预习全章内容，初步理解蛋白质的元素组成和蛋白质的基本单位，氨基酸和蛋白质的分类，蛋白质的一级结构和空间结构，蛋白质的理化性质。

第一节　蛋白质的化学组成

一、蛋白质的元素组成

蛋白质是普遍存在于生物界的有机物大分子，分子量大而且结构复杂。蛋白质分子主要由C、H、O、N、S五种元素组成，有些蛋白质分子中还含有少量Fe、Zn、Mn、I等元素。

蛋白质分子中氮含量相对恒定，占其总量的13%～19%，平均含N量为16%，即100 g蛋白质中平均含氮16 g，故1 g氮相当于6.25 g蛋白质(100/16=6.25)。在实际工作中常通过检测样品中的含氮量，来推算样品中蛋白质的含量。测定公式如下：

$$\text{每百克生物样品中蛋白质含量}=\text{含氮量(g)}/\text{样品(g)}\times 6.25\times 100$$

学与问：组成蛋白质的基本元素有哪些?

二、蛋白质的基本组成单位——氨基酸

氨基酸是蛋白质的基本组成单位。虽然在自然界中存在着300多种氨基酸，但构成蛋白质的氨基酸仅有20种，在蛋白质生物合成时它们受遗传信息控制。这20种氨基酸不存在种属和个体差异，是整个生物界中蛋白质的通用氨基酸。

（一）氨基酸的结构

氨基酸以羧酸为母体命名，中心有个 C 原子。中心 C 原子连接四个基团，分别是氨基（—NH_2）、羧基（—COOH）、氢原子（H）、侧链基团（R），中心 C 原子称为 α-碳原子，故称氨基酸（脯氨酸为 α-亚氨基酸）。20 种氨基酸的结构不同之处为 R-侧链，其余部分结构相同，故可用结构通式表示（图 2-1）。

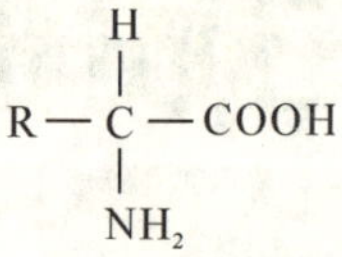

$$R-\underset{\displaystyle NH_2}{\overset{\displaystyle H}{\overset{|}{\underset{|}{C}}}}-COOH$$

图 2-1　氨基酸的结构通式

（二）氨基酸的分类

对氨基酸进行分类的目的主要是为了便于蛋白质结构、性质和功能的学习和研究。根据氨基酸 R 侧链的理化性质不同将氨基酸分为四类：非极性疏水性氨基酸、极性中性氨基酸、碱性氨基酸、酸性氨基酸（表 2-1）。

表 2-1　氨基酸的结构与分类

名称	英文缩写	结构式	等电点
非极性疏水性氨基酸			
甘氨酸 Glycine	Gly	CH_2—COO^- | $^+NH_3$	5.97
丙氨酸 Alanine	Ala	CH_3—CH—COO^- | $^+NH_3$	6.02
缬氨酸 * Valine	Val	$(CH_3)_2CH$—$CHCOO^-$ | $^+NH_3$	5.97
亮氨酸 * Leucine	Leu	$(CH_3)_2CHCH_2$—$CHCOO^-$ | $^+NH_3$	5.98
异亮氨酸 * Isoleucine	Ile	CH_3CH_2CH—$CHCOO^-$ | 　| CH_3 $^+NH_3$	6.02
苯丙氨酸 * Phenylalanine	Phe	⌬—CH_2—$CHCOO^-$ | $^+NH_3$	5.48
脯氨酸 Proline	Pro	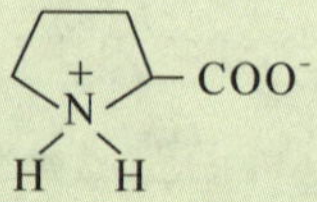 ⌓$\overset{+}{N}$—COO^- H H	6.30
极性中性氨基酸			
蛋氨酸	Met	$CH_3SCH_2CH_2$—$CHCOO^-$ | $^+NH_3$	5.75

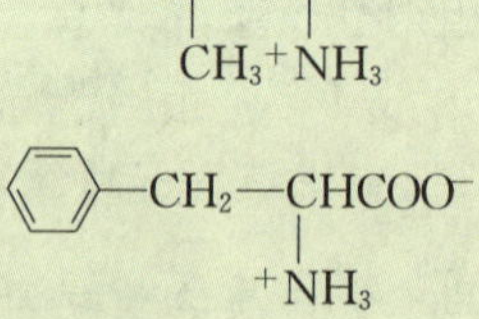

续表 2-1

名称	英文缩写	结构式	等电点
色氨酸 * Tryptophan	Trp	吲哚环-$CH_2CH(^+NH_3)-COO^-$	5.89
丝氨酸 Serine	Ser	$HOCH_2—CH(^+NH_3)COO^-$	5.68
苏氨酸 * Threonine	Thr	$CH_3CH(OH)—CH(^+NH_3)COO^-$	6.53
半胱氨酸 Cysteine	Cys	$HSCH_2—CH(^+NH_3)COO^-$	5.02
酪氨酸 Tyrosine	Tyr	HO-苯环-$CH_2—CH(^+NH_3)COO^-$	5.66
天冬酰胺 Asparagine	Asn	$H_2N—C(=O)—CH_2CH(^+NH_3)COO^-$	5.41
谷氨酰胺 Glutamine	Gln	$H_2N—C(=O)—CH_2CH_2CH(^+NH_3)COO^-$	5.65
碱性氨基酸			
组氨酸 Histidine	His	咪唑环-$CH_2CH(^+NH_3)-COO^-$	7.59
赖氨酸 * Lysine	Lys	$^+NH_3CH_2CH_2CH_2CH_2CH(NH_2)COO^-$	9.74
精氨酸 Arginine	Arg	$H_2N—C(=^+NH_2)—NHCH_2CH_2CH_2CH(NH_2)COO^-$	10.76
酸性氨基酸			
天冬氨酸 Aspartic acid	Asp	$HOOCCH_2CH(^+NH_3)COO^-$	2.97
谷氨酸 Glutamic acid	Glu	$HOOCCH_2CH_2CH(^+NH_3)COO^-$	3.22

(三)氨基酸的连接方式

1. 肽键和肽　肽键是指一个氨基酸的氨基与另一个氨基酸的羧基之间脱水缩合形成的酰胺键(图 2-2)。

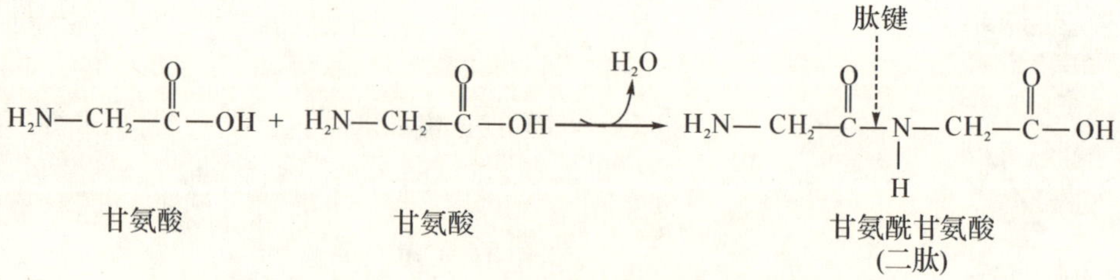

$$\underset{\text{甘氨酸}}{H_2N-CH_2-\overset{\overset{O}{\|}}{C}-OH} + \underset{\text{甘氨酸}}{H_2N-CH_2-\overset{\overset{O}{\|}}{C}-OH} \xrightarrow{-H_2O} \underset{\text{甘氨酰甘氨酸(二肽)}}{H_2N-CH_2-\overset{\overset{O}{\|}}{C}-\underset{\underset{H}{|}}{N}-CH_2-\overset{\overset{O}{\|}}{C}-OH}$$

(肽键)

图 2-2　氨基酸与氨基酸连接方式

氨基酸通过肽键相连的化合物称为肽。两个氨基酸形成的肽称为二肽,三个氨基酸形成的肽为三肽,依此类推。一般十个以下氨基酸组成的肽称为寡肽,十个以上氨基酸组成的肽称为多肽。多肽分子具有两个末端,其中一个末端具有完整的氨基,称其为氨基末端,简称 N 端;另一个末端具有完整的羧基,称其为羧基末端,简称为 C 端。组成肽的氨基酸因脱水缩合已不是原来完整的氨基酸,所以称为氨基酸残基。

学与问:肽键的形成过程是怎样的?

2. 生物活性肽　生物体内具有生物活性的游离肽称为生物活性肽。它们大多具有重要的生理功能,如调节血压、生长发育、免疫、生殖、信号转导等。以下列举三种典型的生物活性肽:

谷胱甘肽(GSH)是由谷氨酸、半胱氨酸和甘氨酸组成的三肽(图 2-3)。GSH 分子中半胱氨酸残基侧链具有活性巯基(—SH)。还原性谷胱甘肽具有保护细胞膜结构及使细胞内酶蛋白处于活性状态的功能。临床常用谷胱甘肽作为解毒或治疗肝疾病的药物。

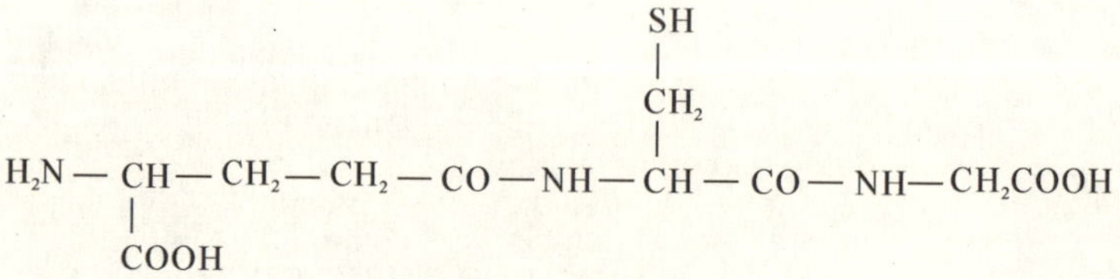

$$H_2N-\underset{\underset{COOH}{|}}{CH}-CH_2-CH_2-CO-NH-\overset{\overset{\overset{SH}{|}}{CH_2}}{\overset{|}{CH}}-CO-NH-CH_2COOH$$

图 2-3　谷胱甘肽

下丘脑分泌的促甲状腺素释放激素也是三肽(H_2N—焦谷氨酸—组氨酸—脯氨酸—COOH),它促进腺垂体分泌促甲状腺素,后者促进甲状腺细胞增生、合成并分泌甲状腺激素。

脑垂体合成分泌一种类吗啡样多肽,称内啡肽,与学习、记忆、睡眠、食欲、痛觉和情感都有密切关系。

三、蛋白质的分类

蛋白质种类多,结构复杂。为了方便对蛋白质进行认识了解,通常采用如下三种分类方法。

(一)按蛋白质组成分类

按照蛋白质组成成分,可以将其分为单纯蛋白质和结合蛋白质。单纯蛋白质的分子中仅含有氨基酸残基。例如，清蛋白、球蛋白、组蛋白、鱼精蛋白、酪蛋白等。结合蛋白质的分子中除含有氨基酸以外，还含有被称为辅基的非氨基酸成分，两者必须结合在一起才有生物学功能，如糖蛋白、核蛋白、磷蛋白、色蛋白等。

（二）按蛋白质分子形状进行分类

按照蛋白质的分子形状，可以将其分为球状蛋白质和纤维状蛋白质。球状蛋白质长短轴之比小于10，外形近似球形，如免疫球蛋白、肌红蛋白、血红蛋白等。纤维状蛋白质长短轴之比大于10，如胶原蛋白、角蛋白等。

（三）按蛋白质功能分类

按照蛋白质的生物学功能，可以将其分为催化蛋白（酶）、运输蛋白、收缩和运动蛋白、调节蛋白、结构蛋白、贮存蛋白、免疫蛋白等。

第二节　蛋白质的分子结构

蛋白质是由许多氨基酸通过肽键相连形成的生物大分子，每种蛋白质都有特定的结构并执行独特的生物学功能。一般将蛋白质结构分成一、二、三、四级结构，一级结构也称为蛋白质的基本结构，二、三、四级结构称为空间结构或空间构象。

一、蛋白质的一级结构

（一）蛋白质一级结构的概念

蛋白质一级结构指蛋白质多肽链中氨基酸（残基）的排列顺序。维持一级结构的主要化学键是肽键，也包括二硫键。

1953年，英国科学家桑格首次测定了牛胰岛素的一级结构。图2-4为桑格测定的牛胰岛素的一级结构。牛胰岛素分子由A、B两条肽链组成，A链由21个氨基酸残基组成，B链由30个氨基酸残基组成，A链内有1个链内二硫键，A链与B链之间有2个链间二硫键。

一级结构是蛋白质的基础分子结构。不同的蛋白质，首先具有不同的一级结构，因此一级结构是区别不同蛋白质最基本、最重要的标志之一。

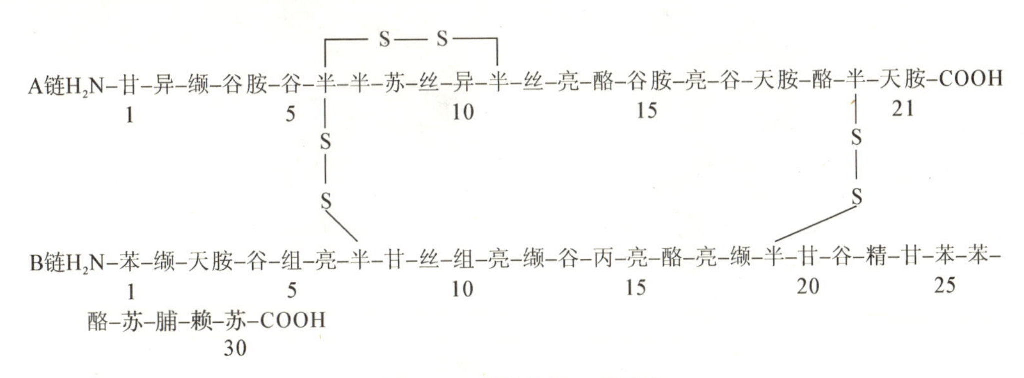

图2-4　牛胰岛素一级结构

（二）一级结构是空间结构的基础

蛋白质一级结构决定了多肽链序列中氨基酸的种类、数量及排列顺序，也即决定了多肽链中氨基酸R侧链的位置，而R侧链的分子大小、所带电荷、极性等是决定肽链折叠、盘曲形成空间结构的重要因素之一。所以，蛋白质的一级结构决定了它的空间结构。自然界有亿万种不同的蛋白质，首先是由于它们有亿万种不同的蛋白质一级结构，这是其不同空间结构与生理功能的分子基础。

蛋白质的一级结构是由遗传物质 DNA 分子上相应核苷酸序列即遗传信息决定的。不同生物具有不同的遗传物质 DNA，故编码合成出不同的蛋白质，这也是形成生物多样性的分子基础。

学与问：什么是蛋白质一级结构？

二、蛋白质的空间结构

蛋白质空间结构指蛋白质分子中各个原子、各个基团在三维空间的相对位置，是决定蛋白质性质和功能的结构基础。

（一）蛋白质的二级结构

蛋白质二级结构指多肽链主链骨架扭曲、盘旋、折叠形成的局部特定的空间结构，不涉及氨基酸残基 R 侧链的构象。二级结构中主要的空间构象类型主要有 α-螺旋、β-折叠、β-转角和无规卷曲。这些有序的二级结构主要靠氢键维持其空间结构的相对稳定。

1. α-螺旋　α-螺旋结构是蛋白质分子中最稳定的二级结构，其结构基本特点是：多肽链的主链绕分子长轴形成右手 α-螺旋；氨基酸残基的 R 侧链位于螺旋外侧(图 2-5)。

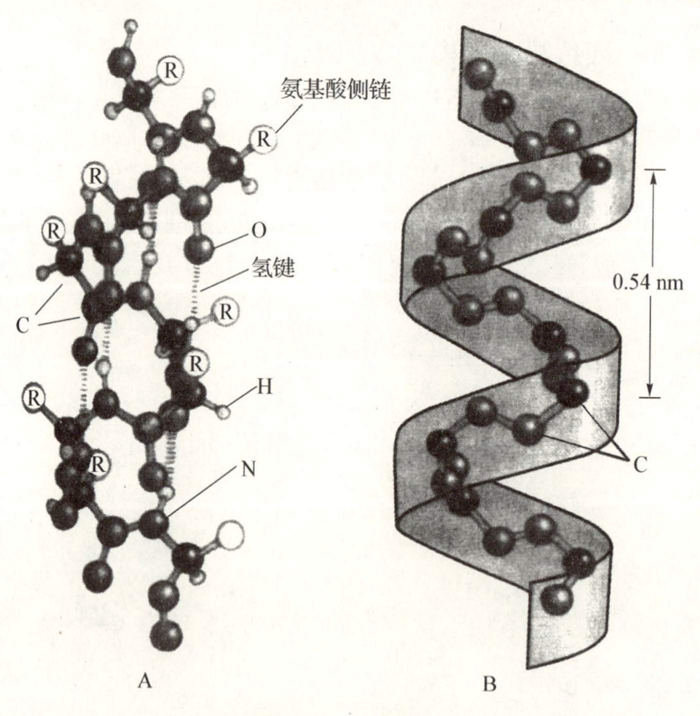

图 2-5　α-螺旋

α-螺旋结构中每圈螺旋由 3.6 个氨基酸残基组成，每圈上下螺距为 0.54 nm。α-螺旋中氢键是主要的化学键，其方向与 α-螺旋长轴基本平行，以维持其空间结构的稳定。

肌红蛋白和血红蛋白分子中 α-螺旋为主要的二级结构；毛发的角蛋白、肌肉的肌球蛋白以及血凝块的纤维蛋白，这些蛋白质的多肽链也几乎都卷曲成 α-螺旋，这使其具有一定的机械强度和弹性。

2. β-折叠　β-折叠是肽链中比较伸展的空间结构。多肽链的主链呈锯齿状折叠。β-折叠由不同肽段之间经C═O与N—H间形成的氢键来维持。氢键方向与肽链长轴方向相垂直。构成β-折叠结构的氨基酸分子通常较小，R-侧链基团小，分布于折叠的上下。β-折叠结构根据形成折叠的肽段方向不同，将β-折叠分为平行的β-折叠和反平行的β-折叠两种。蚕丝蛋白具较多β-折叠结构，故蚕丝有较好的柔软特性(图2-6)。

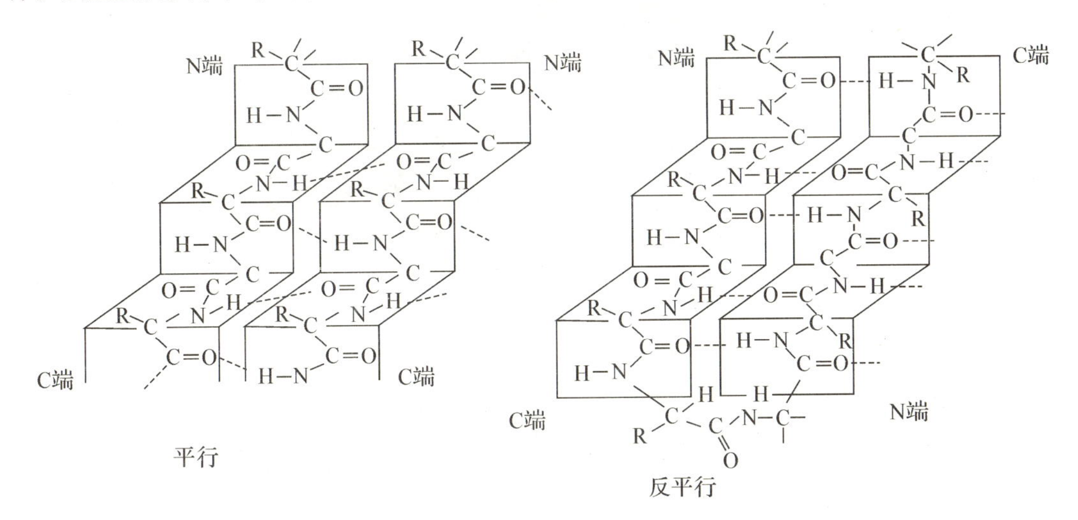

图2-6　β-折叠

3. β-转角　β-转角常发生于肽链进行回折处，在这种回折处的构象就是β-转角。β-转角通常由4个氨基酸残基组成，第二个氨基酸残基常为脯氨酸。β-转角以第一个氨基酸残基的羰基氧与第四个氨基酸残基的亚氨基氢形成氢键稳定结构(图2-7)。

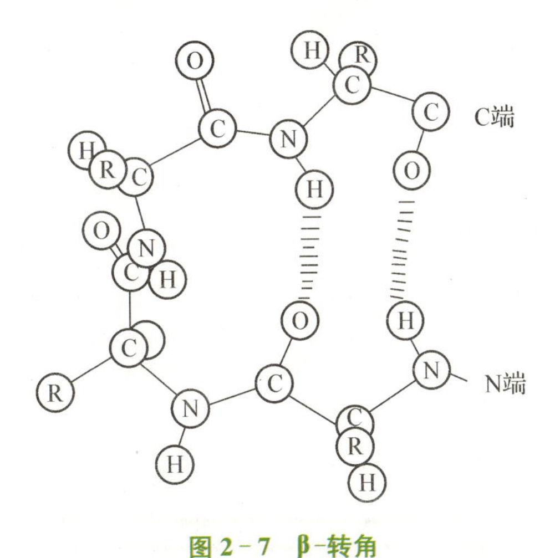

图2-7　β-转角

4. 无规卷曲　多肽链的主链构象除上述三种构象以外，还有一些彼此各不相同、没有规律可循的那些肽段空间构象，称为无规卷曲。

学与问：蛋白质二级结构有哪四种构象？

(二) 蛋白质的三级结构

1. 蛋白质三级结构的概念　蛋白质分子在二级结构的基础上进一步盘曲、折叠而成的更高级空间结构，包括由主链和侧链原子在空间位置所形成的全部分子结构。由于多肽链进一步盘曲折叠，导致多肽链长轴缩短而呈现球状或椭圆状。图 2－8 为肌红蛋白三级结构模式图。

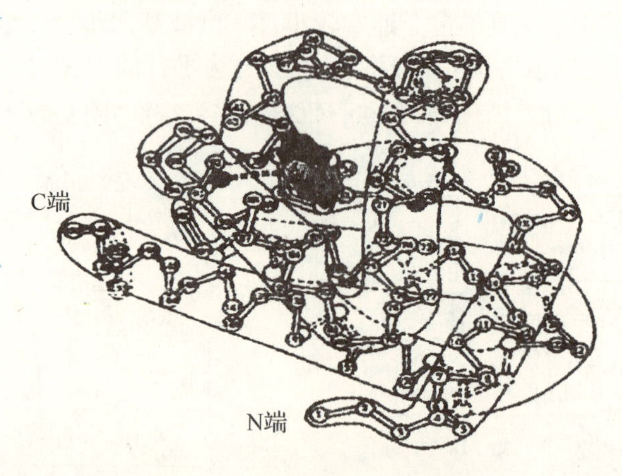

图 2－8　肌红蛋白的三级结构

2. 蛋白质的三级结构的特点　亲水性基团位于分子的表面，而疏水性的基团则内裹形成一个疏水的分子内核，靠近其分子内部形成疏水作用和氢键等次级键来维持其空间结构的相对稳定。大多数蛋白质都只由一条肽链组成，如果一种蛋白质仅由一条多肽链构成，该蛋白质能形成的最高空间结构层次就是三级结构。也就是说，如果一种蛋白质仅由一条多肽链构成，只要其形成了三级结构，该蛋白质就具有了生物活性。

（三）蛋白质的四级结构

两条或两条以上具独立三级结构的多肽链聚集，经非共价键结合而形成的蛋白质空间结构即蛋白质的四级结构。在蛋白质四级结构中，具有独立三级结构的多肽链称为亚基。亚基单独存在时不具生物活性，只有所有亚基按特定组成方式形成四级结构时，蛋白质才具有生物活性。

如血红蛋白就是由两个 α－亚基和两个 β－亚基按特定方式结合、排布组成一个球形的四级结构(图 2－9)。形成了这种四级空间结构才能够行使在肺和组织间运输 O_2 和 CO_2 的功能，而当其中任何一个亚基独立存在时，均无运输 O_2 和 CO_2 的功能。

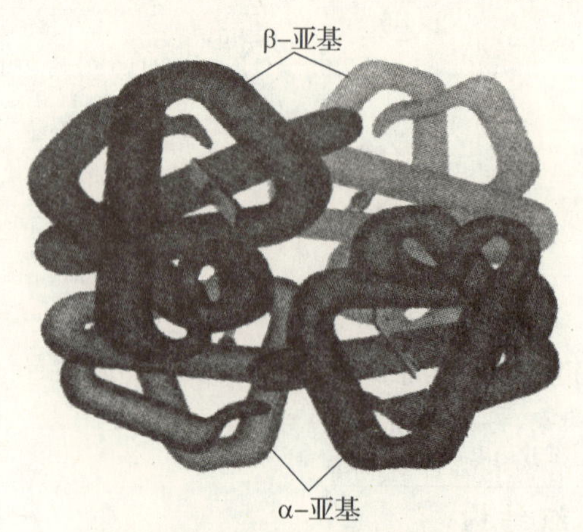

图 2－9　血红蛋白的四级结构

一些分子量较大、功能复杂或具有调节功能的蛋白质，常具有四级结构。它由两条或两条以上肽链组成，从而赋予它特殊的变构作用，这对完成其特定生理功能具有重要作用。可见，四级结构是为了适应较复杂的生物学功能的需要而出现的一种与之相适应的更复杂的高级空间结构。

三、蛋白质的结构与功能的关系

（一）蛋白质分子一级结构和功能的关系

蛋白质的一级结构是蛋白质行使功能的基础，也是蛋白质空间结构的基础。一级结构相似的蛋白质，其基本构象及功能也相似。一级结构中大多数氨基酸残基及其排列顺序都是维持蛋白质构象和功能必需的，这些氨基酸残基直接参与构成蛋白质的活性区。实验表明，如果切除了促肾上腺皮质激素或胰岛素 A 链 N 端的部分氨基酸，它们的生物活性会降低或丧失，由此可见，蛋白质一级结构中关键部位氨基酸残基对蛋白质和多肽功能的重要作用。另一方面，在蛋白质结构和功能关系中，一些非关键部位氨基酸残基的改变或缺失，不会影响蛋白质的生物活性。例如，人、猪、牛、羊等哺乳动物胰岛素分子中 A 链 8、9、10 位和 B 链 30 位的氨基酸残基各不相同，但并不影响它们降低血糖浓度的共同生理功能。

若蛋白质分子中关键活性部位氨基酸残基改变，会影响其生理功能，甚至导致疾病的发生。这种由于蛋白质分子一级结构变异导致的疾病称为分子病。

知识链接

镰状红细胞贫血病

镰状红细胞贫血是一种常染色体显性遗传血红蛋白病。正常成人血红蛋白(HbA)是由两条 α 链和两条 β 链相互结合成的四聚体，α 链和 β 链分别由 141 和 146 个氨基酸顺序连接构成。镰状细胞贫血患者因 β 链第 6 位氨基酸谷氨酸被缬氨酸所代替，形成了异常的血红蛋白(HbS)，取代了正常血红蛋白(HbA)，在氧分压下降时 HbS 分子间相互作用，成为溶解度很低的螺旋形多聚体，使红细胞扭曲成镰状细胞(镰变)。临床表现为慢性溶血性贫血、易感染和再发性疼痛危象，以致慢性局部缺血，导致器官组织损害。

（二）空间结构与功能的关系

蛋白质的功能与其空间结构有着密切的关系。如指甲和毛发中的角蛋白，分子中含有大量的 α-螺旋结构，使之既坚韧又富有弹性；蚕丝的丝心蛋白分子含有大量的 β-折叠结构，使之既柔软又富于伸展。

当蛋白质空间结构发生变化时，其生物学功能也随之发生变化。如血红蛋白是由四个亚基(两个 α 亚基和两个 β 亚基)组成的亲水性球状蛋白，每个亚基结合 1 分子血红素，每分子血红素能结合 1 分子氧。血红蛋白有两种构象：紧张态和松弛态。在血红蛋白尚未与氧结合时，其亚基间结合紧密为紧张态(T 态)，此时与氧的亲和力小。在组织中，血红蛋白呈 T 态，使血红蛋白释放出氧供组织利用。在肺部血红蛋白各亚基间呈相对松弛状态即松弛态

(R 态),此时与氧的亲和力大,当第一个亚基与氧结合后,就会促进第二、三个亚基与氧结合,而前三个亚基与氧的结合,又大大促进了第四个亚基与氧结合,这样有利于血红蛋白在氧分压高的肺中迅速与氧结合。这种小分子物质与大分子蛋白质结合,引起蛋白质分子构象及生物学功能变化的过程称为变构效应。引起变构效应的小分子物质称为变构效应剂。血红蛋白通过变构效应改变其分子构象,从而完成其运输氧和二氧化碳的功能。

蛋白质发生错误折叠,使其空间构象发生严重改变而导致的疾病,称为蛋白质构象病。疯牛病就是典型的蛋白质构象病。

知 识 链 接

疯牛病

疯牛病即牛脑海绵状病,是由朊病毒蛋白引起的动物神经的退行性病变。导致疯牛病的分子机制是神经组织的朊病毒蛋白发生错误折叠,其蛋白质空间构象发生改变,产生了过多的β-折叠形成异常的朊病毒,引起蛋白质构象病。正常的朊病毒蛋白含有36.1%的α-螺旋,11.9%的β-折叠;异常的朊病毒含30%的α-螺旋,43%的β-折叠。

疯牛病是一种严重损害牛中枢神经系统的传染性疾病,染上这种病的牛的脑神经会逐渐变成海绵状。随着大脑功能的退化,病牛会神经错乱,行动失控,最终死亡。误食此类病牛的肉可能导致人患上新型克雅氏症,使患者脑部出现海绵状空洞,并出现脑功能退化、记忆丧失和精神错乱等症状,最终可能导致患者死亡。

第三节 蛋白质的理化性质

一、蛋白质的两性电离

蛋白质由氨基酸构成,由于多肽链既含有酸性侧链基团,又含有碱性侧链基团,所以,在一定的溶液 pH 条件下,都可解离成带负电荷或带正电荷的基团(图 2-10)。当蛋白质溶液处于某一 pH 时,蛋白质解离成正、负离子的趋势相等,净电荷为零,此时溶液的 pH 称为蛋白质的等电点(pI)。不同的蛋白质,其等电点不同。通常含碱性氨基酸较多的蛋白质其等电点偏碱,被称为碱性蛋白质,如鱼精蛋白、组蛋白等;含酸性氨基酸较多的蛋白质其等电点偏酸,被称为酸性蛋白质,如胃蛋白酶等(表 2-2)。

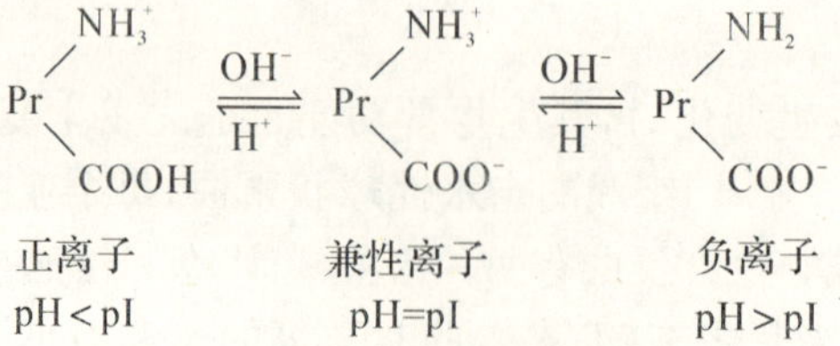

$$\mathrm{Pr}\begin{matrix}\diagup NH_3^+\\ \diagdown COOH\end{matrix} \underset{H^+}{\overset{OH^-}{\rightleftharpoons}} \mathrm{Pr}\begin{matrix}\diagup NH_3^+\\ \diagdown COO^-\end{matrix} \underset{H^+}{\overset{OH^-}{\rightleftharpoons}} \mathrm{Pr}\begin{matrix}\diagup NH_2\\ \diagdown COO^-\end{matrix}$$

正离子 $pH<pI$　　兼性离子 $pH=pI$　　负离子 $pH>pI$

图 2-10 蛋白质的两性解离

表 2－2 人体内部分蛋白质的等电点

蛋白质	α-球蛋白	β-球蛋白	γ-球蛋白	清蛋白	胃蛋白酶	组蛋白	纤维蛋白原
pI	4.8～4.85	5.60	6.3～7.2	4.8	1.0	10.8	5.8

当蛋白质溶液的 pH 小于其等电点时，蛋白质颗粒带正电荷，反之则带负电荷。血浆中大多数蛋白质的等电点在 pH 5.0 左右，血浆蛋白质 pI>pH，血浆蛋白质带负电荷。

利用蛋白质两性电离的性质，发展出电泳技术，可对蛋白质进行分离。电泳是指带电粒子在电场中向电性相反的电极泳动的现象。因不同的蛋白质所带电荷的性质、数量和分子的大小、形状不同，所以在电场中泳动的速率和方向不一样。带电荷多、分子量小的泳动速度较快；带电荷少、分子量大的泳动速度较慢，从而能够达到分离蛋白质的目的。以醋酸纤维素薄膜为支持物，通过电泳可将血清蛋白质分为清蛋白、α_1 球蛋白、α_2 球蛋白、β 球蛋白、γ 球蛋白 5 类，临床上常用血清蛋白电泳来协助进行疾病诊断。

学与问：什么是蛋白质等电点的概念？

二、蛋白质的高分子性质

蛋白质的分子量在 1 万～100 万之间，是生物大分子，其分子直径在胶体颗粒（1～100 nm）范围之内。因蛋白质颗粒表面大多为亲水基团，可吸引水分子，所以蛋白质颗粒表面形成了一层水化膜。此外蛋白质在等电点以外的 pH 环境中颗粒表面带有同种电荷。水化膜和表面电荷能够阻止蛋白质颗粒相互聚集，避免蛋白质因聚集而从溶液中析出，起到使胶体稳定的作用。如果去除了蛋白质胶体颗粒表面电荷和水化膜这两个稳定因素，蛋白质则从溶液中析出而产生沉淀。

利用蛋白质分子颗粒大，不能透过半透膜的性质可将大分子蛋白质与小分子物质进行分离。将混有小分子物质的蛋白质溶液放入半透膜做成的透析袋内，再置于水或缓冲液中，小分子的物质从透析袋中透出，大分子蛋白质则留于透析袋内，从而对蛋白质进行分离、纯化。这种利用半透膜进行分离纯化蛋白质的方法称为透析。

蛋白质溶液中的胶体颗粒，在一定的超速离心力作用下，可以发生沉降。单位力场中蛋白质颗粒的沉降速度即为蛋白质的沉降系数（S）。蛋白质分子量越大其沉降系数也越大。超速离心法可用于蛋白质的分离和分子量的测定。

三、蛋白质的变性、沉淀和凝固

在某些物理因素或化学因素作用下，蛋白质分子特定的空间构象被破坏，从而导致其理化性质改变，生物学活性丧失，称之为蛋白质的变性。引起变性的化学因素有强酸、强碱、有机溶剂、尿素、去污剂、重金属离子等；物理因素有高热、高压、超声波、紫外线、X 射线等。

蛋白质变性的实质是次级键断裂，空间结构被破坏，但不涉及氨基酸序列的改变，一级结构仍然存在。蛋白质变性后其结构呈现松散状，内部的疏水基团暴露，其溶解度降低，易于沉淀，生物学活性也随之丧失。如酶失去催化活性时还表现为黏度增加，易被蛋白酶水解等。

蛋白质变性在医学上具有重要的实际应用价值。例如临床上利用 75%乙醇、紫外线、高温等进行消毒灭菌，可使病原生物的蛋白质发生变性而失去其致病性。在保存生物制品时则应防止蛋白质的变性，如低温保存疫苗、血清等。

大多数蛋白质变性后，不能恢复其天然状态，称为不可逆性变性；有些蛋白质变性后，若去除变性因素，则可使蛋白质恢复其天然构象和生物活性，这种现象称为蛋白质的复性。例如：尿素和β-巯基乙醇可使核糖核酸酶变性，用透析的方法除去尿素和β-巯基乙醇后，核糖核酸酶又恢复原有的空间构象，生物活性也随之恢复(图2-11)。

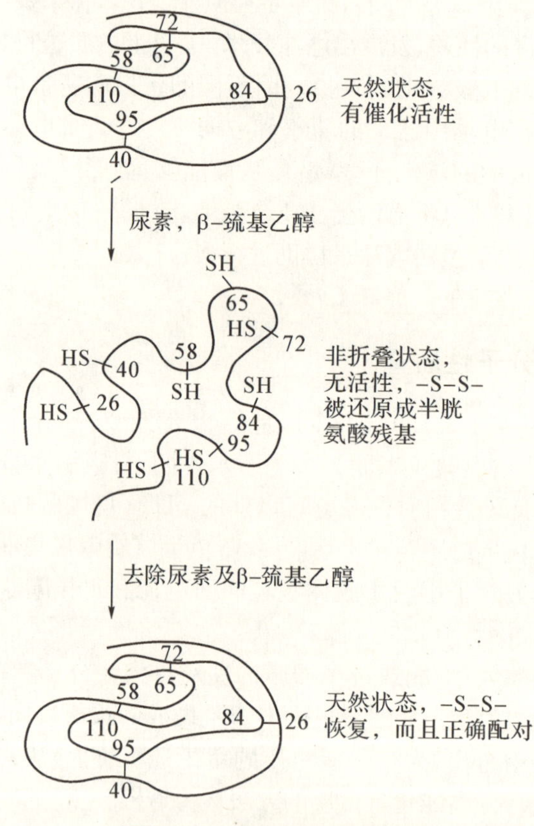

图2-11　蛋白质变性与复性

蛋白质从溶液中析出的现象称为蛋白质沉淀。蛋白质胶体失去表面电荷和水化膜两个稳定因素就会发生沉淀。使蛋白质沉淀的方法有盐析沉淀法、有机溶剂沉淀法、重金属盐沉淀法及生物碱试剂沉淀法等。变性的蛋白质易于沉淀，但不一定都发生沉淀。当溶液的pH接近其等电点时，变性的蛋白质则聚集而沉淀；而溶液的pH远离其等电点时，蛋白质可不产生沉淀。沉淀的蛋白质易发生变性，但并不都变性，如盐析。

在蛋白质溶液中加入强酸或强碱使溶液的pH调至蛋白质的等电点，则蛋白质变性并结成絮状，此絮状物仍可溶于强酸或强碱溶液中，如再加热则絮状物可变成比较坚固的凝块，此凝块不再溶于强酸或强碱中，这种现象称为蛋白质的凝固作用。凝固实际上是蛋白质变性后进一步发展的不可逆的结果。

学与问：什么是蛋白质变性？

四、蛋白质的紫外吸收性质

由于大多数蛋白质都含有酪氨酸、色氨酸残基，而蛋白质分子中的酪氨酸、色氨酸含有苯环结构，在280 nm波长处有最大吸收峰。其吸收值与蛋白质浓度成正比，所以测定蛋白质溶液在 280 nm 的光吸收值可用于蛋白质含量的测定。该法的优点为省时，仅需几分钟即可完成，无需耗费试剂，对样品中蛋白质无破坏，检测完后仍可利用。该法的缺点在于不同蛋白质其酪氨酸和色氨酸残基数量不同，如果一种蛋白质中不含酪氨酸和色氨酸残基，此法则不能检出。该法适合于粗提取或粗分离的蛋白质的检测。

五、蛋白质的颜色反应

蛋白质分子中的肽键以及氨基酸残基的某些化学基团可与有关的试剂呈现颜色反应，称为蛋白质的呈色反应，这些反应可用于蛋白质的定性、定量分析。

（一）茚三酮反应

蛋白质分子中游离的仅一氨基，在 pH 5～7 的溶液中可与茚三酮反应生成蓝紫色化合物。

（二）双缩脲反应

分子中含有两个或两个以上氨基甲酰基（—$CONH_2$）的化合物能与碱性硫酸铜溶液作用，形成紫红色的化合物，这一反应称为双缩脲反应。蛋白质和多肽分子中的肽键能发生此呈色反应，其颜色的深浅与蛋白质含量成正比，因此临床检验中常用双缩脲法来测定血清总蛋白、血浆纤维蛋白原的含量。

（三）酚试剂反应

蛋白质分子中的酪氨酸残基在碱性条件下，与酚试剂（磷钨酸和磷钼酸）反应生成蓝色化合物。此反应的灵敏度比双缩脲反应高 100 倍，比紫外分光光度法高 10～20 倍。临床上常用酚试剂反应测定一些微量蛋白质的含量，如血清黏蛋白、脑脊液中蛋白质等。

第四节　蛋白质的功能

蛋白质是生物体的基本组成成分之一，生物体的各种生命现象（如生长、发育、繁殖、遗传等）都是通过蛋白质来实现的。因此，蛋白质是生命的物质基础，没有蛋白质就没有生命。人体几乎所有的器官都含有蛋白质，其含量约占人体干重的 45%。在人体内具有物质转运、物质代谢的催化与调节、肌肉收缩、血液凝固、机体防御等重要生理功能。

一、蛋白质的生物学功能

（一）催化

蛋白质的一个重要的生物功能是作为生物体新陈代谢的催化剂——酶。酶是蛋白质中最大的一类，在国际生化委员会公布的《酶命名法》中已列出 3 000 多种不同的酶。生物体内的各种化学反应几乎都是在酶的催化下进行的。

（二）调节

许多蛋白质能调节其他蛋白质执行其生理功能的作用，这些蛋白质称为调节蛋白，其中最著名的是胰岛素，它是调节血糖代谢的一种激素。

（三）转运

有些蛋白质的功能是进行物质转运。如血红蛋白，是将氧气从肺转运到其他组织；血清清蛋白将脂肪酸从脂肪组织转运到各器官。

（四）运动

某些蛋白质赋予细胞以运动的能力，肌肉收缩和细胞游动是细胞具有这种能力的代表。作为运动基础的收缩和游动蛋白具有共同的性质——它们都是丝状分子或丝状聚集体。例如，形成细胞收缩系统的肌动蛋白和肌球蛋白。

（五）结构成分

蛋白质的另一重要功能是建造和维持生物体的结构。这类蛋白质称为结构蛋白，它们给细胞和组织提供强度和保护。如毛发、指甲的α-角蛋白，存在于骨、腱、韧带、皮的胶原蛋白。

（六）机体防御

生物体内除了具有被动性防护的结构蛋白，还具有主动性防御和进攻的保护蛋白。最突出的是免疫球蛋白或称为抗体，抗体是在抗原的影响下由淋巴细胞产生，并能与相应的抗原结合而排除外来物质对生物体的干扰。

二、蛋白质的营养作用

蛋白质是重要的营养物质，其在体内氧化分解释放能量供机体利用。通常，成人每天约有18%的能量来自于蛋白质的分解。因此，人体必须从食物中摄取足够的蛋白质，才能维持机体各种生命活动的正常进行。对于儿童、青少年、孕妇、乳母和康复期的病人，供给充足、优质的蛋白质尤为重要。

（一）蛋白质的营养价值

食物不同，蛋白质的含量和组成也不同，故其营养价值不同。评定食物蛋白质的营养价值主要取决于三个方面：①蛋白质的含量；②蛋白质的消化率；③蛋白质的利用率。

1. 营养必需氨基酸　组成蛋白质的氨基酸有20种，其中8种是人体不能自行合成，必须由食物供给，缺少会引起疾病的氨基酸，称为营养必需氨基酸。这些氨基酸有：苏氨酸（Thr）、亮氨酸（Leu）、异亮氨酸（Ile）、缬氨酸（Val）、赖氨酸（Lys）、色氨酸（Trp）、苯丙氨酸（Phe）、甲硫氨酸（Met）。

2. 食物蛋白质的互补作用　含有营养必需氨基酸的种类齐全且含量充足的食物蛋白质，其营养价值越高，反之越低。由于动物蛋白质所含有的营养必需氨基酸的种类和比例与人体蛋白质相近，故营养价值较高，而植物蛋白质营养价值较低。生活中常把几种营养价值较低的蛋白质混合食用，以提高其营养价值，称为蛋白质的营养互补作用。如谷类蛋白质色氨酸含量较多，赖氨酸少，而豆类蛋白质含赖氨酸多，色氨酸少，单独食用营养价值都不高；将两种蛋白质混合食用，可以提高营养价值。某些疾病情况下，为保证氨基酸的需要，可进行混合氨基酸输液。

（二）人体氮平衡及对蛋白质的需要量

1. 氮平衡　蛋白质的含氮量平均为16%，而食物中的含氮物质主要是蛋白质，排泄物中的含氮物质也主要来自体内蛋白质的分解。测定人体每日排泄物中的含氮量及摄入食物中的含氮量并加以对比，即可间接了解体内蛋白质代谢状况，此称为氮平衡。氮平衡主要有以下三种形式。①氮的总平衡：指每日摄入氮量基本等于排出氮量，即摄入氮量＝排出氮量，称为氮的总平衡。氮的总平衡反映蛋白质合成代谢与分解代谢相当，常见于成年人。②氮的正平衡：指每日摄入氮量多于排出氮量，即摄入氮量＞排出氮量，称为氮的正平衡。氮的正平衡反映人体蛋白质合成代谢大于分解代谢，常见于生长期儿童、青少年、孕妇、乳母、久病恢复期患者等。③氮的负平衡：指每日蛋白质摄入量少于排出量，即摄入氮量<排出氮量，称为氮的负平衡。氮的负平衡反映体内蛋白质合成小于分解，常见于膳食中蛋白质的质欠佳或量的不足，或饥饿、营养不良、慢性消耗性疾病患者、大面积烧伤及大量失血等情况。

2. 蛋白质的需要量　体内蛋白质需要不断更新，即使不进食蛋白质食物，机体仍不断排出含氮的代谢产物。根据氮平衡实验，人体在不进食蛋白质 8～10 天后，其排氮量基本恒定，每天排氮量约为 53 mg/kg 体重，以 60 kg 体重计算，每日相当于大约 20 g 蛋白质分解。中国营养学会推荐成人每日蛋白质的摄入量为 80 g。儿童、孕妇、乳母、恢复期病人、消耗性疾病与手术后病人等，每日蛋白质需要量应高于正常成人，一岁以内婴幼儿，按体重计应高于成人 2～3 倍。

体内不能贮存过多蛋白质，满足组织蛋白质合成后，剩余的蛋白质转变为含氮废物排出或分解供能。因此，适当增加蛋白质摄入量有利于健康，但进食过多会增加肝、肾功能负荷。对于肝、肾功能不全的患者，应该控制蛋白质摄入量。

知识点归纳

蛋白质是一切生命活动的物质基础，其元素组成主要为 C、H、O、N，基本单位是氨基酸。氨基酸通过肽键连接起来形成的化合物称为肽。蛋白质分子结构分为一、二、三、四级结构，其中一级结构是蛋白质的基本结构，二、三、四级结构是蛋白质的空间结构。蛋白质的一级结构指多肽链中氨基酸的排列顺序。蛋白质的二级结构主要形式有 α-螺旋、β-折叠、β-转角和无规卷曲。蛋白质的整条多肽链中所有原子在三维空间的排布位置，称为蛋白质的三级结构。具有两条或两条以上多肽链的蛋白质，其多肽链通过非共价键相互组合而形成的空间结构称为蛋白质的四级结构，其中每个具有独立的三级结构的多肽链称为亚基。蛋白质的结构与功能之间的关系非常密切，一级结构是空间结构的基础，也是蛋白质行使功能的基础。蛋白质的空间结构与蛋白质的功能密切相关，蛋白质的空间构象发生变化，其功能活性也随之改变。蛋白质的分子组成和结构使蛋白质具有两性解离、高分子胶体性质，某些物理因素可以使蛋白质变性。蛋白质可以发生颜色反应，并且在 280 nm 处具有紫外吸收峰，这些性质可用来测定蛋白质的含量。蛋白质是重要的营养物质，中国营养学会推荐成人每天摄入蛋白质 80 g。

一、名词解释

蛋白质的一级结构　蛋白质的变性　蛋白质的等电点(pI)　营养必需氨基酸

二、填空题

1. 蛋白质的基本单位是________，组成蛋白质的氨基酸种类有________种。
2. 不同蛋白质含________量稳定，平均含量约为________。
3. 蛋白质二级结构的形式有________、________、________和________。
4. 维持蛋白质胶体性质稳定的两个因素为________和________。

三、选择题

1. 测得某一蛋白质样品含 N 量为 0.4 g,此样品中蛋白质含量为 （　　）

A. 2.0 g　　B. 2.5 g　　C. 3.0 g　　D. 6.4 g　　E. 6.25 g

2. 天然蛋白质中不存在的氨基酸是 （　　）

A. 半胱氨酸　　B. 丝氨酸　　C. 甲硫氨酸　　D. 脯氨酸　　E. 瓜氨酸

3. 维持蛋白质一级结构的主要化学键是 （　　）

A. 二硫键　　B. 氢键　　C. 肽键　　D. 疏水键　　E. 离子键

4. 维持蛋白质二级结构的化学键是 （　　）

A. 二硫键　　B. 氢键　　C. 肽键　　D. 疏水键　　E. 离子键

5. 亚基在蛋白质的哪一级结构中 （　　）

A. 一级结构　　B. 二级结构　　C. 三级结构　　D. 四级结构　　E. 以上都是

6. 蛋白质分子中 α-螺旋和 β-折叠属于 （　　）

A. 一级结构　　B. 二级结构　　C. 三级结构　　D. 四级结构　　E. 以上都不是

7. 蛋白质变性是由于 （　　）

A. 蛋白质氨基酸排列顺序改变　　B. 蛋白质中的肽键断裂

C. 蛋白质中氨基酸组成成分改变　　D. 蛋白质空间结构遭到破坏

E. 以上都是

四、简答题

1. 什么是蛋白质变性？举例说明蛋白质变性在实际中的应用和避免蛋白质变性的例子。
2. 蛋白质主要的元素组成有哪几种？哪一种元素是蛋白质分子的稳定成分？测量其含量有何作用？
3. 简述蛋白质的生物学功能。

选择题答案：1. B　2. E　3. C　4. B　5. D　6. B　7. D

（李道远）

第三章　核酸结构与功能

学　习　目　标

掌握核酸的分类与分布、DNA 和 RNA 的元素组成和基本结构单位、结构特点；理解核酸的一级结构和空间结构；了解核酸的理化性质。

课　前　准　备

预习全章内容，初步理解核酸的分类与分布，了解 DNA 和 RNA 的分子组成。

第一节　核酸的概念与分类

一、核酸的概念

核酸是存在于细胞中含有磷酸基团的生物大分子，以核苷酸为基本组成单位，用于储存、传递和表达遗传信息。早在 1868 年，瑞士的外科医生 Friedrich Miescher 就首次从脓细胞胞核中提取到了核酸与蛋白质的结合物，当时称为核素(nuclein)，它含磷量极高，酸性很强，但是一直不能确定其功能。1944 年，Oswald Avery 提取出"转化因子"，证实了它就是 DNA，并说明 DNA 是传递遗传信息的物质基础。核酸和蛋白质一样，都具有非常复杂的结构和重要的生理功能，是生命活动中的不可缺少的信息大分子。

学与问：核酸的概念是什么？

二、核酸的分类、分布与功能

核酸分为核糖核酸(ribonucleic acid，RNA)和脱氧核糖核酸(deoxyribonucleic acid，DNA)两类，RNA 主要存在于细胞质中，参与 DNA 遗传信息的表达。在少数病毒中，RNA 也可以作为遗传信息的载体。DNA 主要存在于细胞核中，携带遗传信息，决定细胞核个体的基因型。遗传和变异是生物体最本质和最重要的生命现象，而核酸正是其物质基础。

学与问:核酸如何分类?分别分布在哪里?有哪些功能?

第二节 核酸的分子组成

一、核酸的元素组成

核酸由C、H、O、N、P五种元素组成,其中P元素的含量在核酸分子中恒定,为9%~10%,平均含量为9.5%,每克磷相当于10.5 g的核酸。因此,可以通过测定样品中核酸的含磷量,推算出核酸的大约含量。

100 g样品中的核酸含量(g %)=每克样品中的含磷克数×10.5×100

学与问:核酸的特征性元素有哪些?

二、核酸分子的基本结构单位

(一) 戊糖

核酸中的核糖主要是含五个碳原子的糖,故又称其为戊糖,都是β-D-型。RNA分子中是D-核糖,DNA分子中是D-2-脱氧核糖。戊糖的结构如图3-1所示。

图3-1 戊糖结构式

(二) 碱基

核酸分子中的含氮碱分为嘌呤碱和嘧啶碱两类。各种含氮碱构成核苷酸或核苷后,被称为碱基。嘌呤碱主要有腺嘌呤(adenine,A)和鸟嘌呤(guanine,G)(图3-2)。嘧啶碱有胞嘧啶(cytosine,C)、尿嘧啶(uracil,U)和胸腺嘧啶(thymine,T)(图3-3)。

DNA和RNA的主要碱基稍有不同,在DNA分子中含有A、G、C、T四种碱基;RNA分子中含有A、G、C以及U四种碱基。胸腺嘧啶又称胸嘧啶是DNA分子中的主要嘧啶碱,在RNA中极少见;尿嘧啶是RNA分子中的主要嘧啶碱,在DNA中极少见。

核酸分子中除含有A、G、C、T、U等主要碱基外,还有一些含量很少的其他含氮碱基,称为稀有碱基。它们的结构多种多样,大多是常见碱基的甲基衍生物。如tRNA中含有的假尿嘧啶(ψ)和二氢尿嘧啶等都是稀有碱基。有的tRNA含有的稀有碱基可达到10%。

两类核酸化学组成见表3-1。

表 3 - 1　两类核酸的化学组成

组成成分	DNA	RNA
磷酸	H_3PO_4	H_3PO_4
戊糖	D-2-脱氧核糖	D-核糖
碱基	腺嘌呤(A)、鸟嘌呤(G)、胞嘧啶(C)、胸腺嘧啶(T)	腺嘌呤(A)、鸟嘌呤(G)、胞嘧啶(C)、尿嘧啶(U)

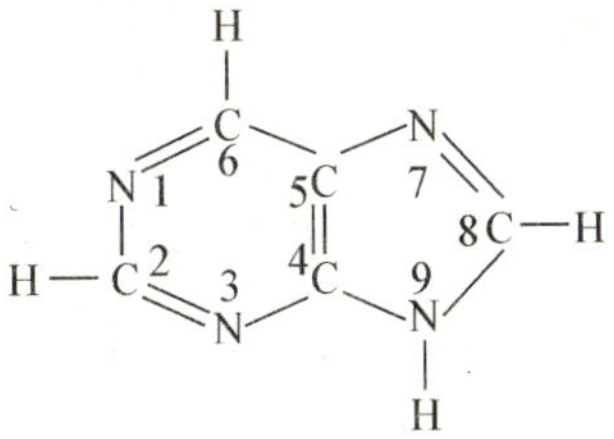

嘌呤

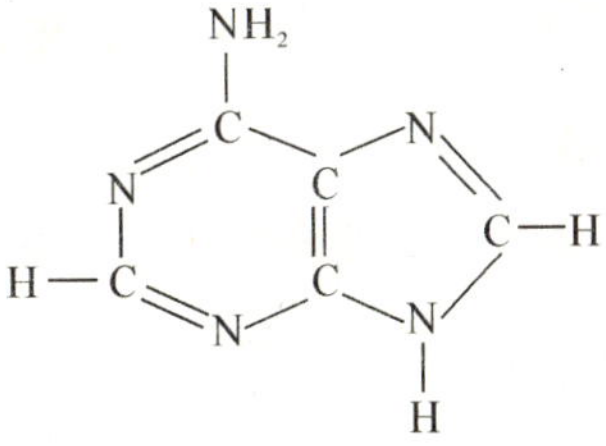

腺嘌呤(6-氨基嘌呤)

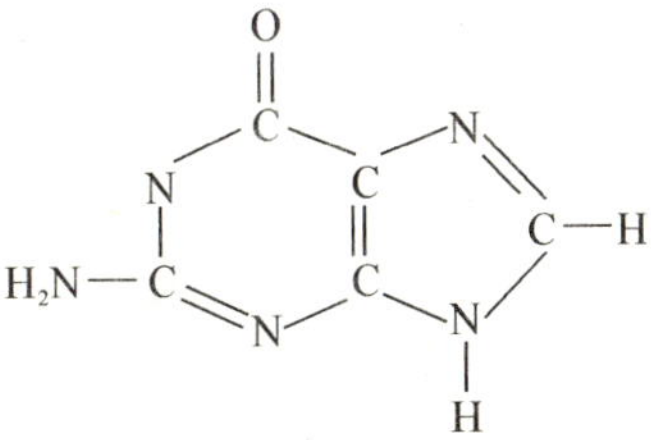

鸟嘌呤(2-氨基-6-酮基嘌呤)

图 3 - 2　嘌呤碱结构式

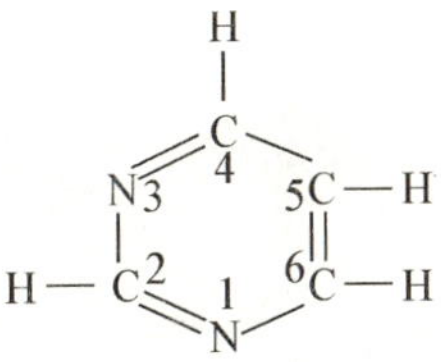

嘧啶

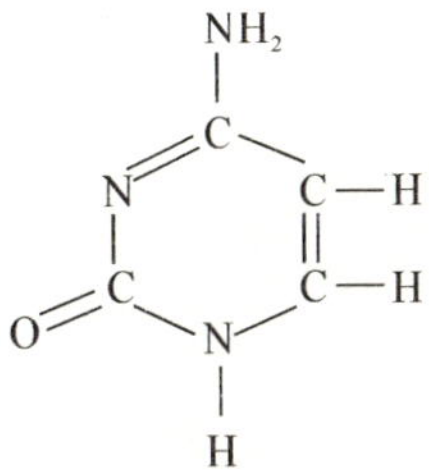

胞嘧啶

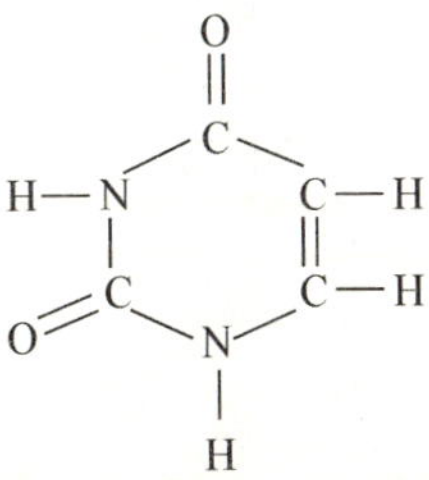

尿嘧啶

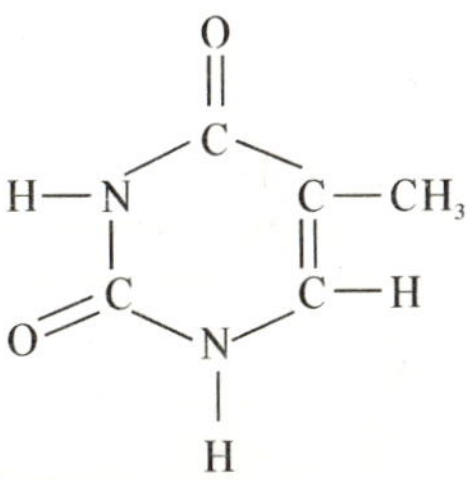

胸腺嘧啶

图 3 - 3　嘧啶碱结构式

（三）磷酸

核酸分子水解后可得到无机磷酸分子。磷酸结构式是以磷为中心、周围四个氧，其中包括一个双键氧和三个羟基。三个可解离的氢原子分别与三个氧原子结合（图 3-4）。

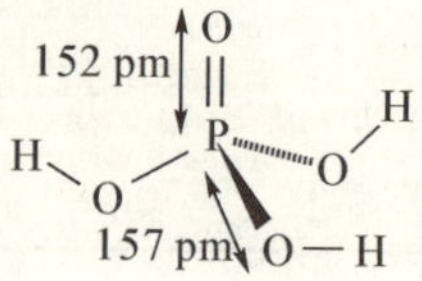

152 pm
157 pm

图 3-4　磷酸结构式

（四）核苷

碱基和戊糖脱水以糖苷键连接而成的化合物称为核苷。糖苷键由戊糖的第一位碳原子上的羟基与嘌呤碱的第 9 位氮原子或嘧啶碱的第 1 位氮原子上的氢脱水缩合生成。戊糖是 D-核糖的称为“核糖核苷”，是 D-2-脱氧核糖的称为“脱氧核糖核苷”。

不同的碱基可生成不同的核苷，如核苷中含胞嘧啶的称为“胞苷”，含胞嘧啶的脱氧核苷称为“脱氧胞苷”。其结构式如图 3-5 所示。在核苷分子中，为了避免戊糖上碳原子的编号与碱基上的编号相混淆，常在戊糖碳原上标“′”以示区别。

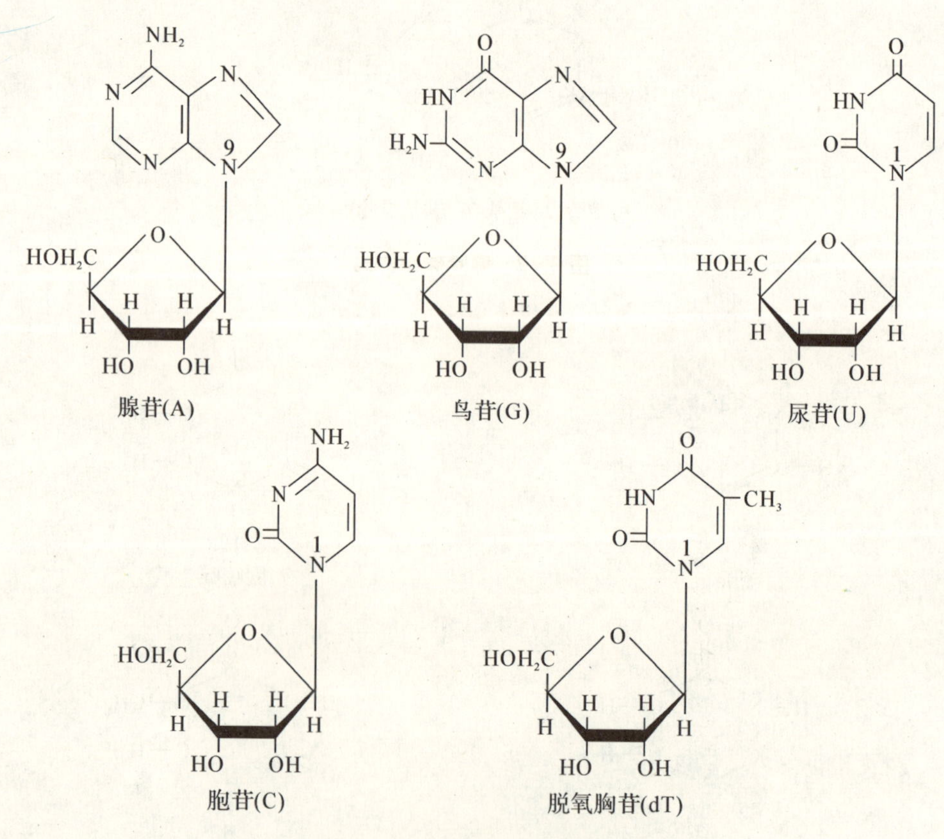

图 3-5　核苷与脱氧核苷的结构式

（五）核苷酸

磷酸与核苷（脱氧核苷）中戊糖基上的自由羟基通过脱水缩合以磷酸酯键相连，生成的化合物是核苷酸(图 3-6)。核糖核苷糖基的自由羟基在 2′、3′、5′上,分别形成 2′-核苷酸、3′-核苷酸和 5′-核苷酸。脱氧核糖核苷糖基的自由羟基只在 3′、5′上,所以只能形成 3′-脱氧核苷酸和 5′-脱氧核苷酸。生物体内多数是 5′-核苷酸。

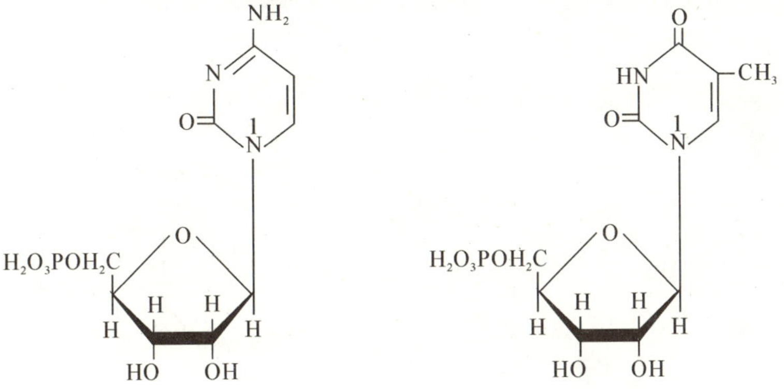

胞嘧啶核苷-5'-磷酸
(5'-CMP)

胸腺嘧啶脱氧核苷-5'-磷酸
(5'-dTMP)

图 3-6　核苷酸结构示意图

核苷酸的符号常用 NMP 表示,其中 N 表示“核苷”,M 表示“一”,P 表示“磷酸”。如:AMP 是 5′-腺嘌呤核苷酸,简称腺苷酸或者一磷酸腺苷,dTMP 是 5′-胸腺嘧啶脱氧核苷酸,简称脱氧胸苷酸或者一磷酸脱氧胸苷。其他核苷酸的命名以此类推。

就像氨基酸是组成蛋白质的基本单位一样,一磷酸核苷是组成核酸的基本单位,其中,RNA 含有四种一磷酸核苷,DNA 含有四种一磷酸脱氧核苷。为了便于学习,将核酸中的主要碱基、核苷、核苷酸的名称和代号列于表 3-2。

表 3-2　构成核酸的碱基、核苷和核苷酸

核酸	碱基	核苷	5′-核苷酸
RNA	腺嘌呤 A	腺苷	腺苷酸(AMP)
	鸟嘌呤 G	鸟苷	鸟苷酸(GMP)
	胞嘧啶 C	胞苷	胞苷酸(CMP)
	尿嘧啶 U	尿苷	尿苷酸(UMP)
DNA	腺嘌呤 A	脱氧腺苷	脱氧腺苷(dAMP)
	鸟嘌呤 G	脱氧鸟苷	脱氧鸟苷(dGMP)
	胞嘧啶 C	脱氧胞苷	脱氧胞苷(dCMP)
	胸腺嘧啶 T	脱氧胸苷	脱氧胸苷(dTMP)

学与问:RNA 与 DNA 的基本单位分别是什么?

三、核苷酸的衍生物

在体内除了一些组成核酸的核苷酸外,还有一些游离核苷酸,它们具有重要的生理功能。

1. 多磷酸核苷　核苷酸分子中可以含有1个、2个或者3个磷酸基团，分别是一磷酸核苷(NMP或dNMP)、二磷酸核苷(NDP或dNDP)、三磷酸核苷(NTP或dNTP)(图3-7)。二磷酸核苷和三磷酸核苷称为多磷酸核苷。多种NTP或dNTP都是高能磷酸化合物，它们在能量的储存和利用中起到重要的作用，并且参与多种物质代谢。

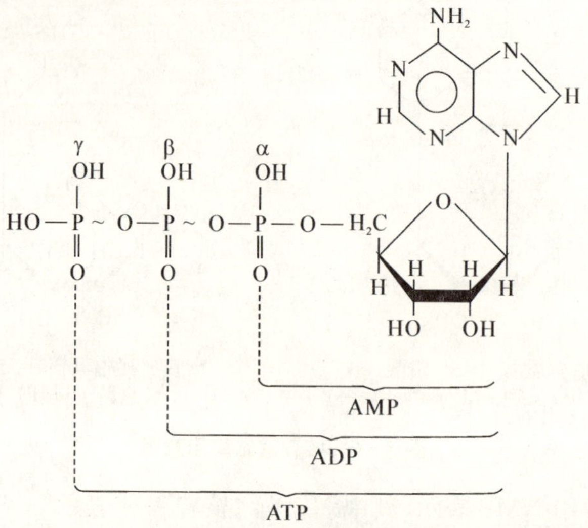

图3-7　三磷腺苷(ATP)的结构

2. 环化核苷酸　核苷酸可在C-5′磷酸的羟基与C-3′上的羟基脱水缩合形成3′,5′-环化核苷酸。如ATP和GTP可分别生成3′,5′-环腺苷酸(cAMP)和3′,5′-环鸟苷酸(cGMP)(图3-8)，作为激素的第二信使，介导激素作用，是胞内信息传递的重要媒介。

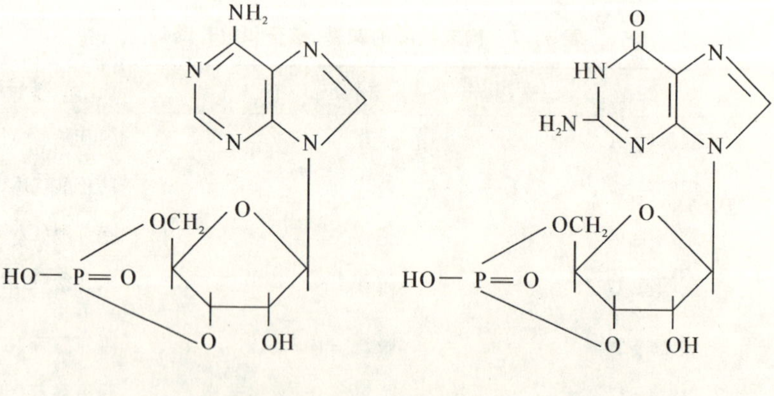

3′, 5′-环腺苷酸　　3′, 5′-环鸟苷酸

图3-8　环化核苷酸

3. 辅酶类核苷酸　核苷酸还是某些重要辅酶的组成成分，如辅酶Ⅰ(烟酰胺腺嘌呤二核苷酸，NAD+)、辅酶Ⅱ(磷酸烟酰胺腺嘌呤二核苷酸，NADP+)、黄素腺嘌呤二核苷酸(FAD)及辅酶A(CoA)含腺苷-3′,5′-二磷酸。

学与问：核苷酸重要的衍生物有哪些？

知 识 链 接

病毒的克星——核苷及核苷酸衍生物

病毒主要由蛋白质和核酸组成，因此一些核苷和核苷酸衍生物可通过影响病毒和病变组织的核酸合成或通过影响机体的免疫系统而起到治疗的作用。作为抗病毒药物，如阿糖胞苷、阿糖腺苷以及治疗乙型肝炎的拉米夫啶、恩替卡韦等，还有聚肌苷酸、多聚胞苷酸可以诱导机体产生干扰素，保护细胞免受病毒感染。一些抗癌药物也属于核苷或核苷酸衍生物，如治疗消化道肿瘤的氟尿嘧啶，治疗白血病的6-硫基嘌呤等。

第三节 核酸的结构

一、核酸的一级结构

核酸的一级结构是指核酸分子中核苷酸(脱氧核苷酸)的排列顺序。在核酸分子中，核苷酸之间通过3′,5′-磷酸二酯键连接起来，即一个核苷酸3′位碳原子上的羟基与另一个核苷酸5′位碳原子上的磷酸羟基经脱水缩合而形成的磷酸酯键。多个核苷酸通过3′,5′-磷酸二酯键连接形成线性大分子的多核苷酸链。多核苷酸链有严格的方向性，它们的两个末端分别是5′-末端(游离的5′-磷酸基)和3′-末端(游离3′-羟基)。习惯上是把5′-末端作为多核苷酸链的头写在左边，将3′-末端作为尾写在右边，按5′→3′的方向书写。其结构及简写方式如图3-9所示。

一级结构是核酸的基本结构。构成DNA的四种脱氧核苷酸是dAMP、dGMP、dCMP、dTMP，构成RNA的四种核苷酸是AMP、GMP、CMP、UMP。核酸分子中的核糖(脱氧核糖)与磷酸共同构成骨架结构，不参与信息的储存和表达，对遗传信息的携带和传递靠核苷酸中的碱基排列顺序变化而实现。自然界基因的长度在几十甚至几万个碱基之间，因为碱基排列方式不同而提供的DNA编码能力几乎是无限的。

学与问：核苷酸在核酸分子中的连接键是什么键?

二、核酸的空间结构

(一) DNA的空间结构

1. DNA的二级结构　1953年，美国人James Watson和英国人Francis Crick两位青年科学家在总结前人研究成果的基础上，提出了DNA分子二级结构的“双螺旋结构模型”，这一举世公认的结构模型揭示了生物界遗传性状得以世代相传的分子奥秘，揭开了现代分子生物学发展的序幕，对生物学和遗传学做出了巨大贡献。DNA双螺旋结构模型(图3-10)的要点是：

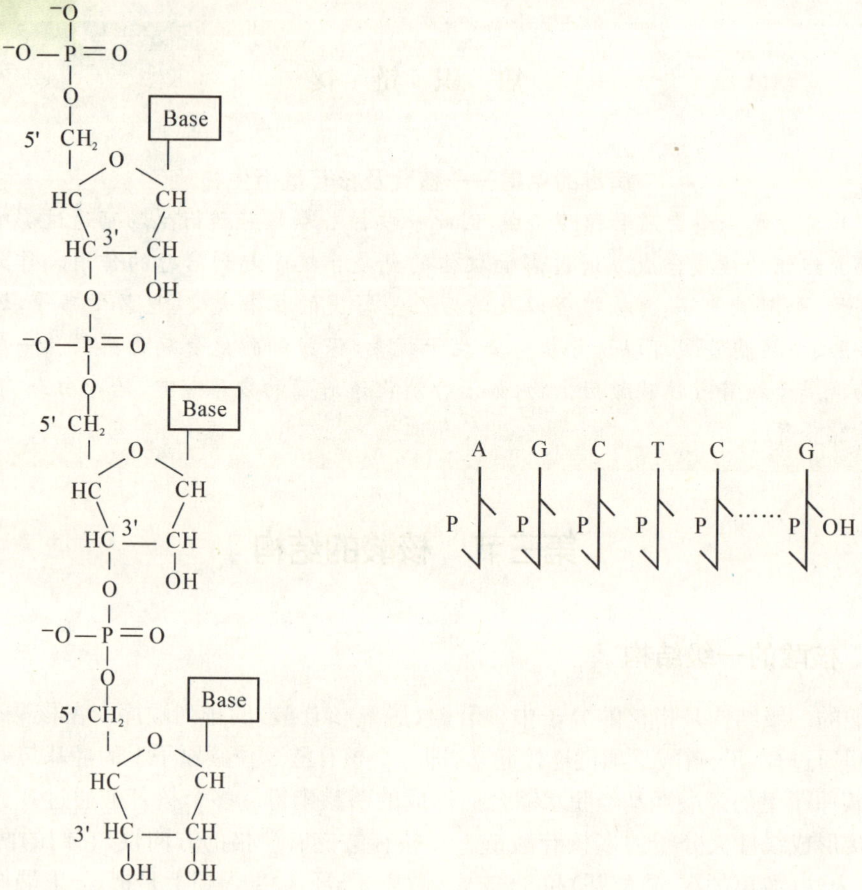

图 3－9　DNA 一级结构的连接方式

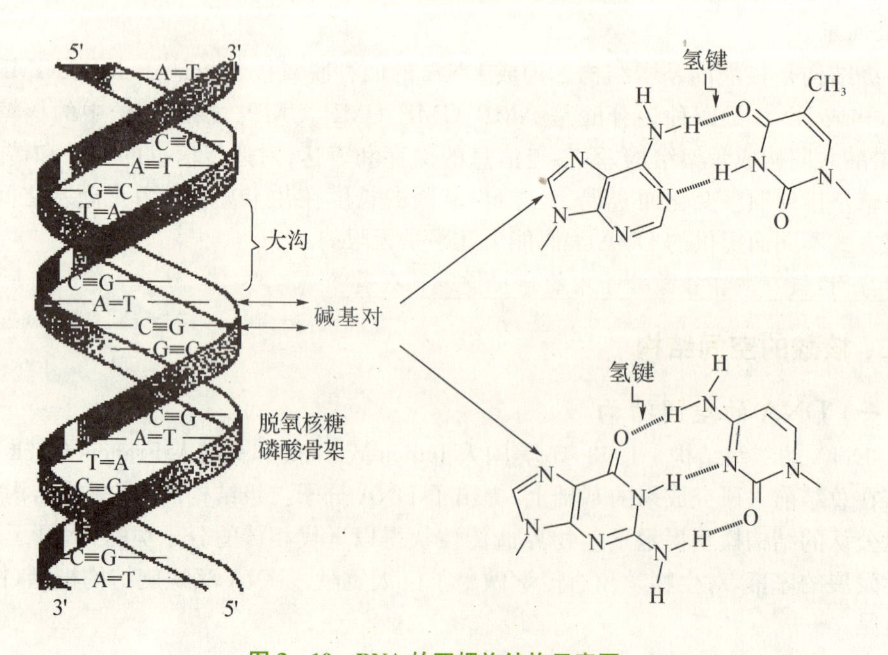

图 3－10　DNA 的双螺旋结构示意图

(1) DNA 分子是由两条方向相反、互相平行的多聚脱氧核苷酸链围绕共同的中心轴构成的双螺旋结构(图 2-10),其中一条链走向是从 5′→3′,另一条链是 3′→5′。两条链呈右手螺旋延伸。在这两条多聚脱氧核苷酸链中,磷酸戊糖链是骨架结构,位于螺旋的外侧,碱基则位于螺旋的内侧,两条链的碱基通过氢键结合。

(2) DNA 的两条链是互补链。一条链的碱基与另一链在同一平面上的碱基通过氢键结合。而且配对固定。即腺嘌呤与胸腺嘧啶配对,形成两个氢键(A═T);鸟嘌呤与胞嘧啶配对,形成三个氢键(G≡C)。这种配对规律也称为碱基互补原则。相互配对的碱基称为互补碱基,DNA 分子的两条链则称为互补链。根据碱基互补原则,如果确定了 DNA 一条多聚脱氧核苷酸链的序列,就可以推知另一条的序列。碱基互补原则在遗传信息的传递和表达中有着非常重要的意义,如 DNA 复制、转录、反转录等之所以能够进行,就是以碱基互补原则为基础的。

(3) DNA 双螺旋结构的直径为 2 nm,相邻两个碱基对平面之间的垂直距离为 0.34 nm。因此,沿中心轴每旋转一周有 10 个碱基对(base pair,bp),螺距为 3.4 nm。相邻的两个碱基对之间的相对旋转角度是 36°。从外观上看,DNA 双螺旋结构的表面存在大沟(major groove)和小沟(minor groove)。目前认为这些沟状结构与蛋白质和 DNA 间的识别有关。

(4) 疏水作用力和氢键维系 DNA 双螺旋结构的稳定。DNA 分子中互补碱基之间的氢键是稳定的横向结合力,而相邻两个碱基平面在旋转过程中相互重叠产生了疏水性的碱基堆积力,两种力量共同维系着 DNA 双螺旋结构的稳定,并且碱基堆积力在双螺旋结构的稳定中起主要作用。

2. DNA 的超级结构　生物界的 DNA 分子是十分巨大的信息高分子,不同物种间的 DNA 大小和复杂程度差别很大。一般来讲,进化程度越高的生物体,其 DNA 的分子构成越大、越复杂。DNA 的长度要求其形成紧密折叠旋转的方式才能够存在于小的细胞核内。因此,DNA 在形成双链螺旋式结构的基础上,在细胞内还将进一步折叠形成更加紧密的超级结构。

(1) 原核生物 DNA 的超级结构:绝大部分原核生物的 DNA 都是共价封闭的环状双螺旋,这种双螺旋还需进一步螺旋化形成超螺旋结构,以保证其可以较致密的形式存在于细胞内(图 3-11)。超螺旋结构有两种方向:与 DNA 双螺旋方向相同的称为正超螺旋,相反的称为负超螺旋。其中,负超螺旋最常见。

(2) 真核生物 DNA 在细胞核内的组装:在真核生物,DNA 是线性分子,以非常致密的形式存在于细胞核内,在细胞生活周期的大部分时间里以染色质(chromatin)的形式出现,在细胞分裂期形成的染色体在光学显微镜下即可见到。染色体是由 DNA 和蛋白质构成的,是 DNA 的超级螺旋结构形式。染色体的基本单位是核小体图。

核小体由 DNA 和组蛋白共同构成。组蛋白分子共有五种,分别称为 H_1、H_2A、H_2B,H_3 和 H_4。核小体的核心由两分子的组蛋白 H_2A,H_2B,H_3 和 H_4 共同构成,称为组蛋白八聚体(又称核心组蛋白)。DNA 双螺旋分子缠绕在这一核心上构成了核小体的核心颗粒(core particle)。两个核心颗粒之间的 DNA(60 个碱基对,60 bp)和组蛋白 H1 结合形成串珠样的结构(图 3-11),也成为染色质纤维,使 DNA 的长度压缩了约 7 倍。

染色质纤维按左手螺旋的方式卷曲,在组蛋白 H_1 的参与下形成中空螺线管,使 DNA 的致密程度又增加了约 100 倍。染色质纤维空管进一步卷曲和折叠形成直径 400 nm 的超螺线管,将染色体的致密程度又增加了 40 倍。之后再进一步压缩成染色单体,在细胞核内组装成染色体。将近2米长的DNA分子容纳于直径只有数微米的细胞核中(图3-11)。

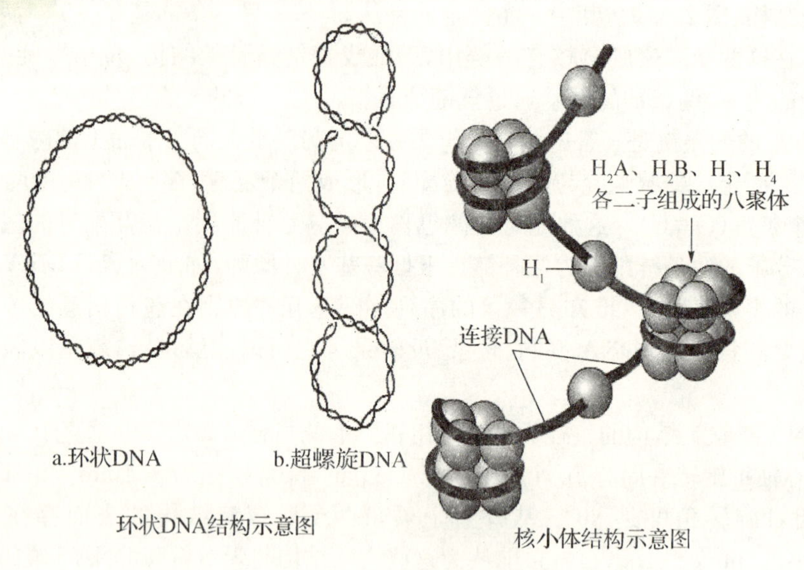

图3-11 DNA的环状结构及核小体结构示意图

学与问:DNA双螺旋结构模型的要点有哪些?

(二) RNA的空间结构

RNA是由四种核糖核苷酸AMP、GMP、CMP和UMP通过3′,5′-磷酸二酯键聚合形成的链状大分子,而且通常是以单链形式存在。其中含有一些稀有碱基,单链自身回折,部分区域可进行碱基互补配对(A与U配对、G与C配对,但并不十分严格),形成局部的双螺旋结构。非互补区则形成环状突起,称为"茎环"结构或发夹结构。这是常见RNA的二级结构的形式,在此基础上可以进一步折叠形成三级结构。

RNA在细胞核中合成,在胞浆中发挥作用。RNA与DNA相比,种类、大小和结构都表现出了多样化,其功能也都不相同。

1. 信使RNA　信使RNA(messenger RNA,mRNA)是指导蛋白质合成的模板。转录细胞核内编码蛋白质信息的DNA碱基排列顺序,并携带至细胞质,指导蛋白质的合成。mRNA分子大小各不相同,其初级产物是核内非均一RNA(heterogeneous nuclear RNA,hnRNA),hnRNA在细胞核内存在时间极短,经过剪接成为成熟的mRNA。真核细胞mRNA分子5′-末端以7-甲基鸟嘌呤三磷酸核苷(m7GpppN)为起始结构,称为帽结构(图3-12)。mRNA分子的3′末端是一段80～250个腺苷酸连接而成的多聚腺苷酸结构,称为多聚A尾(polyA)(图3-12)。这种多聚A尾和5′-帽结构共同负责将mRNA从细胞核内转运到细胞质,维持mRNA的稳定性和调控翻译起始。从mRNA分子的5′末端的第一个AUG开始,每三个相邻的核苷酸为一组,组成三联体密码或密码子,每三个密码子代表多肽链上的一个氨基酸。mRNA分子上核苷酸的序列就决定了蛋白质分子中氨基酸的序列。

真核生物mRNA结构特点如下:①细胞内mRNA种类很多,分子量大小不一,由几百甚至几千个核苷酸构成。②5′-末端的帽结构:大多数真核细胞成熟mRNA的5′-末端在转录后加上一个基,再进行甲基化修饰,形成帽子结构。mRNA的帽子结构可保护mRNA免受核酸酶从5′端的降解作用,并在翻译起始中具有促进核蛋白体与mRNA结合,加速翻译起始速度的作用。③3′-末端的多聚A尾结构:在真核生物mRNA的3′-末端,大多有一段由数十个至百余个腺苷酸连接而成的多聚腺苷酸结构，称为多聚 A 尾(polyA)。polyA 结构也是在 mRNA 转录完成后，由 polyA 转移酶催化加入的。在细胞内，PolyA 结构与 polyA 结合蛋白相结合形成复合物。目前认为，这种 3′-末端多聚 A 尾结构和 5′-末端帽结构共同负责 mRNA 从核内向胞质转移，维系 mRNA 稳定性以及调控翻译的起始。去除 polyA 结构和帽结构是细胞内 mRNA 降解的重要步骤。

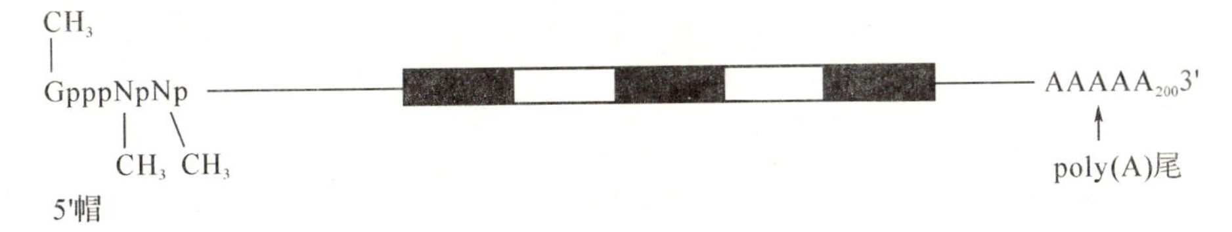

图 3－12　mRNA 的结构图

2. 转运 RNA　转运 RNA(transfer RNA，tRNA)的功能是在蛋白质生物合成中作为活化氨基酸的载体。tRNA 按照 mRNA 上的遗传密码，将氨基酸运输到核蛋白体。tRNA 占细胞内 RNA 总量的 15%，分散于细胞液中，具有较好的稳定性。tRNA 种类较多，大约有 100 多种，每一种都有特定的碱基组成和空间结构，但它们也具有相同之处。

(1) 含有稀有碱基：RNA 分子的主要碱基是 A、G、C、U，tRNA 分子中还含有一些稀有碱基，包括二氢尿嘧啶(DHU)、假尿嘧啶(ψ)、次黄嘌呤(I)和甲基化的嘌呤(mG、mA)等。这些稀有碱基占碱基总量的 10%～20%，都是转录后修饰而成的。

(2) 有“三叶草”样二级结构和倒“L”形三级结构：tRNA 具有一些互补的碱基序列，可以形成局部的双螺旋结构构成臂，不配对的单链部分膨出形成环结构或者发夹结构，导致 tRNA 的二级结构呈现出三叶草型(图 3－13)。在三叶草的柄部，5′-末端的 7 个核苷酸与3′-末端的序列形成氨基酸接纳茎，又称氨基酸臂。3′-末端序列都是 CCA—OH。在蛋白质生物合成时，tRNA 的 3′-末端的羟基可与活化的氨基酸结合。在三叶草的顶部有反密码环，由 7 个核苷酸组成，中间三个相邻的核苷酸构成反密码子，可以碱基互补配对原则去识别 mRNA 上的遗传密码，使所携带的氨基酸正确进入多肽链合成的场所。在两侧的发夹结构含有稀有碱基，分别称为 TψC 环和 DHU 环。在 TψC 环的一侧还有一个可变环，各种 tRNA 核苷酸残基数目的不等，主要就是因可变环的大小不同，因此是 tRNA 分类的重要标志。tRNA 二级结构中的 DHU 环和 TψC 环在氢键的作用下使得它们空间上相距很近，因此所有 tRNA 的三级结构呈倒 L 型(图 3－14)。

3. 核糖体 RNA　核糖体 RNA(ribosomal RNA，rRNA)是细胞内含量最多的 RNA，约占总 RNA 的 80%以上。rRNA 与多种蛋白质结合形成的核糖体是蛋白质生物合成的场所。rRNA 分子也是单链，局部有双螺旋区域，具有复杂的空间结构。rRNA 与核蛋白体蛋白(ribosomal protein)结合构成核蛋白体(或称为核糖体)。

核蛋白体的功能是细胞内合成蛋白质的场所。核蛋白体中的 rRNA 和蛋白质共同为肽链合成所需的 mRNA、tRNA 以及多种蛋白因子提供了相互结合的位点和相互作用的空间环境。

原核生物有三种 rRNA，按分子量的大小分别是 5S、16S、23S(S 是沉降系数)，它们分别与不同的核糖体蛋白质结合组成核糖体的大亚基和小亚基。真核生物有四种 rRNA，分别为 5S、5.8S、18S 和 28S，也以相似方式构成核糖体的大亚基和小亚基。大亚基和小亚基进一步组装成核糖体，为蛋白质生物合成提供环境。

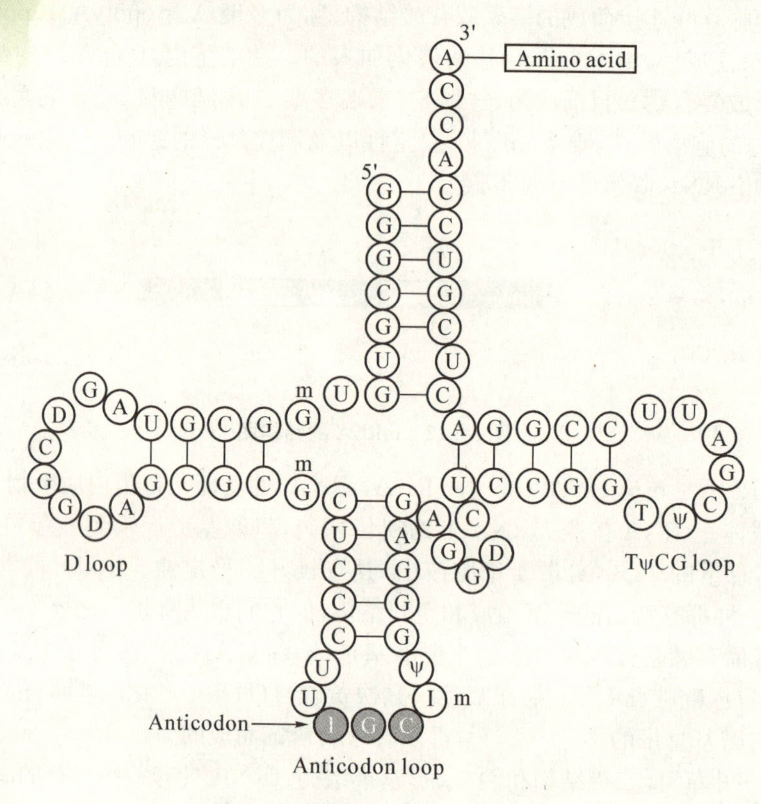

图 3-13　tRNA 的三叶草形结构

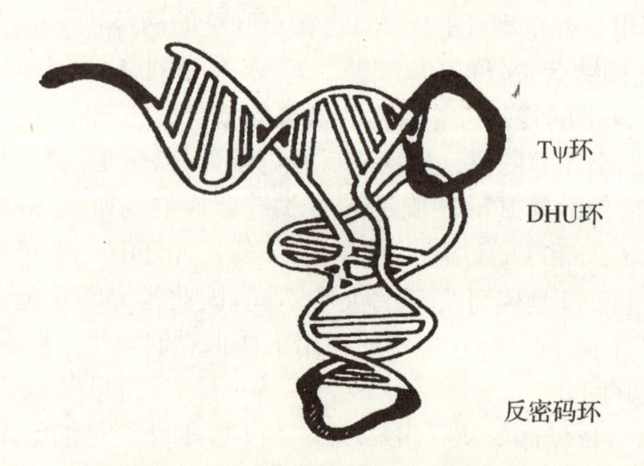

图 3-14　tRNA 的倒 L 型三级结构

各种 rRNA 分子因为碱基序列不同，有着不同的二级结构和三级结构。

除去上述三种 RNA 以外，细胞内还存在着许多其他种类的小分子 RNA，被统称为非信使小 RNA(snmRNA)。如：核内小 RNA(snRNA)、核仁小 RNA(snoRNA)、催化性小 RNA(small catalyticRNA)、胞质小 RNA(scRNA)和小片段干扰 RNA(siRNA)等。这些 snmRNA 各自具有非常重要的生理作用，有的在 hnRNA 和 rRNA 的转录后加工、转运中发挥作用，有的参与基因表达调控等，是现代生物学研究的新领域。

学与问：两类核酸结构的异同点有哪些？

第四节　核酸的理化性质

一、核酸的分子大小、黏度、溶解度与酸碱性质

（一）分子大小

核酸是生物大分子，DNA 分子远大于 RNA，分子量高达 $10^6 \sim 10^{11}$。RNA 分子比 DNA 分子小很多，但即使是分子量最小的 tRNA 也在 2×10^4 以上。核酸分子大小常用碱基数 P（单链）、碱基对数 bp（双链）表示。研究表明进化程度越高的生物 DNA 分子越大，能储存的遗传信息更多。但进化的复杂程度与 DNA 大小并不完全一致，如哺乳类动物 DNA 约为 3×10^9 bp，而有些爬行类动物的 DNA 大小却可达 $10^{10} \sim 10^{11}$ bp。

（二）黏度

通常高分子化合物溶液比普通溶液的黏度大得多，而线性分子比球形分子的黏度更大。核酸为线性高分子化合物，天然 DNA 分子的双螺旋结构极其细长，长度与直径之比可达 10^7，因此核酸溶液具有非常高的黏度。

（三）溶解度

DNA 为白色纤维状固体，RNA 为白色粉末状固体，它们都微溶于水，可溶于 2-甲氧乙醇，但不溶于乙醇、乙醚和氯仿等一般有机溶剂。因此，常用乙醇从溶液中沉淀核酸，当乙醇浓度达 50%时，DNA 发生沉淀，当乙醇浓度达 75%时 RNA 也沉淀出来。DNA 和 RNA 在细胞内常与蛋白质结合，以核蛋白的形式存在，DNA 核蛋白难溶于 0.14 mol/L 的 NaCl 溶液，可溶于高浓度（1～2 mol/L）的 NaCl 溶液，而 RNA 核蛋白则易溶于 0.14 mol/L 的 NaCl 溶液，因此常用不同浓度的盐溶液分离两种核蛋白。

（四）酸碱性质

核酸是两性分子，核酸的碱基和磷酸基团都可以发生解离，使得核酸表现出特有的酸碱性质，但通常核酸表现出较强的酸性。

二、核酸的紫外吸收性质

嘌呤碱和嘧啶碱都含有共轭双键，所以碱基、核苷、核苷酸和核酸在紫外波段有较强烈特征性的紫外吸收光谱。DNA 钠盐的紫外吸收在 260 nm 附近有最大吸收值，利用这一性质可以对核酸、核苷酸、核苷和碱基进行定量及定性测定，这在核酸的研究中很有用处。

实验室中最常用的是定量测定少量的 DNA 或 RNA。对待测样品是否纯品可用紫外分光光度计读出 260 nm 与 280 nm 的吸光度（absorbance，A）值，因为蛋白质的最大吸收在 280 nm 处，因此从 A_{260}/A_{280} 的比值即可判断样品的纯度。纯 DNA 的 A_{260}/A_{280} 应为 1.8，纯 RNA 应为 2.0。样品中如含有杂蛋白及苯酚，A_{260}/A_{280} 比值即明显降低。不纯的样品不能用紫外吸收法作定量测定。

学与问：DNA 与蛋白质紫外吸收波长的区别。

三、核酸的变性、复性和分子杂交

（一）变性

核酸的变性（denaturation）是指 DNA 双螺旋之间的氢键断裂变成单链，或者 RNA 局部

氢键断裂变成线性单链结构的过程。变性作用是核酸的重要物化性质。引起核酸变性的因素有很多，如：加热、酸或碱、有机溶剂、尿素等。温度升高引起的称为热变性，由酸或碱引起的称为酸变性或碱变性。在聚丙烯酰胺凝胶电泳法中测定 DNA 序列常用尿素作为变性剂，在琼脂糖凝胶电泳法中分离、鉴定 RNA 的分子大小常用甲醛作为变性剂。

在核酸变性中，DNA 变性研究最多，DNA 变性最常用的是热变性。将 DNA 的稀盐溶液加热到 80～100 时，双螺旋结构就发生解体，两条链打开，碱基堆积力破坏，螺旋内部的碱基就暴露出来，使得变性后的 DNA 对 260 nm 紫外光的吸光度比变性前明显升高（增加），这种现象称为增色效应（hyperchromic effect）。这是判断 DNA 是否变性的一个指标。常用增色效应跟踪 DNA 的变性过程，了解 DNA 的变性程度。

DNA 变性的特点是爆发式的。当病毒或细菌 DNA 分子的溶液在缓慢加热的过程中进行变性时，检测溶液的 A_{260} 值，以温度对应紫外吸收值作图得到的曲线称为熔解曲线或解链曲线（图 3-15）。曲线表明，DNA 的变性过程是在一个相当窄的温度范围内完成的，是爆发式的。通常将其紫外吸收增加值达到最大变化值一半时的温度，称为 DNA 的熔解温度（melting temperature，T_m）。在此温度时，50%的 DNA 双链被打开，DNA 的 T_m 值一般在 70～85 ℃之间。DNA 的 T_m 值大小与下列因素有关：

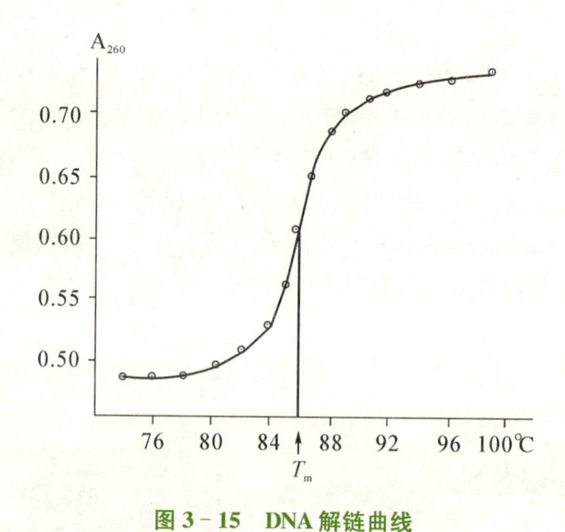

图 3-15　DNA 解链曲线

1. DNA 的均一性　均一性愈高的 DNA 样品，熔解过程愈是发生在一个很小的温度范围内。

2. G≡C 的含量　G≡C 含量越高，T_m 值越高，二者成正比关系。这是因为 G≡C 对比 A=T 对更为稳定的缘故。所以测定 T_m 值可推算出 G≡C 对的含量。其经验公式为：

$$G\equiv C\% = (T_m - 69.3) \times 2.44$$

3. 介质中的离子强度　一般来说，离子强度较低的介质中，DNA 的熔解温度较低，熔解温度的范围较宽；而在较高的离子强度的介质中，情况则相反。所以 DNA 制品应保存在较高浓度的缓冲液或溶液中，常在 1 mol/L NaCl 中保存。RNA 分子中有局部的双螺旋区，所以 RNA 也可发生变性，但 T_m 值较低，变性曲线也不会那么陡。

（二）复性

变性的 DNA 在适当条件下，两条解离的互补单链可重新配对结合，恢复双螺旋结构，或局部恢复双螺旋结构，这一现象称为复性（renaturation）。因加热而变性的DNA经过缓慢冷却后可复性，这一过程称为退火（annealing）。但骤然冷却时，DNA不可能复性。例如用同位素标记的双链DNA片段进行分子杂交时，为获得单链的杂交探针，要将装有热变性DNA溶液的试管直接插入冰浴，使溶液在冰浴中骤然冷却至0℃。由于温度降低，单链DNA分子失去碰撞的机会，因而不能复性，保持单链变性的状态，这种处理过程叫"淬火"（guench）。

DNA复性后A_{260}值减小这一现象称为低色效应（hypochromic effect）。引起低色效应的原因是碱基状态的改变，DNA复性后其碱基又藏于双螺旋内部，碱基对又呈堆积状态，这样就会使碱基吸收紫外光的能力减弱。实验室常用低色效应的大小来测定DNA的复性过程以衡量复性的程度。

（三）分子杂交

将不同来源的DNA混合，经热变性后再使其复性。如果这些异源的DNA之间在某些区域具有互补的序列复性时能形成DNA-DNA异源双链，或将变性的单链DNA与RNA经复性处理形成DNA-RNA杂合双链，这种过程称为分子杂交（molecular hybridization）。核酸的杂交在分子生物学和分子遗传学的研究中应用非常广泛，许多重大的问题都是用分子杂交技术来解决的。如Southern印迹、斑点印迹、Northern印迹、PCR扩增及基因芯片等核酸检测方法，都是利用核酸分子杂交的原理。

知识链接

核酸药物

核酸类药物是各种具有不同功能的寡聚核糖核苷酸（RNA）或寡聚脱氧核糖核苷酸（DNA），主要在基因水平上发挥作用，具有特定的靶点和作用机制，同时具有低毒性、不产生抗药性等特点，被广泛应用于临床。如用于治疗肿瘤的药物有5-氟尿嘧啶、5-脱氧氟尿嘧啶等。还有些核酸衍生物具有抗肿瘤和抗病毒双重作用，如合成的阿拉伯糖苷类衍生物中的阿糖胞苷、环胞苷，除抗癌外，还用于抗疱疹病毒感染及治疗疱疹性脑炎。

知识点归纳

核酸是生物体内与遗传有关的生物大分子，分为DNA和RNA两大类，其中RNA又分为mRNA、tRNA和rRNA。核酸的基本成分是磷酸、戊糖和碱基，DNA的基本单位是脱氧核糖核苷酸，主要碱基有A、G、C、T四种，戊糖是脱氧核糖；RNA的基本单位是核糖核苷酸，主要碱基为A、G、C、U四种，戊糖是核糖。碱基与戊糖通过糖苷键结合形成核苷，磷酸与核苷分子中的戊糖通过磷酸酯键连接成核苷酸。核苷酸之间通过3′，5′-磷酸二酯键连接形成多核苷酸链。

核酸的一级结构是指多核苷酸链中单核苷酸的排列顺序。DNA 的二级结构是双螺旋结构，DNA 的双螺旋结构是由两条反向平行的互补链形成的右手螺旋，碱基平面之间的堆积力和碱基对之间的氢键是维持双螺旋结构稳定的力量。DNA 在双螺旋结构的基础上还可以形成更高级的超级结构。

RNA 只有一条链，可以形成局部的双螺旋结构，还可以形成更高级的二级、三级结构。mRNA 含有遗传密码，是蛋白质合成的模板。tRNA 的二级结构呈三叶草形，通过其氨基酸臂与特定氨基酸结合，并通过其反密码环上的反密码子识别 mRNA 的密码子将氨基酸带入肽链合成的位点。rRNA 与多种蛋白质形成的核蛋白体，是细胞合成蛋白质的场所。

核酸是两性电解质，也是线性生物大分子。在 260 nm 处有最大紫外吸收峰。在某些理化因素(加热、酸、碱、有机溶剂等)作用下，DNA 双螺旋结构松散成为单链的过程称为 DNA 的变性。DNA 变性有增色效应，A_{260} 达到最大吸收值的 50%时的温度称为 DNA 的解链温度(T_m)。热变性的 DNA 在适当条件下，两条互补链可重新配对称为 DNA 的复性。在 DNA 的复性过程中，不同的核酸分子间可形成杂化双链，这一过程称为杂交。DNA 与 DNA、DNA 与 RNA 间的分子杂交在核酸研究中被广泛应用。

一、名词解释

核酸的一级结构　DNA 变性　分子杂交　解链温度

二、填空题

1. 核糖核酸 RNA 主要分为________、________和________三种类型。
2. 脱氧核糖核酸(DNA)的基本结构单位是________。
3. 脱氧核糖核酸 DNA 的基本单位是________、________、________和________。
4. 转运核糖核酸 tRNA 的二级结构为________形状，三级结构为________形状。
5. DNA 和 RNA 中的碱基分别是________和________。

三、选择题

A 型题

1. 热变性的 DNA 在适当条件可以复性，条件之一是　(　　)

A. 骤然冷却　　B. 缓慢冷却
C. 浓缩　　D. 加入浓的盐

2. DNA 分子中的其中一条链结构如下：5′- ACGTACTG - 3′则另一条的结构是　(　　)

A. 3′- TGCTACTG - 5′　　B. 5′- TGCATGAC - 3′
C. 3′- TGCATGAC - 5′　　D. 5′- ACGTTGAC - 3′

3. DNA 中含有 18.4%的 A 时，其碱基(C+G)%总含量为多少　(　　)

A. 36.8%　　B. 37.2%
C. 63.2%　　D. 55.2%

4. 热变性的 DNA 具有的特征是　(　　)

A. 核苷酸间的磷酸二酯键断裂

B. 形成三股螺旋

C. 260 nm 处的光吸收下降

D. GC 对的含量直接影响 T_m 值

B 型题

第 5～8 题题干：

A. DNA　　B. mRNA

C. tRNA　　D. rRNA

5. 含有遗传密码，是蛋白质生物合成的模板的是　(　)

6. 将氨基酸运输到核蛋白体的是　(　)

7. 是生物遗传信息的载体的是　(　)

8. 能与多种蛋白质形成核蛋白体的是　(　)

X 型题

9. DNA 分子的基本单位有　(　)

A. dAMP　　B. dGMP

C. dCMP　　D. dTMP

E. dUMP

10. 关于 DNA 双螺旋结构叙述正确的是　(　)

A. DNA 是反向平行、互补结合的双链形成的右手螺旋结构

B. DNA 双螺旋中的碱基配对是 A 与 U 配对，G 与 C 配对

C. DNA 分子存在交替出现的大沟和小沟

D. 磷酸戊糖链骨架位于双螺旋的外侧，碱基位于内侧

E. 碱基堆积力和氢键维持 DNA 双螺旋的稳定

四、简答题

1. 简单叙述 DNA 的组成和结构的特点。

2. 比较 DNA 和 RNA 在组成、结构、功能上的不同之处。

3. 请简述 DNA 变性的特性。

选择题答案：1. B　2. C　3. C　4. D　5. B　6. C　7. A　8. D　9. ABCD　10. ACDE

（陈　岩）

第四章 酶

学习目标

掌握酶的基本概念和酶的催化特点，酶的活性中心概念，温度、pH、抑制剂等因素对酶促反应的影响，K_m 值的含义，同工酶的概念。熟悉酶的辅助因子（辅酶、辅基），酶的别构调节，酶原及其激活，酶浓度、底物浓度、激活剂对酶促反应的影响。了解酶的化学组成、米-曼式方程、同工酶在临床上的应用、酶活性单位概念。

课前准备

预习全章内容，初步理解酶的概念及特性、酶的组成及影响酶促反应的因素。

第一节 概 述

机体内时刻发生着千万种化学反应，几乎所有的化学反应都是在高效、特异的生物催化剂的催化下进行的。迄今为止，人类已发现两类生物催化剂：一类是酶（enzyme，E），其化学本质是蛋白质，是机体内最主要的催化剂，其催化作用受许多因素的调节；另一类是核酶（ribozyme），是指具有催化作用的核酸，为数不多，主要作用于 RNA 的剪接。

一、酶的概念

酶是由活细胞产生的对特异底物起高效催化作用的蛋白质，是机体内各种生化反应最主要的催化剂。酶所催化的化学反应称为酶促反应；在酶促反应中被酶催化的物质叫酶的底物（substrate，S）；经酶催化所产生的物质叫产物（product，P）。酶所具有的催化能力称为酶活性，如果酶丧失催化能力则称为酶失活。

学与问：什么是酶？

二、酶的特点

酶与一般催化剂一样，具有以下催化特点：只能催化热力学允许发生的化学反应；只能加速可逆反应的进程，而不改变反应平衡点；酶作为催化剂在反应前后没有质和量的改变；

微量的酶就能发挥巨大的催化作用。

酶又是生物催化剂，具有一般催化剂所没有的生物大分子的特征，酶的特点如下：

（一）高度的催化效率

酶具有极高的催化效率，对于同一反应，酶促反应的速率通常比非催化反应高 10^8～10^{20} 倍，比一般催化剂催化的反应高 10^7～10^{13} 倍。酶和一般催化剂加速反应的机制相同，都是大幅度降低反应所需的活化能。酶蛋白分子与底物分子之间通过独特的作用机制，比一般催化剂更有效地降低反应的活化能，使底物只需较少的能量便可进入活化状态，从而具有更高的催化效率。

（二）高度的特异性

酶对其所催化的底物具有较严格的选择性。即一种酶仅作用于一种或一类底物，或一定的化学键，催化一定的化学反应并生成一定的产物。通常将这种选择性称为酶的特异性或专一性。酶催化作用的特异性取决于酶蛋白分子的特定结构。根据酶对底物选择的严格程度不同，通常将酶的特异性分为以下三种类型：

1. 绝对特异性　一种酶只能催化一种底物发生一定的化学反应并生成一定的产物，称为绝对特异性。如脲酶只能催化尿素水解成 NH_3 和 CO_2，而不能催化甲基尿素水解。药物抑制这类酶时通常仅抑制一个反应。

2. 相对特异性　一种酶可作用于一类化合物或一种化学键，这种不太严格的选择性称为相对特异性。如脂肪酶不仅催化脂肪水解，也能水解简单的酯类；磷酸酶对一般的磷酸酯键都有水解作用。

3. 立体异构特异性　有些酶对底物的立体构型有要求，即仅作用于立体异构体中的一种，而对其对应的立体构型不起催化作用，称为立体异构特异性。如 L-乳酸脱氢酶只能作用于 L-乳酸，而不能作用于 D-乳酸；L-氨基酸氧化酶仅作用于 L-氨基酸，对 D-氨基酸则无作用。

（三）酶的活性可调节

正常情况下机体内物质代谢处于有条不紊的动态平衡中，酶活性的可调节性是维持这种动态平衡的重要手段。酶促反应速度受多种因素的调控，以适应机体生命活动及应对不断变化的内外环境的需要。如外伤时凝血酶原的激活，以满足机体凝血的需要；代谢物通过对代谢途径中关键酶的变构调节，对酶活性进行快速调节；酶生物合成的诱导和阻遏、酶降解速率的调节可对酶活性进行长期的调节作用。

（四）酶的活性不稳定

酶的化学本质是蛋白质，强酸、强碱、有机溶剂、重金属盐、高温、紫外线、剧烈震荡等任何使蛋白质变性的理化因素都可使酶变性而失去其催化活性，因此酶促反应要求一定的pH、温度和压力等条件。在保存酶制剂和临床上测定酶活性时，要特别注意。

学与问：酶有哪些特点？

三、酶的命名与分类

（一）酶的命名

1. 习惯命名法　过去，酶的命名多由发现者确定。通常是依据酶所催化的底物命名，如蛋白酶、脂肪酶等；也可依据其催化反应的性质来命名，如脱氢酶、转氨酶等；有时结合上述两个原则命名,如乳酸脱氢酶、磷酸己糖异构酶等。习惯命名法简单,应用历史长,但缺乏系统性,有时出现一酶数名或一名数酶的现象。

2. 系统命名法　国际酶学委员会(IEC)以酶的分类为根据,于1961年提出系统命名法,使一种酶只有一种名称。系统命名法标明酶的所有底物与反应性质,底物名称之间以“:”分隔,如ATP:葡萄糖磷酸基转移酶。许多酶的系统名称过长和过于复杂,为了应用方便,国际酶学委员会又从每个酶的数个习惯名称中选定一个简便实用的推荐名称,如上例仍称为葡萄糖激酶。

系统命名法中每种酶均有一个分类编号,每个分类编号均由四个数字组成,数字前冠以EC,如葡萄糖激酶的分类编号为EC. 2. 7. 1. 1。编号中第一个数字(2)表示该酶属于酶分类中的第二类(转移酶类);第二个数字(7)表示该酶的亚类(磷酸转移酶类);第三个数字(1)表示亚-亚类(以羟基作为受体的磷酸转移酶类);第四个数字是该酶在亚-亚类中的排序(D葡萄糖作为磷酸基的受体)。

学与问:酶的命名方法有哪几种?

(二)酶的分类

国际酶学委员会根据酶促反应的性质,将酶分为六大类:

1. 氧化还原酶类(oxidoreductase)　催化底物进行氧化还原反应的酶类。通常把脱氢、加氧称为氧化,把加氢、脱氧称为还原。此类酶包括脱氢酶、加氧酶、还原酶、过氧化物酶等,如乳酸脱氢酶、细胞色素氧化酶、谷胱甘肽还原酶、过氧化氢酶等。

2. 转移酶类(transferase)　催化底物分子间某些基团(如乙酰基、甲基、氨基、磷酸基等)转移或交换的酶类,如氨基转移酶、己糖激酶、转硫酶等。

3. 水解酶类(hydrolase)　催化底物分子发生水解反应的酶类。例如:蛋白酶、淀粉酶、脂肪酶等。

4. 裂解酶类(或裂合酶类)(lyases)　催化从底物分子(非水解)移去一个基团并留下双键的反应或其逆反应的酶类。如醛缩酶、脱羧酶、碳酸酐酶、柠檬酸合酶。

5. 异构酶类(isometases)　催化各种同分异构体间相互转变的酶类,如磷酸丙糖异构酶、磷酸甘油酸变位酶、消旋酶等。

6. 合成酶类(synthetases)(或连接酶类)　催化两分子底物合成一分子化合物,同时偶联有ATP的磷酸键断裂释放能量的酶类。如谷氨酰胺合成酶、DNA连接酶、谷胱甘肽合成酶等。

第二节　酶的化学组成和分子结构

一、酶的化学组成

根据酶的化学组成不同,可将酶分为单纯酶和结合酶两类。

(一)单纯酶

单纯酶是仅由氨基酸残基构成的酶,通常为一条多肽链,如淀粉酶、核糖核酸酶、一些蛋白水解酶等均属于单纯酶。

(二)结合酶

结合酶由蛋白质部分和非蛋白质部分组成,蛋白质部分称为酶蛋白(apoenzyme),非蛋白质部分称为辅助因子(cofactor)。酶蛋白与辅助因子结合形成的复合物称为全酶(holoenzyme),只有全酶才具有酶活性。酶的特异性由酶蛋白决定,辅助因子则决定催化反应的类型。生物体内酶种类很多,而辅助因子种类却很少,一种辅助因子可与多种酶蛋白结合。按照与酶蛋白结合的牢固程度不同,辅助因子可分为辅酶(coenzyme)与辅基(prosthetic group)两类。辅酶与酶蛋白结合疏松,可用透析或超滤的方法除去;辅基则与酶蛋白结合紧密,不能通过透析或超滤将其除去。

金属离子是最常见的辅助因子,约2/3的酶含有金属离子,常见的金属离子有K^{+}、Na^{+}、Mg^{2+}、Fe^{3+}(Fe^{2+})、Cu^{2+}(Cu^{+})、Zn^{2+}等。有的金属离子和酶蛋白结合紧密,提取过程中不易丢失,这类酶称为金属酶,如羧基肽酶、黄嘌呤氧化酶等;有的金属离子与酶的结合不甚紧密,但为酶的活性所必需,这类酶称为金属激活酶,如己糖激酶、丙酮酸羧化酶等。

另一类常见的辅助因子是一些化学性质较为稳定的小分子物质,称为辅酶。辅酶的种类不多,且分子结构中常含有维生素或维生素类衍生物,其主要作用是参与酶的催化过程,在反应中参与电子、质子、基团等的转移。表4-1是某些辅酶中所含有的维生素。

表4-1 维生素与辅酶

维生素	辅 酶	全 酶	辅酶作用
B_1	TPP(焦磷酸硫胺素)	α-酮酸脱羧酶	脱羧基
B_2	FMN(黄素单核苷酸) FAD(黄素腺嘌呤二核苷酸)	黄素蛋白	传递氢原子
B_6	磷酸吡哆醛	氨基酸转氨酶	转氨基
B_{12}	5-甲基钴铵素,5-脱氧腺苷钴铵素	甲基转移酶	转移甲基
PP	NAD^{+}(尼克酰胺腺嘌呤二核苷酸) $NADP^{+}$(尼克酰胺腺嘌呤二核苷酸磷酸)	脱氢酶	传递氢原子
泛酸	CoA(辅酶A)	酰基转移酶	转移酰基
叶酸	FH_4(四氢叶酸)	"一碳基团"转移酶	转移"一碳基团"
硫辛酸	二氢硫辛酸	酰基转移酶	转移酰基
生物素	生物素	羧化酶	传递CO_2

学与问:酶的化学组成中有哪几种辅助因子?

二、酶的分子结构

(一)单体酶、寡聚酶、多酶复合体

根据酶分子的结构特点,可将酶分为单体酶、寡聚酶、多酶复合体三类。

1. 单体酶　单体酶仅具有三级结构,通常由一条肽链或多条共价相连的肽链组成。单体酶种类较少,大多是水解酶,如溶菌酶、牛胰核糖核酸酶。

2. 寡聚酶　寡聚酶由两个或两个以上相同或不同的亚基组成,亚基数目一般是偶数,亚基间以非共价键结合,彼此容易分开。如苹果酸脱氢酶、琥珀酸脱氢酶、醛缩酶。大多数寡聚酶是胞内酶。

3. 多酶复合体　几种不同功能的酶依靠非共价键聚合而成的复合物,有利于细胞中一

系列反应的连续进行。每一种酶催化一个反应，所有反应依次进行，构成一个代谢途径或代谢途径的一部分。如丙酮酸脱氢酶复合体、脂肪酸合成酶复合体。

（二）酶的活性中心

酶蛋白分子中氨基酸残基的侧链上有许多化学基团，如—SH、—OH、—COOH、$—NH_2$等，但这些基团并不都与酶活性有关。其中那些与酶的活性密切相关的基团称为酶的必需基团(essential group)，如组氨酸残基的咪唑基、丝氨酸和苏氨酸残基的羟基、半胱氨酸残基的巯基、谷氨酸残基的γ-羧基等。

必需基团在一级结构上可能相距很远，但肽链经过盘绕、折叠形成空间结构后，这些必需基团在空间结构上可彼此靠近，组成具有特定空间结构的区域，能与底物分子特异地结合并催化底物转变为产物。这一特定区域称为酶的活性中心(active center)。对结合酶来说，辅酶或辅基也参与酶活性中心的组成。

活性中心内的必需基团分两种：一是结合基团(binding group)，其作用是结合底物和辅酶，使之与酶形成复合物；另一是催化基团(catalytic group)，其作用是影响底物分子中某些化学键的稳定性，催化底物发生化学变化并将其转变成产物。活性中心内有的必需基团可同时具有这两方面的功能。还有一些必需基团虽然不参与活性中心的组成，但却为维持酶活性中心应有的空间构象所必需，这些基团是酶活性中心外的必需基团(图4-1)。

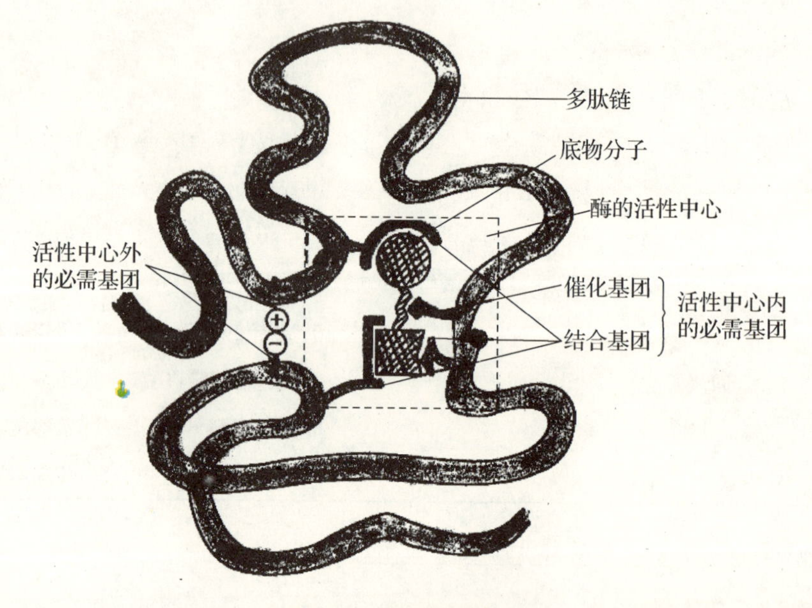

图4-1 酶的活性中心

酶的活性中心是酶催化作用的关键部位，往往位于酶分子表面的凹陷处或裂缝处，也可通过凹陷或裂缝深入到酶分子内部。凹陷或裂缝多为由氨基酸残基的疏水基团组成的疏水环境，形成疏水“口袋”。不同的酶有不同的活性中心，催化作用各不相同，故对底物有高度的特异性。具有相同或相近活性中心的酶，尽管其分子组成和理化性质不同，但催化作用可相同或极为相似。酶的活性中心如果被其他物质占据，或者某些理化因素使酶的特定空间构象破坏，酶则丧失催化活性。

学与问：什么是酶的活性中心？其组成有哪些？

三、酶在细胞中的分布

一个细胞内含有上千种酶，分布在细胞核、细胞质、内质网、线粒体、溶酶体、细胞骨架等亚细胞区域。功能相关的酶往往组成一个酶系，分布于特定的细胞组分中。有些酶只分布于细胞内某种特定的组分中，称为标志酶，如线粒体中的琥珀酰脱氢酶、溶酶体中的酸性磷酸酶。

第三节 体内酶的特殊存在形式及酶的调节

一、酶原及酶原激活

有些酶在细胞内合成或初分泌时，或在其发挥催化功能前只是酶的无活性前体，这种无活性的酶的前体称为酶原(zymogen)。酶原是体内某些酶暂不表现催化活性的一种特殊存在形式。在一定条件下，酶原受某些因素作用后，分子结构发生变化，暴露或形成活性中心，无活性的前体转变成有活性的酶，这一过程称为酶原激活。大多数情况下酶原激活通过水解开一个或几个肽键完成。

胃蛋白酶、胰蛋白酶、胰凝乳蛋白酶、弹性蛋白酶等在它们初分泌时都是以无活性的酶原形式存在，在一定条件下水解掉一个或几个短肽，才转化成相应的酶(表 4－2)。例如，胰蛋白酶原进入小肠后，在 Ca^{2+} 存在下受肠激酶或胰蛋白酶的激活，第 6 位赖氨酸残基与第 7 位异亮氨酸残基之间的肽键被切断，水解掉一个六肽，分子构象发生改变，形成酶的活性中心，从而成为有活性的胰蛋白酶(图 4－2)。

消化道内蛋白酶原的激活具有级联反应性质。胰蛋白酶原被肠激酶激活后，生成的胰蛋白酶除了可以自身激活外，还可进一步激活胰凝乳蛋白酶原、羧基肽酶原 A 和弹性蛋白酶原，从而加速对食物的消化过程。血液中有关凝血和纤维蛋白溶解系统的酶类也都以酶原的形式存在，它们的激活具有典型的级联反应性质。

酶原激活具有重要的生理意义。消化道内蛋白酶以酶原形式分泌，不仅可以避免细胞内产生的蛋白酶对细胞进行自身消化，并可使酶在特定的部位和环境发挥催化作用，保证体内代谢的正常进行。此外，酶原还可以视为酶的贮存形式。如凝血和纤溶酶酶类以酶原形式在血液循环中运行，一旦需要便立即转化为有活性的酶，发挥其对机体的保护作用。

表 4－2 某些酶原的激活

酶原	激活条件	激活后的酶	水解片段
胃蛋白酶原	H^+ 或胃蛋白酶	胃蛋白酶	六个多肽片段
胰蛋白酶原	肠激酶或胰蛋白酶	胰蛋白酶	六肽
糜蛋白酶原	胰蛋白酶或糜蛋白酶	糜蛋白酶	两个二肽
羧基肽酶原 A	胰蛋白酶	羧基肽酶 A	几个碎片
弹性蛋白酶原	胰蛋白酶	弹性蛋白酶	几个碎片

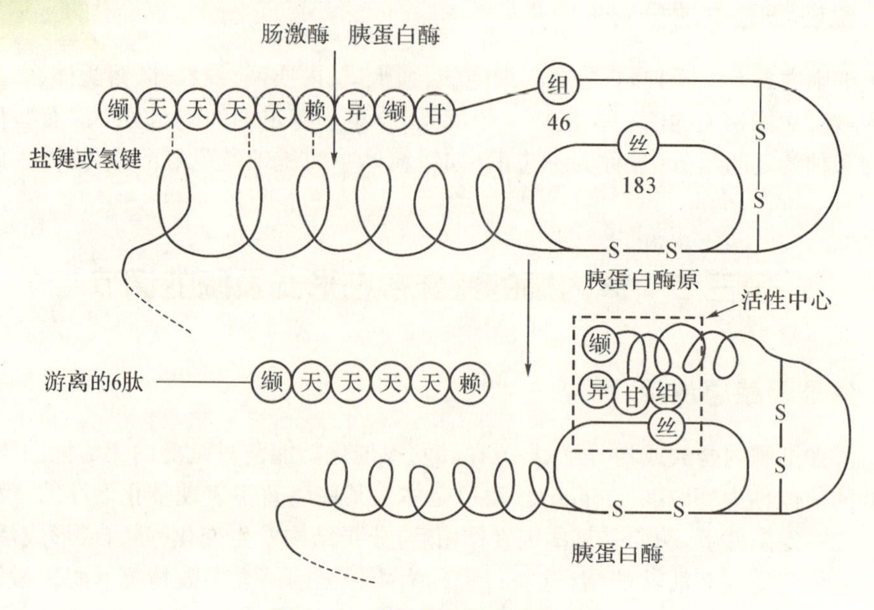

图 4-2 胰蛋白酶原激活示意图

学与问：什么是酶原及酶原激活？其生理意义有哪些？

二、同工酶

同工酶(isoenzyme)是指催化相同的化学反应，但酶蛋白的分子结构、理化性质乃至免疫学性质不同的一组酶。同工酶可以是由不同基因编码的蛋白质，也可以是由同一基因转录而来的不同 mRNA 所翻译而成的不同蛋白质。现已发现数百种同工酶，如 6-磷酸葡萄糖脱氢酶、乳酸脱氢酶、碱性磷酸酶、肌酸激酶等。同工酶可存在于生物的同一种属或同一个体的不同组织中，甚至同一细胞的不同亚细胞结构中，它使不同的组织、器官和不同的亚细胞结构具有不同的代谢特征。这为同工酶用来诊断不同器官的疾病提供了理论依据。

乳酸脱氢酶(LDH)是最早被发现的同工酶。LDH 是由两种亚基组成的四聚体酶：骨骼肌型(M 型)亚基和心肌型(H 型)亚基(图 4-3)。两种亚基以不同比例组成五种同工酶：$LDH_1(H_4)$、$LDH_2(H_3M)$、$LDH_3(H_2M_2)$、$LDH_4(HM_3)$和 $LDH_5(M_4)$。电泳时五种酶都移向正极(在碱性溶液中)，其速度以 LDH_1 为最快，依次递减，以 LDH_5 为最慢。LDH 同工酶在不同组织中的比例不同(表 4-3)，心肌中以 LDH_1 较为丰富，肝脏和骨骼肌中含 LDH_5 较多。

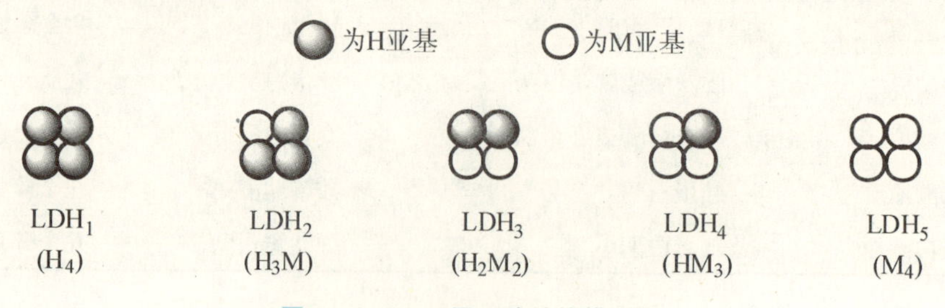

图 4-3 LDH 同工酶结构模式图

表 4-3 人体各组织器官中 LDH 同工酶分布(占总 LDH 的百分比)

组织器官	LDH_1	LDH_2	LDH_3	LDH_4	LDH_5
心脏	67	29	4	<1	<1
肝脏	2	4	11	27	56
肾脏	52	28	16	4	<1
肺脏	10	20	30	25	15
脾脏	10	25	40	25	5
胰腺	30	15	50	—	5
骨骼肌	4	7	21	27	41
子宫	5	25	44	22	4
红细胞	42	36	15	5	2

在临床检验中,通过检测患者血清中 LDH 同工酶的电泳图谱,可辅助诊断哪些器官组织发生病变。正常人血清 LDH_2 的活性高于 LDH_1,心肌梗死患者可见 LDH_1 大于 LDH_2,肝病时 LDH_5 活性升高。例如,心肌受损病人血清 LDH_1 含量上升,肝细胞受损者血清 LDH_5 含量增高(图 4-4)。

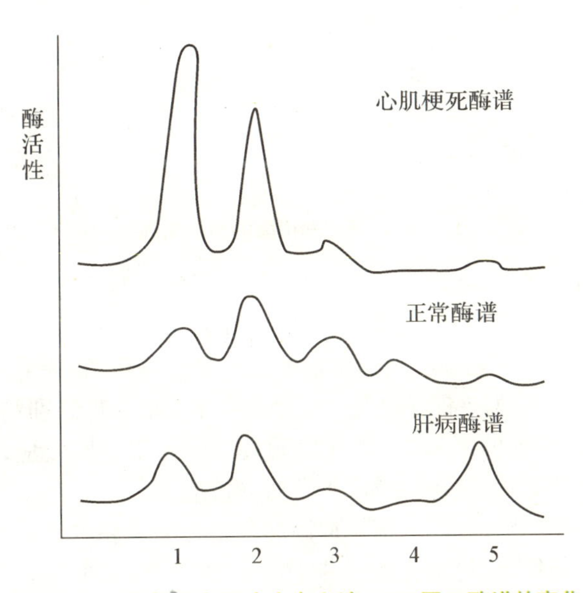

图 4-4 心肌梗死和肝病患者血清 LDH 同工酶谱的变化

肌酸激酶(CK)是二聚体酶,其亚基有 M 型(肌型)和 B 型(脑型)。脑中含 CK_1(BB 型);骨骼肌中含 CK_3(MM 型);CK_2(MB 型)仅见于心肌。血清 CK_2 活性的测定有助于对心肌梗死的早期诊断。

学与问:什么是同工酶? LDH 有哪些生理意义?

三、酶的调节

酶催化活性的高低受多种因素的调节,其中主要是对代谢途径中关键酶的调节。酶调节的主要方式包括酶活性的调节和酶含量的调节。

（一）酶活性的调节

1. 别构调节（变构调节） 酶的别构调节是体内快速调节代谢途径的重要方式之一。体内一些代谢物（如 ADP）可以与某些酶分子（常常是其代谢途径中前 1～2 个关键酶）活性中心外的某一部位可逆地结合，使酶分子的构象发生改变，从而改变酶的活性。酶分子中的这些结合部位称为别构部位。酶的这种调节作用称为别构调节，受别构调节的酶称别构酶，导致别构效应的代谢物称为别构效应剂。凡使酶活性增强的效应剂称别构激活剂；凡使酶活性减弱的效应剂称别构抑制剂。例如，ATP 是磷酸果糖激酶的别构抑制剂，而 ADP、AMP 为其别构激活剂。在别构酶催化的反应过程中，底物浓度[S]与反应速度 ν 之间的关系呈 S 形曲线（图 4－5）。当别构酶与别构激活剂结合时，酶活性增强，ν 加快，S 形曲线左移；当别构酶与别构抑制剂结合时，酶活性减弱，ν 变小，S 形曲线右移。

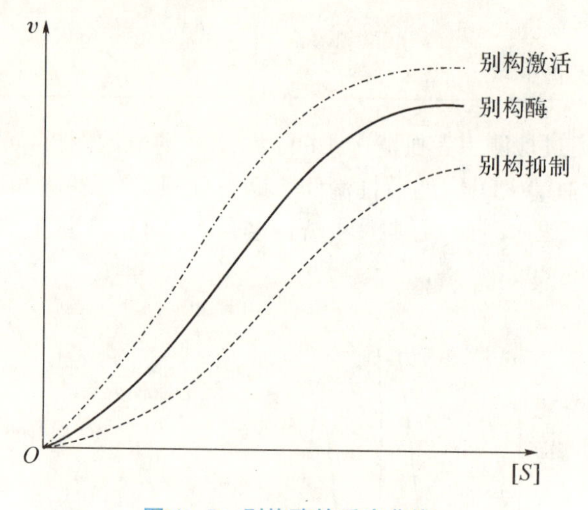

图 4－5 别构酶的反应曲线

别构酶分子中常有多个（通常为偶数个）亚基。酶分子的催化部位（活性中心）与调节部位可在不同的亚基上，也可在同一亚基上。含催化部位的亚基称为催化亚基；含调节部位的亚基称为调节亚基。具有多亚基的别构酶也和血红蛋白一样，存在着协同效应，包括正协同效应和负协同效应。如果效应剂与酶的一个亚基结合，此亚基的别构效应使相邻亚基也发生变构，并增加对此效应剂的亲和力，则此协同效应称为正协同效应；如果相邻亚基的变构降低对此效应剂的亲和力，则此协同效应为负协同效应。

别构抑制是最常见的别构调节，别构抑制剂常是代谢通路的终产物，别构酶常处于代谢通路的开端。通过反馈抑制，可以及时调节整个代谢通路，减少不必要的底物消耗，也避免各种产物的过多生成，对维持体内的代谢动态平衡起着重要的作用。例如葡萄糖有氧氧化提供的能量使 ADP 转变成 ATP（即氧化磷酸化），当 ATP 生成过多时，通过别构调节可抑制葡萄糖的氧化分解，而 ADP 增多时，则可促进糖的分解。随时调节 ATP/ADP 的水平，可以维持细胞内能量的正常供应。

2. 共价修饰调节 体内有些酶可在其他酶的作用下，酶蛋白肽链上的一些基团可与某种化学基团发生可逆的共价结合，从而改变酶的活性，这一过程称为酶的化学修饰或共价修饰。共价修饰过程中，酶发生无活性（或低活性）与有活性（或高活性）两种形式的互变，这种互变由不同的酶催化，后者又受到激素的调控。

共价修饰的类型主要有：磷酸化/去磷酸化、乙酰化/去乙酰化、腺苷化/去腺苷化以及

—SH与—S—S—的互变等，其中以磷酸化/去磷酸化最为常见。酶的化学修饰是体内快速调节酶活性的另一重要方式。

(二) 酶含量的调节

1. 酶蛋白合成的诱导或阻遏　某些底物、产物、激素、药物等可以影响一些酶的生物合成。一般在转录水平上促进酶生物合成的作用称为诱导作用；在转录水平上减少酶生物合成的作用称为阻遏作用。由于酶蛋白的合成除转录过程外，还需要经历翻译和翻译后加工等过程，所以诱导/阻遏效应出现较迟，一般需要几个小时以上才能见效。然而，一旦酶蛋白的合成被诱导/阻遏以后，即使去除诱导/阻遏因素，诱导或阻遏产生的效应仍会持续一段时间。可见，酶的诱导和阻遏作用是对代谢的缓慢而长效的调节。

2. 酶降解的调控　酶是机体的组成成分，也在不断地自我更新，机体内各种酶的半寿期相差很大。可以通过改变酶分子的降解速度来调节细胞内酶的含量。酶的降解速度与酶的结构密切相关。细胞内的各种酶通常均具有最稳定的分子构象。一旦此构象受到破坏，酶便被细胞内的蛋白水解酶所识别，极易降解为氨基酸。许多因素影响酶的降解，酶的N-末端被置换、突变、酶发生变性等因素均可能成为酶被降解的标记。细胞内酶的降解速度还与机体的营养和激素的调节有关。

学与问：酶的活性调节的方式有哪些？

第四节　影响酶促反应速度的因素

酶促反应速度受许多因素的影响，主要包括底物浓度、酶浓度、pH、温度、激活剂和抑制剂等。在研究某一因素对酶促反应速度的影响时，应该维持反应体系中其他因素不变，而只改变要研究的因素。

一、底物浓度

(一) 底物浓度与酶促反应速度的关系

在其他因素保持不变的情况下，酶促反应过程中，底物浓度[S]与酶促反应速度v的关系呈矩形双曲线(图4-6)。

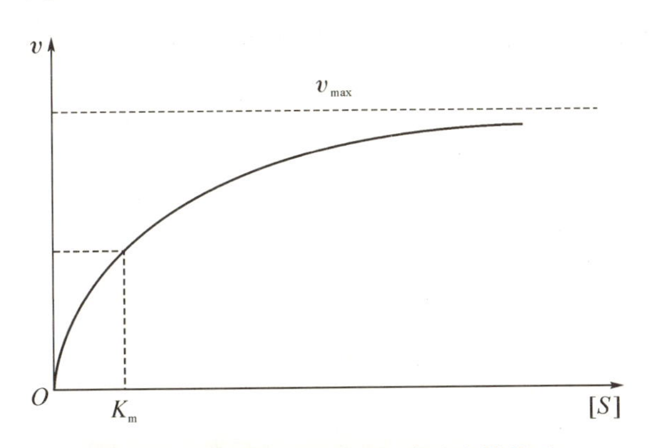

图4-6　底物浓度与酶促反应速度的关系

在[S]很低时，v随[S]的增加而急骤上升，两者几乎呈正比关系；当[S]继续增高时，v随[S]的增加而增加，但v增加的趋势逐渐缓慢，两者不再呈正比关系；当[S]增高到一定程度时，随着[S]的增加，ν 不再继续增加，而达到最大值，称为最大反应速度(ν_{max})，此时所有酶的活性中心已被底物饱和。

(二) 米-曼氏方程式

为了解释酶促反应中底物浓度和反应速度之间的关系，1913 年 Michaelis 和 Menten 根据酶-底物中间复合物假说进行数学推导，提出了反应速度与底物浓度关系的公式，即著名的米-曼氏方程式，简称米氏方程式：

$$\nu=\frac{\nu_{max}\cdot[S]}{K_m+[S]}$$

式中[S]为底物浓度，ν 为在不同[S]时的反应速度，ν_{max} 为最大反应速度，K_m 为米氏常数。

当反应速度为最大反应速度一半时，$K_m=[S]$，所以 K_m 值等于酶促反应速度为最大速度一半时的底物浓度。K_m 的国际单位是 $mol\cdot L^{-1}$。

(三) K_m 的意义

米氏常数在酶学研究中有重要意义。

1. K_m 是酶的特征性常数　K_m 值通常只与酶的结构、底物性质和反应条件(如温度、pH、离子强度)有关，与酶浓度无关。

2. K_m 可用于表示酶对底物的亲和力　K_m 值越大，酶对底物的亲和力越小；K_m 值越小，酶对底物的亲和力越大，表示不需要很高的底物浓度即可达到最大反应速度。

3. 利用 K_m 值选择酶催化的最适底物　当一种酶有几种不同的底物时，该酶通常就有几种不同的 K_m 值。通常认为其中 K_m 值最小的底物是该酶的最适底物或天然底物。

4. 利用 K_m 鉴定酶的种类和纯度　当反应条件不变时，一种酶作用于相同的底物，酶的 K_m 值不变。因此可以通过测定酶的 K_m 值来鉴定酶的种类和纯度。

学与问：底物是如何影响酶促反应的？

二、酶浓度

在酶促反应体系中，当底物浓度远远高于酶浓度，而其他条件保持不变时，酶浓度与酶促反应速度呈正比关系(图 4-7)。即酶浓度越大，反应速度越快。

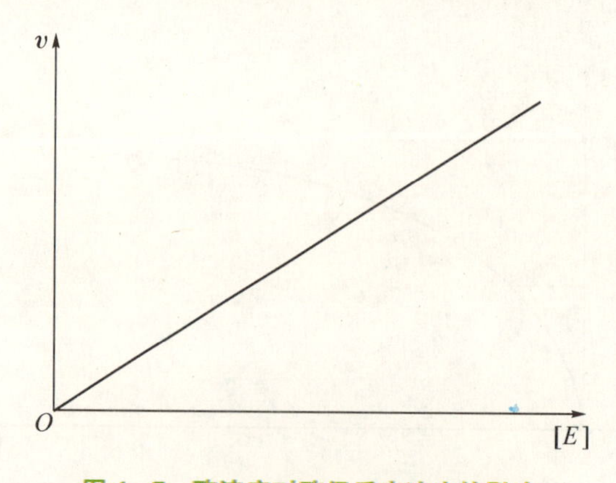

图 4-7　酶浓度对酶促反应速度的影响

三、温度

温度对酶促反应速度具双重影响。温度升高一方面可加快酶促反应速度,但酶是蛋白质,温度的升高也增加酶变性的机会。在温度较低时,前一影响较大,反应速度随温度升高而加快。但温度超过一定范围后,酶受热变性,反应速度反而随温度上升而减慢。通常温度升高到 60 ℃以上时,大多数酶开始变性;80 ℃时,多数酶的变性已不可恢复,反应速度因酶变性失活而降低。综合两方面的影响,酶促反应速度最快时反应体系的温度称为酶的最适温度。温血动物中酶的最适温度常在 35～40 ℃之间。反应体系的温度低于最适温度时,温度每升高 10 ℃,反应速度可加大 1～2 倍;温度高于最适温度时,反应速度则因酶变性而降低。图 4－8 为温度对淀粉酶活性的影响图。

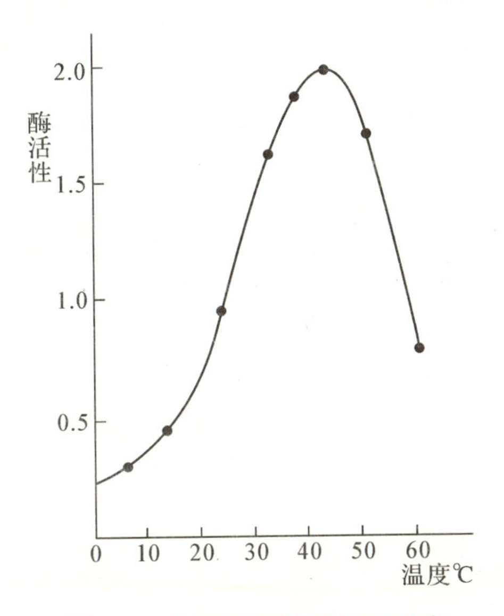

图 4－8　温度对淀粉酶活性的影响

人体内大多数酶的最适温度接近体温,一般为 37～40 ℃之间。酶的最适温度不是酶的特征性常数,它与反应时间有关,在短时间内酶能耐受较高的温度,此时最适温度可以高些;而反应时间较长时,酶对温度的耐受力下降,酶蛋白容易变性,酶的最适温度会降低。

温度对酶促反应速度的影响在临床实践中得到广泛应用。低温条件下,酶的活性下降,但低温一般不破坏酶,温度回升后,酶活性又恢复。所以在临床工作中对酶制剂和检测标本(如血清等)应放在冰箱中低温保存,需要时从冰箱取出,在室温条件下等温度回升后再使用或检测。若将酶加热到 60 ℃,酶即开始变性,超过 80 ℃,酶的变性不可逆,临床应用这一原理进行高温灭菌。

四、pH

底物、酶和辅酶中通常含有很多极性基团,这些基团在不同的 pH 条件下,将发生不同的解离,表现不同的带电状态。在酶促反应中,酶活性中心内的必需基团以及底物和辅酶分子中能解离的基团,需要在某一解离状态下,酶与底物才能达到最佳结合,酶才能产生最大的催化活性,酶促反应才能达到最大速度。可见,pH 是通过影响底物、酶和辅酶解离状态来改变酶促反应速度的。使酶促反应速度达到最大速度时的 pH 称为酶的最适 pH。反应体系

pH 偏离最适 pH 时，无论偏酸性还是偏碱性，酶的活性都会降低，酶促反应速度减慢，远离最适 pH 时甚至会导致酶蛋白变性失活。

不同的酶有不同的最适 pH，生物体内大多数酶的最适 pH 接近中性，有少数偏酸性或偏碱性，如胃蛋白酶的最适 pH 为 1.8，胰蛋白酶的最适 pH 为 8.1（图 4－9）。

最适 pH 不是酶的特征性常数。它受底物种类和浓度、缓冲溶液的性质与浓度、介质的离子强度、温度、反应时间等因素的影响。因此，在测定酶活性时应选择最适 pH，并选用适当的缓冲液，以维持酶具有较高的催化活性和稳定性。临床上根据胃蛋白酶的最适 pH 偏酸这一特点，配制助消化的胃蛋白酶合剂时加入一定量的稀盐酸，使其发挥更好的疗效。

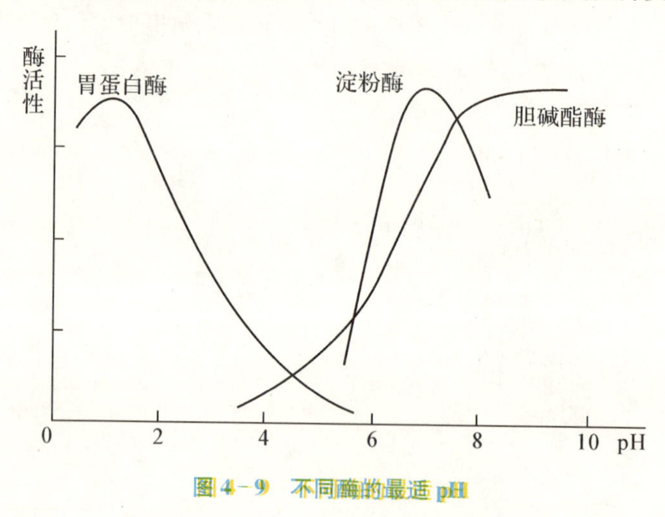

图 4－9　不同酶的最适 pH

五、激活剂

凡能提高酶的活性或使无活性酶原转变成有活性酶的物质，称为酶的激活剂（activator）。大多数激活剂为无机离子，如 K^+、Na^+、Mg^{2+}、Zn^{2+}、Fe^{2+}、Ca^{2+}、Cl^- 等；少数为有机小分子，如用于治疗 2 型糖尿病的葡萄糖激酶激活剂等；还有些是蛋白质等生物大分子，如栓体舒（重组组织型纤溶酶原激活剂）。现激活剂的研究已成为药物研发热点。

激活剂又可分为必需激活剂和非必需激活剂。有的酶当有激活剂存在时有催化活性，没有激活剂存在时没有催化活性，这种激活剂称为必需激活剂，如 Mg^{2+} 是己糖激酶的必需激活剂；而有些酶当没有激活剂存在时活性较差，有激活剂存在时酶活性显著提高，这种激活剂称为非必需激活剂，如 Cl^- 为唾液淀粉酶的非必需激活剂。

六、抑制剂

能使酶活性降低或丧失而不引起酶蛋白变性的物质，称为酶的抑制剂（inhibitor，I）。抑制剂常与酶活性中心内、外必需基团结合，使酶活性降低或丧失。强酸、强碱、重金属离子等物质能导致酶蛋白变性失活，不属于抑制剂。根据抑制剂与酶结合的方式及牢固程度不同，把抑制作用分为不可逆性抑制和可逆性抑制两类。

（一）不可逆性抑制

抑制剂与酶活性中心内的必需基团以共价键结合，引起酶活性丧失，这种抑制称为不可逆性抑制。此种抑制剂不能用透析、超滤等物理方法予以去除，只能靠某些化合物才能解除抑制，使酶活性恢复。如敌敌畏、美曲磷脂（敌百虫）等有机磷杀虫剂，能特异地与胆碱酯酶活性中心内丝氨酸残基上的羟基（—OH）结合，使酶失去活性。

$$(R_1O)(R_2O)P(=O)X + E\text{—}OH \longrightarrow (R_1O)(R_2O)P(=O)O\text{—}E + HX$$

有机磷化合物　羟基酶　失活的酶　酸

失去活性的胆碱酯酶不能水解乙酰胆碱，造成体内乙酰胆碱蓄积，引起胆碱能神经兴奋性增强的中毒症状。解磷定（PAM）能与有机磷杀虫剂结合成稳定的复合物，使酶与有机磷杀虫剂分离，从而解除有机磷杀虫剂对羟基酶的抑制作用，使酶活性得到恢复。

$$(R_1O)(R_2O)P(=O)O\text{—}E + \text{(N-}CH_3\text{-吡啶}^+\text{)—CHNOH} \longrightarrow \text{(N-}CH_3\text{-吡啶}^+\text{)—CHNO—}P(=O)(OR_1)(OR_2) + E\text{—}OH$$

失活的酶　解磷定　解磷定与有机磷复合物　复活的酶

重金属离子（Hg^{2+}、Ag^{+}、Pb^{2+}等）及 As^{3+} 能与巯基酶的巯基（—SH）结合，使酶失去活性。路易士气是一种含砷的化学毒气，与巯基酶的巯基结合后引起酶活性丧失，导致人畜中毒。

$$Cl_2As\text{—}CH{=}CHCl + E(SH)_2 \longrightarrow E(S)_2As\text{—}CH{=}CHCl + 2HCl$$

路易士气　巯基酶　失活的酶　酸

巯基酶被抑制而中毒时，可用二巯基丙醇（BAL）来解毒，酶的活性重新恢复。

$$E(S)_2As\text{—}CH{=}CHCl + \begin{matrix} CH_2-SH \\ | \\ CH-SH \\ | \\ CH_2-OH \end{matrix} \longrightarrow E(SH)_2 + \begin{matrix} CH_2-S \\ | \\ CH-S \\ | \\ CH_2-OH \end{matrix}{>}As-CH{=}CHCl$$

失活的酶　二巯基丙醇　复活的酶　二巯基丙醇-砷剂复合物

（二）可逆性抑制

抑制剂与酶和（或）酶-底物复合物以非共价键可逆性结合，引起酶活性降低或丧失，可采用透析、超滤等物理方法将抑制剂除去，使酶活性得到恢复，这种抑制称为可逆性抑制。可逆性抑制分为竞争性抑制、非竞争性抑制和反竞争性抑制。

1. 竞争性抑制　抑制剂 I 与酶的底物 S 结构相似，和底物竞争地与酶活性中心的结合基团结合，从而减少酶与底物的结合，这种抑制称为竞争性抑制。由于抑制剂与底物结构相似，都能与酶活性中心的结合基团结合，酶与抑制剂结合后就不能与底物结合，当一部分酶与抑制剂结合形成酶-抑制剂复合物 EI 时，酶与底物结合的酶-底物复合物 ES 相对减少，抑制剂形成的 EI 不能转化成产物，生成的产物减少。竞争性抑制的强弱取决于抑制剂与底物的相对浓度，由于竞争性抑制剂与酶结合是可逆的，所以，增加底物浓度可以减弱或消除抑制作用。反应通式如下：

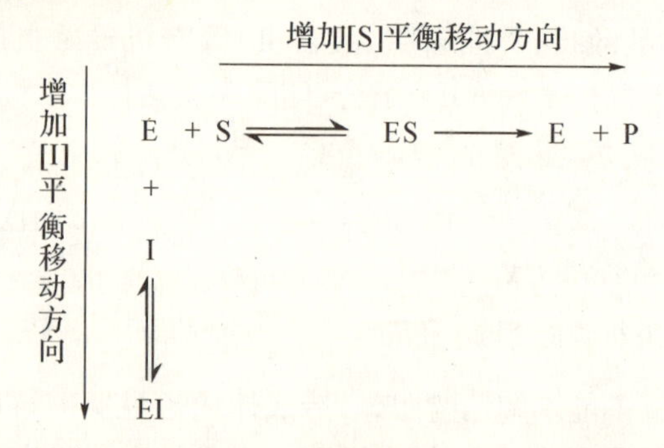

竞争性抑制原理已应用于药物的开发，如磺胺类药物、磺胺增效剂（TMP）、氟尿嘧啶等都是利用竞争性抑制原理设计出来的。

有些细菌在生长繁殖过程中不能利用环境中的叶酸，只能在二氢叶酸合成酶的催化下，以对氨基苯甲酸为原料合成二氢叶酸（FH_2），二氢叶酸还原酶再将二氢叶酸还原成四氢叶酸（FH_4）。四氢叶酸是一碳单位的载体，而一碳单位是细菌合成核酸所必需的物质。如果细菌缺乏四氢叶酸而引起一碳单位缺乏时，细菌将不能合成核酸，从而生长繁殖受阻。磺胺类药物与对氨基苯甲酸结构相似，是二氢叶酸合成酶的竞争性抑制剂；磺胺增效剂（TMP）与二氢叶酸结构相似，是二氢叶酸还原酶的竞争性抑制剂。通过两者的作用，使细菌合成的四氢叶酸减少，导致细菌核酸合成受阻，从而抑制细菌的生长和繁殖（图 4-10）。人体能从食物中直接利用叶酸，故不受磺胺类药物的影响。

$H_2N-C_6H_4-COOH$　　　　$H_2N-C_6H_4-SO_2NHR$

对氨基苯甲酸　　　　磺胺类药物

对氨基苯甲酸、二氢喋呤、谷氨酸 $\xrightarrow[\text{磺胺类药物(-)}]{\text{二氢叶酸合成酶}}$ 二氢叶酸 $\xrightarrow[\text{TMP(-)}]{\text{二氢叶酸还原酶}}$ 四氢叶酸

图 4-10　磺胺类药物竞争性抑制四氢叶酸合成

2. 非竞争性抑制　此类抑制剂与酶活性中心外的必需基团结合，使酶的空间构象改变，引起酶活性下降，由于底物与抑制剂之间无竞争关系，所以称为非竞争性抑制（图 4-11）。

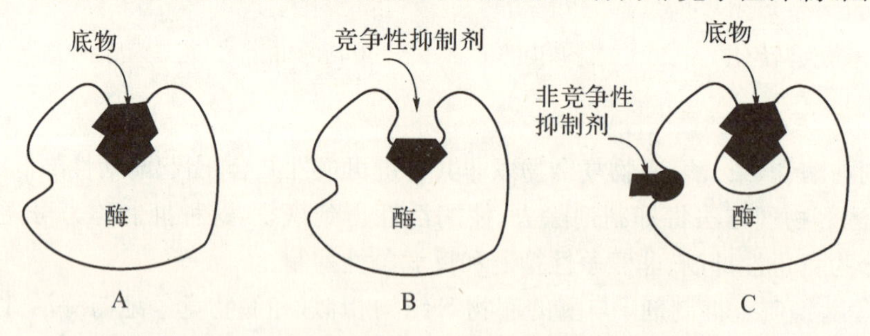

图 4-11　竞争性抑制与非竞争性抑制的作用机制

在非竞争性抑制的反应体系中，由于抑制剂与底物结合部位不同，抑制剂与酶结合后，不影响底物与酶结合，同样，底物与酶结合后，也不影响抑制剂与酶结合。但是，底物、抑制剂与酶结合形成的 ES、EI、ESI 三种复合物中，EI、ESI 不能分解为产物，反应速度降低。非竞争性抑制的强弱取决于抑制剂的浓度，与底物浓度无关，不能通过增加底物浓度来消除抑制。反应通式如下：

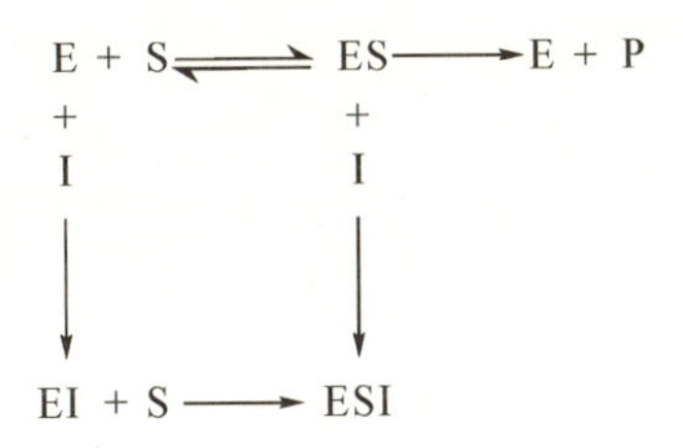

3. 反竞争性抑制　抑制剂I与酶和底物形成的中间产物ES结合成ESI，使中间产物ES的量减少，反应产物生成量减少，使酶活性降低，这种抑制称为反竞争性抑制。反应通式如下：

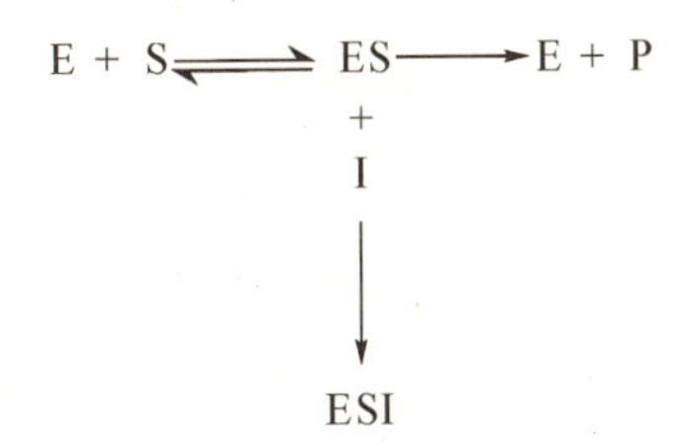

在反竞争性抑制的反应体系中，酶与底物和抑制剂结合，生成ES和ESI两种复合物，而ESI既不能转化为产物，也不能解离出游离酶，使能与底物作用的酶量减少，反应产物生成量减少。反竞争性抑制的强弱既与抑制剂浓度成正比，也和底物浓度成正比。

学与问：影响酶促反应的因素有哪些？

知识点归纳

酶是由活细胞合成的对其特异底物起高效催化作用的蛋白质。一般把酶所催化的反应称为酶促反应，酶促反应具有高效性、特异性、不稳定性和可调节性等特点。仅由氨基酸残基组成的酶称单纯酶。而结合酶除含有蛋白质部分外，还含有辅助因子。辅助因子多为金属离子或小分子有机化合物，根据其与酶蛋白结合的紧密程度不同可分为辅酶与辅基。许多B族维生素参与辅酶或辅基分子的组成。通常酶蛋白决定酶促反应的特异性，辅助因子决定酶促反应的性质，起传递电子、质子或某些化学基团的作用。酶分子的必需基团集中在一起，组成具有特定空间结构的区域，此区域能与底物特异地结合并将底物转化为产物，我们把这一区域称为酶的活性中心。体内有些酶以无活性的酶原形式存在，只有在需要发挥作用时才转化为有活性的酶。同工酶是指催化相同的化学反应，但酶蛋白的分子结构、理化性质以及免疫学性质都不同的一组酶。同工酶在不同的组织与细胞中具有不同的代谢特点。变构酶是与一些变构效应剂可逆地结合，通过改变酶的构象而影响酶活性的一组酶。酶的共价修饰是在相关酶的催化下可逆地与某些化学基团共价结合，实现有活性与无活性的互变，这是体内实现对代谢快速调节的重要方式。影响酶促反应速度的因素主要有酶浓度、底物浓度、温度、pH、激活剂和抑制剂等。底物浓度对反应速度的影响可用米氏方程式表示，K_m值等于反应速度为最大速度一半时的底物浓度。在最适pH和最适温度时，酶的活性最高，但两者不是酶的特征性常数，受许多因素的影响。酶的抑制作用包括不可逆性抑制和可逆性抑制两种。可逆性抑制中，竞争性抑制作用表现为：K_m值增大，V_{max}不变；非竞争性抑制作用表现为：K_m值不变，V_{max}减小。

一、名词解释

酶　活性中心　必需基团　酶原及酶原激活　同工酶

二、填空题

1. 酶的催化特性是________、________、________、________。

2. 全酶由________和________组成

3. 酶活性的调节方式有________和________两种。

4. 影响酶促反应的因素有________、________、________、________、________、________和________。

三、选择题

1. K_m 值可表示酶对底物的亲和力，两者之间的关系是（　　）

A. K_m 值增大，亲和力增大

B. K_m 值增大，亲和力减小

C. K_m 值减小，亲和力减小

D. K_m 值增大或减小，亲和力均增大

E. K_m 值增大或减小，亲和力均减小

2. 关于酶活性中心的叙述正确的是（　　）

A. 所有有活性的酶都有活性中心

B. 所有酶的活性中心都含有辅酶

C. 酶的必需基团都位于活性中心之内

D. 所有酶的活性中心都含有金属离子

E. 抑制剂都只能作用于酶的活性中心

3. 关于酶竞争性抑制剂的叙述错误的是（　　）

A. 抑制剂与底物结构相似

B. 抑制剂与底物竞争酶的活性中心

C. 增加底物浓度也不能达到最大反应速度

D. 当抑制剂存在时 K_m 值变大

E. 抑制剂与酶非共价结合

4. 下列描述哪项是错误的（　　）

A. 酶蛋白和辅助因子单独存在无催化活性

B. 全酶才具催化活性

C. 酶蛋白决定催化反应专一性

D. 全酶种类由辅助因子决定

E. 辅助因子起传递原子、电子、原子团等作用

5. 影响酶促反应速度的因素不包括（　　）

A. 底物浓度

B. 反应环境的 pH

C. 反应时间

D. 反应温度

E. 酶的浓度

6. 下列关于酶的叙述正确的是（　　）

A. 所有的蛋白质都是酶

B. 所有的酶都有辅助因子

C. 所有的酶都是由酶原转变而生成的

D. 所有的酶对其底物都具有绝对专一性

E. 所有的酶都有活性中心

7. 酶促反应中决定酶专一性的是 （ ）

A. 酶蛋白
B. 辅酶或辅基
C. 金属离子
D. 催化基团
E. 结合基团

8. 有机磷农药中毒是由于抑制了人体中的哪种酶 （ ）

A. 酸性磷酸酶
B. 碱性磷酸酶
C. 磷酸酯酶
D. 胆碱酯酶
E. 胆固醇酯酶

9. 同工酶中的“同”是指 （ ）

A. 分子量相同
B. 酶蛋白分子结构相同
C. 理化性质相同
D. 免疫学性质相同
E. 催化的化学反应相同

10. 下列哪种乳酸脱氢酶在心肌中含量最多 （ ）

A. LDH_1　B. LDH_2　C. LDH_3　D. LDH_4　E. LDH_5

四、简答题

1. 酶原与酶有何区别？酶原如何转变成酶？其生理意义是什么？
2. 温度对酶促反应有何影响？在实际工作中有什么应用？

选择题答案：1. B　2. A　3. D　4. D　5. C　6. E　7. A　8. D　9. E　10. A

（闫　波）

第五章 维生素

学习目标

掌握维生素的概念、分类，维生素 A、维生素 D、维生素 B_1、维生素 B_2、维生素 PP、维生素 B_{12}、叶酸、维生素 C 的生理功能及缺乏症；熟悉维生素 E、维生素 K、维生素 B_6、泛酸的生理功能；了解引起维生素缺乏的原因、维生素的制备工艺。

课前准备

预习全章内容，初步了解维生素的分类、生理功能及缺乏症。

第一节 概 述

一、维生素的概念

维生素(vitamin)是一类维持人体正常功能所必需的营养素，是人体内不能合成或合成量甚少，必须由食物供给的一类低分子有机化合物。

维生素既不构成机体的组成成分，也不是供能物质，然而在调节人体物质代谢和维持正常功能等方面却发挥着极其重要的作用。长期缺乏某种维生素时，可发生物质代谢的障碍并出现相应的维生素缺乏病(avitaminosis)。

学与问：什么是维生素？

二、维生素的命名与分类

(一) 命名

维生素有三种命名系统，一是按其被发现的先后顺序，以拉丁字母命名，如维生素 A、维生素 B、维生素 C、维生素 D、维生素 E、维生素 K 等。二是根据其化学结构特点命名，如视黄醇、硫胺素、核黄素等。三是根据其功能和治疗作用命名，如维生素 A、抗癞皮病维生素、抗坏血病等。有些维生素在最初发现时认为只是一种，后经证明是多种维生素混合存在，命名时便在其原拉丁字母下方标注 1、2、3 等数字加以区别，如维生素 B_1、维生素 B_2、维生素 B_6、维

生素 B_{12} 等。

（二）分类

维生素按其溶解性不同，可分为脂溶性维生素（lipid-soluble vitamin）和水溶性维生素（water-soluble vitamin）两大类。脂溶性维生素包括维生素 A、维生素 D、维生素 E、维生素 K 四种，水溶性维生素包括 B 族维生素和维生素 C 两类。B 族维生素又包括维生素 B_1、维生素 B_2、维生素 B_6、维生素 B_{12}、维生素 PP、泛酸、叶酸、生物素等。

学与问：维生素如何分类？

三、维生素缺乏的主要原因

水溶性维生素易随尿排出体外，在人体内只有少量储存，因此，必须每天通过膳食提供足够的数量以满足机体的需求。当膳食供给不足时，易导致人体出现相应的缺乏症；当摄入过多时，多以原形从尿中排出体外，不易引起机体中毒。

脂溶性维生素在人体内大部分储存于肝及脂肪组织，可通过胆汁代谢并排出体外。但如果大剂量摄入，有可能干扰其他营养素的代谢并导致体内积存过多而引起中毒。

引起维生素缺乏病的常见原因如下：

（一）维生素的摄入量不足

膳食构成或膳食调配不合理、严重的偏食、食物的烹调方法和储存不当，均可造成机体某些维生素的摄入不足。如做饭时淘米过度、煮稀饭时加碱、米面加工过细等都可造成维生素 B_1 缺乏；新鲜蔬菜、水果储存过久或炒菜时先切后洗，可造成维生素 C 的丢失和破坏。

（二）机体的吸收利用率下降

某些原因导致的消化系统吸收功能障碍，如长期腹泻、消化道或胆道梗阻、胃酸分泌减少等均可造成维生素的吸收、利用减少。胆汁分泌受限可影响脂类的消化吸收，使脂溶性维生素的吸收大大降低。

（三）维生素的需要量相对增加

不同的人群，维生素的需要量也有所不同。在某些条件下，机体对维生素的需要量相对增加。如孕妇、哺乳期妇女、生长发育期的儿童、某些疾病（长期高热、慢性消耗性疾病等）等均可使机体对维生素的需要量相对增加。

（四）食物以外的维生素供给不足

长期服用抗生素可抑制肠道正常菌群的生长，从而影响某些维生素如维生素 K、维生素 B_6、维生素 PP、维生素 B_{12}、叶酸、生物素、泛酸等的产生。日光照射不足，可使皮肤内维生素 D_3 的产生不足，易造成小儿佝偻病或成人软骨病。

学与问：引起维生素缺乏的原因有哪些？

第二节 脂溶性维生素

脂溶性维生素 A、维生素 D、维生素 E、维生素 K 均溶于脂类和脂溶剂，不溶于水。它们常随脂类物质吸收，在血液中与脂蛋白或特异的结合蛋白相结合而被运输，并在体内有一定的储量。

一、维生素A

（一）化学本质、性质及来源

1. 维生素A又称抗干眼病维生素，是由β-白芷酮环和两分子异戊二烯构成的多烯化合物，天然的维生素A有A_1（视黄醇）和A_2（3-脱氢视黄醇）。

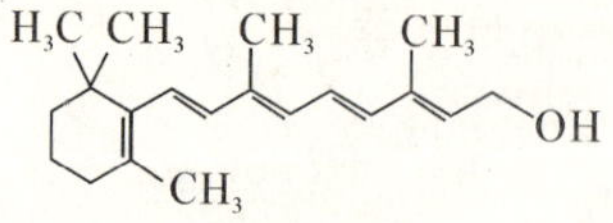

维生素A_1

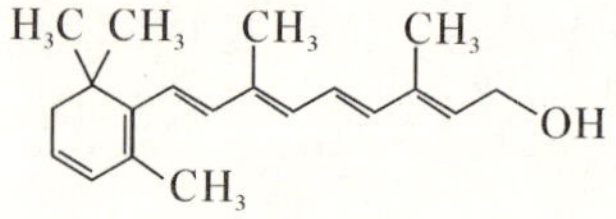

维生素A_2

2. 维生素A极易氧化，遇热和光更易氧化。烹调时，由于加热及接触空气而氧化损失部分维生素A；冷藏食品可保持大部分维生素A，而阳光曝晒过的维生素A大量被破坏。

3. 动物性食品，如肝、肉类、蛋黄、乳制品、鱼肝油是维生素A的丰富来源。植物中不存在维生素A，但含有称作维生素A原（provitamin）的多种胡萝卜素（carotenoids），其中以β-胡萝卜素（β-carotene）最为重要。β-胡萝卜素可在小肠黏膜内的β-胡萝卜素加氧酶的作用下，加氧断裂为2分子的视黄醇。胡萝卜、菠菜、番茄、枸杞都含有丰富的胡萝卜素。

（二）生化功能及缺乏症

1. 维生素A与暗视觉有关　视网膜的视杆细胞内有感受弱光和暗光的视紫红质，它是由维生素A_2氧化生成的11-顺视黄醛与视蛋白（opsin）结合而成。当视紫红质感受弱光时，11-顺视黄醛在光异构酶作用下转变成全反型视黄醛，并与视蛋白分离而产生视觉。当缺乏维生素A时，11-顺视黄醛得不到及时补充，视紫红质合成受阻，感受弱光的能力降低，暗适应能力下降，甚至导致夜盲症。

2. 维生素A参与维持上皮组织的正常结构和功能　维生素A缺乏时，上皮细胞与黏膜细胞中糖蛋白合成障碍，低分子的多糖-脂堆积，引起皮肤及各器官如呼吸道、消化道、腺体等的上皮组织干燥、增生和角质化，表现为皮肤粗糙、毛囊角质化等。在眼部的病变是角膜和结膜表皮细胞退变，泪液分泌减少，泪腺萎缩，失去抵抗细菌入侵的功能，称为干眼病。

3. 维生素A促进生长发育　视黄醇、视黄酸具有固醇类激素样作用，影响细胞分化，促进机体生长发育。缺乏维生素A时，骨骼生长发育受阻。

4. 维生素A具有抗癌作用　动物实验表明维生素A可诱导细胞分化和减轻致癌物质的作用。缺乏维生素A的动物，对化学致癌物诱发的肿瘤更为敏感。

5. 维生素A具有抗衰老作用　维生素A和胡萝卜素在氧分压较低的条件下，能直接消灭自由基，有助于控制细胞膜和富含脂肪组织的脂质过氧化，是有效的抗氧化剂。

6. 维生素A摄入过多可引起中毒　维生素A中毒目前多见于1～2岁的婴幼儿，主要表现有毛发脱落、皮肤干燥、瘙痒、烦躁、厌食、肝大及易出血等症状。引起维生素A中毒一般是因为鱼肝油服用过多。

学与问：维生素A有哪些生理功能？缺乏时有哪些症状？

二、维生素D

（一）化学本质、性质及来源

1. 维生素D又称抗佝偻病维生素，是类固醇衍生物。植物中含有维生素D_2（麦角固醇

ergocalciferol)；鱼油、蛋黄、肝等富含维生素 D_3（胆钙化醇 cholecalciferol）。

2. 皮肤中生成的 7 -脱氢胆固醇，在紫外线照射下，可转化成维生素 D_3，适当的户外光照足以满足人体对维生素 D 的需要；酵母和植物油中的麦角固醇不能被人体吸收，在紫外线照射后转变为可被吸收的维生素 D_2，故 7 -脱氢胆固醇和麦角固醇称为维生素 D 原。

3. 维生素 D 被吸收后经肝和肾的羟化作用，生成 $1,25-(OH)_2-D_3$，它是维生素 D 的活性形式。

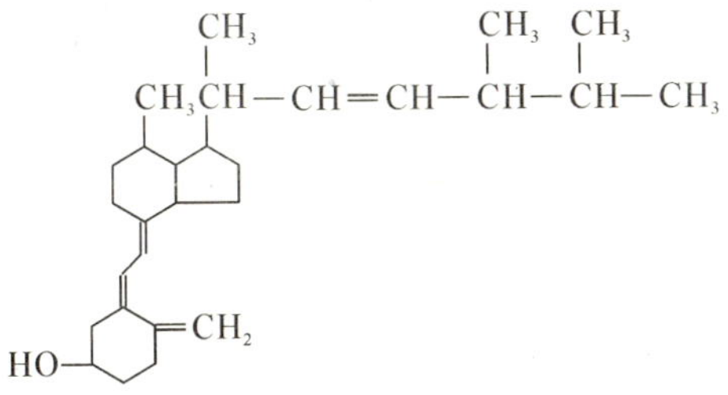

维生素D_2

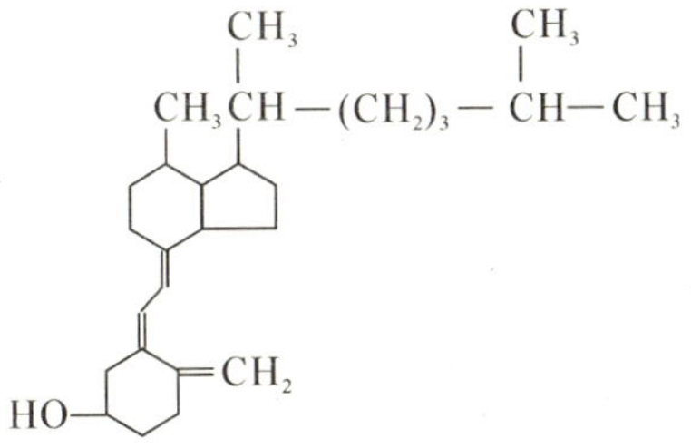

维生素D_3

（二）生化功能及缺乏症

1. $1,25-(OH)_2-D_3$ 可促进小肠黏膜细胞对钙、磷的吸收，同时促进肾小管对钙、磷的吸收，从而维持血浆中钙和磷浓度的正常水平。$1,25-(OH)_2-D_3$ 还具有促进成骨细胞形成和促进钙在骨质中沉积成磷酸钙、碳酸钙等骨盐的作用，有助于骨骼和牙齿的形成。在体内维生素 D、甲状腺素及降钙素等共同调节并维持机体的钙、磷平衡。

2. 缺乏维生素 D 的婴儿，肠道钙、磷的吸收发生障碍，使血液中钙、磷含量下降，骨、牙不能正常发育，临床表现为手足抽搐，严重者导致佝偻病。成人则发生软骨病。服用过量的维生素 D 可引起高钙血症、高钙尿症及软组织钙化等。

学与问：维生素 D 有哪些生理功能？缺乏时有哪些症状？

三、维生素 E

（一）化学本质、性质及来源

1. 维生素 E 又称生育酚（tocopherol），抗不育维生素，是苯二氢吡喃的衍生物，包括生育酚和生育三烯酚两大类。每类又分为 α、β、γ、δ 四种。自然界以 α -生育酚分布最广，活性最强，但抗氧化作用以 δ -生育酚最强，α -生育酚最弱。

2. 维生素 E 为微带黏性的黄色油状物，在无氧条件下较为稳定、很耐热，当温度高至 200 ℃也不被破坏，但在空气中极易被氧化，由于它极易被氧化而保护其他物质不被氧化，故具有抗氧化作用。常用作食品添加剂加入食品中，以保护脂肪或维生素 A、不饱和脂肪酸不受氧化。

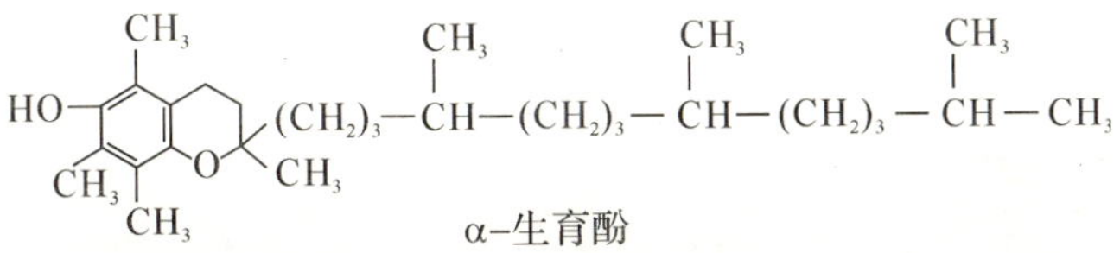

α-生育酚

3. 维生素 E 主要存在于植物油、油性种子和麦芽及绿叶蔬菜中。

（二）生化功能及缺乏症

1. 机体生物膜上含有较多的不饱和脂肪酸，易被氧化生成过氧化脂质，而使膜结构破坏、功能受损。维生素E结构上的酚羟基易氧化脱氢，并捕捉过氧化脂质自由基，在维生素C和谷胱甘肽的协同作用下，生成生育醌，从而起到保护细胞膜的作用。

2. 缺乏维生素E的动物可导致生殖器官受损而不育。维生素E对人类生殖功能的影响不很明确，但临床上也可用于防治先兆流产和习惯性流产。

3. 维生素E能提高血红素合成过程中的关键酶δ氨基-γ酮戊酸（ALA）合酶和ALA脱水酶的活性，从而促进血红素的合成。新生儿缺乏维生素E可引起贫血。

4. 维生素E具有抗炎、维持正常免疫功能和抑制细胞增殖的作用，并可降低血浆低密度脂蛋白（LDL）的浓度。维生素E在预防和治疗冠状动脉粥样硬化性心脏病、肿瘤和延缓衰老方面具有一定的作用。

5. 人类尚未发现维生素E缺乏症。维生素E与维生素A和维生素D不同，即使一次服用高出正常用量50倍的剂量，也尚未见到中毒现象。

四、维生素K

（一）化学本质、性质及来源

1. 维生素K又称凝血维生素，均是2-甲基-1,4-萘醌的衍生物。在自然界主要以维生素K_1、K_2两种形式存在，维生素K_1又称植物萘醌或叶绿醌（phylloquinone），主要存在于深绿色蔬菜和植物油中；维生素K_2又称多异戊烯萘醌（multiprenylmenaquinone），是肠道细菌的代谢产物。临床上应用的是人工合成的水溶性K_3和K_4，其活性高于K_1和K_2。

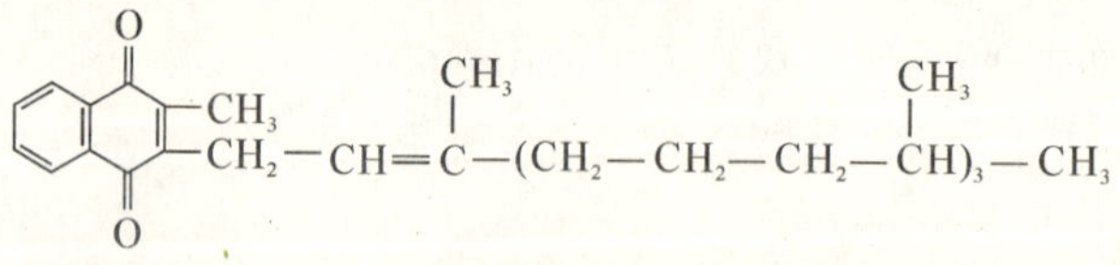

$$\text{(萘醌环)}\begin{cases}-CH_3\\-CH_2-CH=\overset{\overset{CH_3}{|}}{C}-(CH_2-CH_2-CH_2-\overset{\overset{CH_3}{|}}{C}H)_3-CH_3\end{cases}$$

维生素K_1

$$\text{(萘醌环)}\begin{cases}-CH_3\\-CH_2-(CH=\overset{\overset{CH_3}{|}}{C}-CH_2-CH_2)_5-CH=\overset{\overset{CH_3}{|}}{C}-CH_3\end{cases}$$

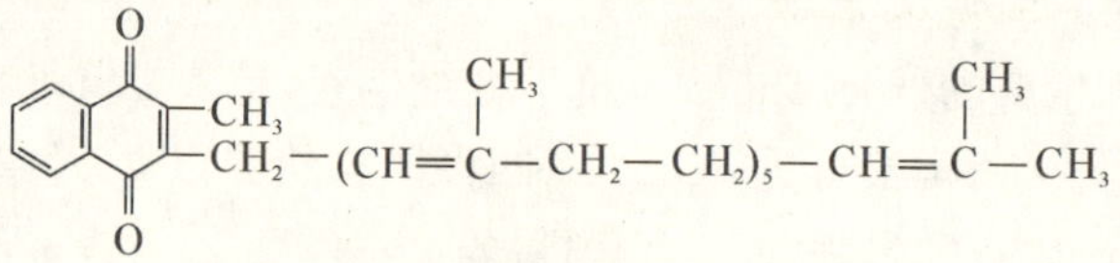

维生素K_2

2. 维生素K在肝、鱼、肉和绿叶蔬菜中含量丰富，主要在小肠吸收，经淋巴入血，并转运至肝储存。

（二）生化功能及缺乏症

1. 维生素K的主要生理功能是促进肝合成凝血酶原和凝血因子Ⅶ、Ⅸ和Ⅹ；同时维生素K还是γ-谷氨酸羧化酶的辅助因子，该酶可催化凝血酶原转变为凝血酶，因而具有促进凝血的作用，一旦缺乏会出现凝血时间延长，易出血。

2. 维生素K分布广泛，人体肠道细菌又能合成，故一般不易缺乏。维生素K不能通过胎盘，新生儿出生后肠道内又无细菌，因此容易发生维生素K的缺乏，尤其是早产儿易发生出血现象；当胆道阻塞、胆瘘或长期服用广谱抗生素时，也可引起维生素K的缺乏。

第三节　水溶性维生素

水溶性维生素包括B族维生素和维生素C。水溶性维生素主要构成酶的辅助因子，直接影响某些酶的催化作用。体内过剩的水溶性维生素可随尿排出体外，体内很少蓄积，因此必须由膳食中不断供应，很少出现中毒现象。

一、维生素 B_1（硫胺素）

（一）化学本质、性质及来源

1. 维生素 B_1 又称抗脚气病维生素。由于它由含硫的噻唑环和含氨基的嘧啶环通过甲烯基连接而成，故又称硫胺素。其纯品为白色结晶，极易溶于水，酸性环境中稳定，在中性及碱性溶液中不稳定。

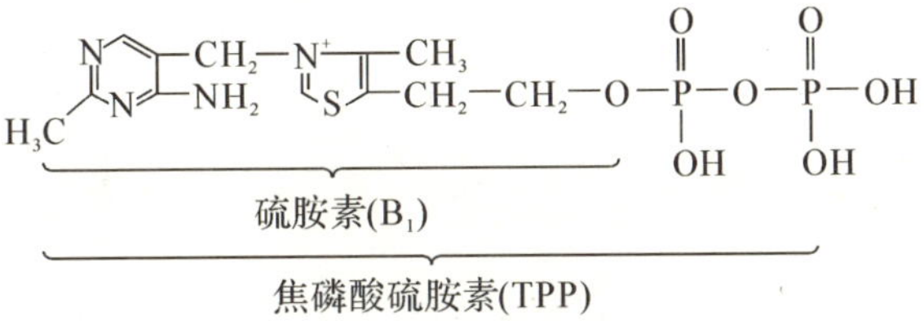

硫胺素(B_1)

焦磷酸硫胺素(TPP)

2. 谷类、豆类的种皮、酵母、干果和硬果、蔬菜中维生素 B_1 含量高。动物的肝、肾、脑、瘦肉及蛋类含量也较多。精白米和精白面粉中维生素 B_1 含量远不及标准米、标准面粉的含量高。在烹调食物时不宜加碱，因碱会使维生素 B_1 水解破坏。维生素 B_1 极易溶于水，故淘米时不宜多洗，以免损失维生素 B_1。

（二）生化功能和缺乏症

1. 维生素 B_1 的活性形式是焦磷酸硫胺素（thiamine pyrophosphate，TPP），硫胺素易被小肠吸收，入血后主要在肝和脑组织中经硫胺素焦磷酸激酶催化生成焦磷酸硫胺素。

2. TPP是α-酮酸氧化脱羧酶的辅酶，参与糖代谢。当维生素 B_1 缺乏时，糖代谢受阻，能量供应不足，血中丙酮酸和乳酸堆积，影响组织细胞特别是神经组织的正常功能，导致慢性末梢神经炎及其他神经病变，即脚气病。严重者可出现水肿、心力衰竭。

3. TPP抑制胆碱酯酶的活性　乙酰胆碱是胆碱能神经的神经递质。维生素 B_1 缺乏时，胆碱酯酶的活性增强，乙酰胆碱分解加快，导致神经传导受影响，主要表现为消化液分泌减少、胃蠕动变慢、食欲下降、消化不良等。

4. TPP是转酮醇酶的辅酶参与磷酸戊糖途径　磷酸戊糖途径是生成核糖的唯一途径，核糖可参与核苷酸合成；磷酸戊糖途径还可生成NADPH，NADPH是脂肪酸、胆固醇合成的供氢体。缺乏维生素 B_1 时，体内的核苷酸、脂肪酸、胆固醇等合成会受到影响。

学与问：维生素 B_1 有哪些生理功能？缺乏时有哪些症状？

二、维生素 B_2（核黄素）

（一）化学本质、性质及来源

1. 维生素 B_2 又称核黄素。其化学本质是核糖醇和6，7-二甲基异咯嗪的缩合物。在 N_1 位和 N_{10} 位之间有两个活泼的双键，此2个氢原子可反复接受或释放氢，因而具有可逆的氧化还原性。

2. 维生素 B_2 在酸性环境中较稳定，且不受空气中氧的影响，碱性条件下或暴露于光照下均不稳定，故在烹调时不宜加碱。

3. 维生素 B_2 广泛存在于动植物中。奶与奶制品、肝、蛋类和肉类等是维生素 B_2 的丰富来源。

（二）生化功能和缺乏症

1. 维生素 B_2 的活性形式是黄素单核苷酸（flavin mononucleotide，FMN）和黄素腺嘌呤二核苷酸（flavin adenine dinucleotide，FAD）。被人体吸收后的核黄素在小肠黏膜黄素激酶催化下转变成 FMN，FMN 在焦磷酸化酶催化下进一步生成 FAD。

2. FMN 和 FAD 是体内氧化还原酶的辅基，起递氢作用，以 FMN 和 FAD 为辅基的酶称为黄素蛋白或黄素酶。

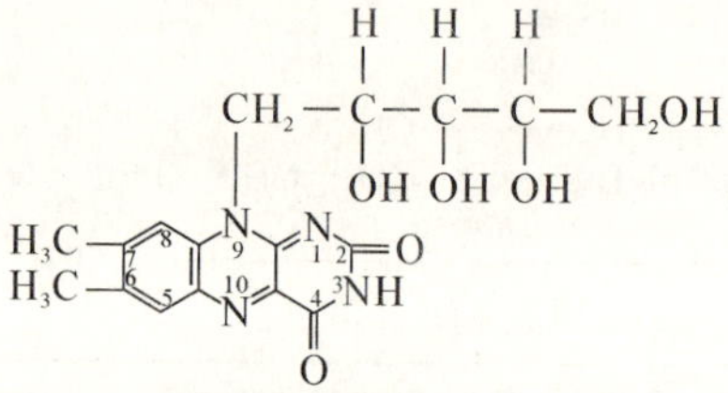

维生素B_2

3. 缺乏维生素 B_2 时，会引起口角炎、舌炎、唇炎、阴囊炎、眼睑炎等皮肤黏膜移行部位炎症。

学与问：维生素 B_2 有哪些生理功能？缺乏时有哪些症状？

三、维生素 PP

（一）化学本质、性质及来源

1. 维生素 PP 又称抗癞皮病维生素，包括尼克酸或称烟酸（nicotinic acid）和尼克酰胺或称烟酰胺（nicotinamide），二者均为吡啶的衍生物，在体内可相互转化。维生素 PP 性质稳定，不易被酸、碱和加热破坏。

2. 维生素 PP 广泛存在于动、植物组织中，尤以肉、鱼、酵母、谷类及花生中含量丰富；人体可以利用色氨酸合成少量维生素 PP，但转化效率较低，不能满足人体需要。

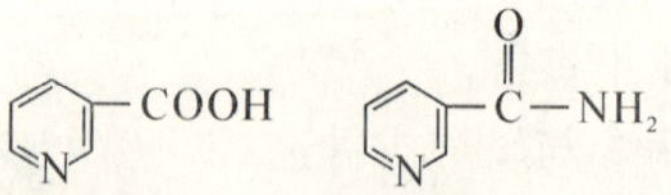

尼克酸　　尼克酰胺

（二）生化功能和缺乏症

1. 维生素 PP 的活性形式是尼克酰胺腺嘌呤二核苷酸（NAD^+）和尼克酰胺腺嘌呤二核苷酸磷酸（$NADP^+$）。

$$NAD^+ \underset{-2H}{\overset{+2H}{\rightleftharpoons}} NADH + H^+$$

$$NADP^+ \underset{-2H}{\overset{+2H}{\rightleftharpoons}} NADPH + H^+$$

2. NAD^+和$NADP^+$是生物体内多种不需氧脱氢酶的辅酶，起递氢作用；它们在人体的生物氧化过程中接受、释放氢原子，广泛参与体内各种代谢。维生素 PP 缺乏时可引起癞皮病(pellagra)，其典型症状是皮肤暴露部位的对称性皮炎、腹泻和痴呆。

3. 玉米中结合型烟酸不易被机体吸收，因此长期以玉米为主食会引起维生素 PP 缺乏。抗结核药物异烟肼的结构与维生素 PP 十分相似。二者有拮抗作用，因此长期服用可引起维生素 PP 缺乏。

4. 尼克酸作为药物用于临床治疗高脂血症，因尼克酸能抑制脂肪动员，使肝中 VLDL 的合成下降，从而降低血浆甘油三酯。但大量服用尼克酸或尼克酰胺会引发血管扩张、面颊潮红、痤疮及胃肠不适等症状。长期每天服用量超过 500 mg 可引起肝损伤。

学与问：维生素 PP 有哪些生理功能？缺乏时有哪些症状？

四、维生素 B_6

(一) 化学本质、性质及来源

1. 维生素 B_6 是吡啶的衍生物，包括吡哆醇(pyridoxine)、吡哆醛(pyridoxal)和吡哆胺(pyridoxamine)。

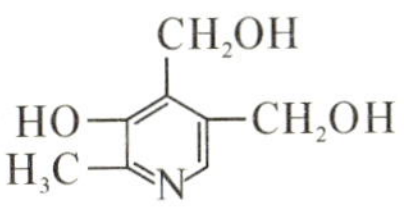

CH_2OH / HO / CH_2OH / H_3C / N　　CHO / HO / CH_2OH / H_3C / N　　CH_2NH_2 / HO / CH_2OH / H_3C / N

吡哆醇 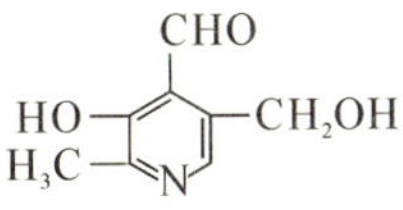　　吡哆醛 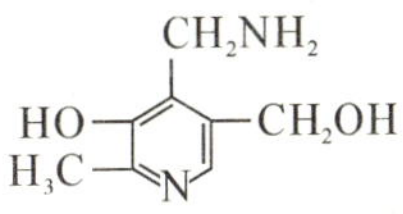　　吡哆胺

2. 维生素 B_6 在酸中较稳定，但易被碱破坏，中性环境中易被光破坏，高温下可迅速被破坏。

3. 维生素 B_6 在动植物中分布很广，麦胚芽、米糠、大豆、酵母、蛋黄、肝、肾、肉、鱼中及绿叶蔬菜中含量丰富。肠道细菌可合成维生素 B_6，但只有少量被吸收。

(二) 生化功能和缺乏症

1. 维生素 B_6 的活性形式是磷酸吡哆醛和磷酸吡哆胺。它们是转氨酶的辅酶，二者通过相互转化，在氨基酸转氨基过程中发挥转移氨基的作用。

2. 磷酸吡哆醛是脱羧酶的辅酶，参与氨基酸的脱羧基反应，氨基酸脱羧基后可生成重要的胺类物质，如谷氨酸脱羧基后生成抑制性神经递质 γ-氨基丁酸(GABA)，所以临床上常用维生素 B_6 治疗妊娠呕吐、小儿惊厥和精神焦虑等。

3. 磷酸吡哆醛是 δ-氨基-γ酮戊酸(ALA)合酶的辅酶，ALA 合酶是血红素合成过程中的限速酶，因此缺乏维生素 B_6 可产生小细胞低色素性贫血和血清铁含量增高。

4. 磷酸吡哆醛是同型半胱氨酸分解代谢酶的辅酶，维生素 B_6 缺乏时，同型半胱氨酸分解受阻，引起高同型半胱氨酸血症，会导致心脑血管疾病，如高血压、动脉硬化等。

5. 抗结核药物异烟肼会与吡哆醛结合生成异烟腙从尿中排出，引起维生素 B_6 缺乏，因此服用异烟肼的同时可补充维生素 B_6，用于防治中枢兴奋、周围神经炎和小细胞低色素性贫血等。过量服用维生素 B_6 可发生中毒，每天摄入量超过 200 mg 可引起神经损伤，表现为周围感觉神经病。

五、生物素

（一）化学本质、性质及来源

1. 生物素(biotin)是由噻吩环和尿素结合形成的双环化合物，侧链是戊酸结构。

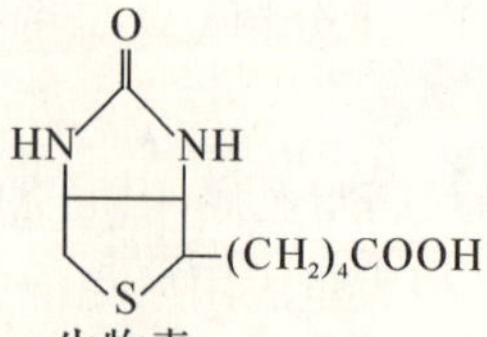

生物素

自然界存在的生物素至少有两种：α-生物素和β-生物素。生物素为无色针状结晶。耐酸而不耐碱，常温稳定，高温和氧化剂可使其失活。

2. 生物素在动植物界分布广泛，如肝、肾、蛋黄、酵母、蔬菜、谷类中含量丰富。肠道细菌也能合成生物素，故很少出现缺乏症。

（二）生化功能和缺乏症

1. 生物素是体内多种羧化酶的辅基，参与体内 CO_2 固定过程，与糖、脂肪、蛋白质和核酸的代谢有密切关系。

2. 生物素来源广泛，人体肠道细菌也能合成，很少出现缺乏症。新鲜鸡蛋清中有一种抗生物素蛋白，它能与生物素结合而不能被吸收，蛋清加热后这种蛋白遭破坏而失去作用。长期吃生鸡蛋或使用抗生素可造成生物素的缺乏，主要症状是疲乏、恶心、呕吐、食欲不振、皮炎及脱屑性红皮病等。

六、泛酸

（一）化学本质、性质及来源

1. 泛酸又称遍多酸(pantothenic acid)，是由二羟基二甲基丁酸借肽键与β-丙氨酸缩合而成的有机酸。泛酸在中性溶液中对热稳定，对氧化剂和还原剂也极为稳定，但易被酸、碱破坏。

2. 泛酸由于在自然界中分布广泛而得名。肠道细菌亦可合成泛酸。

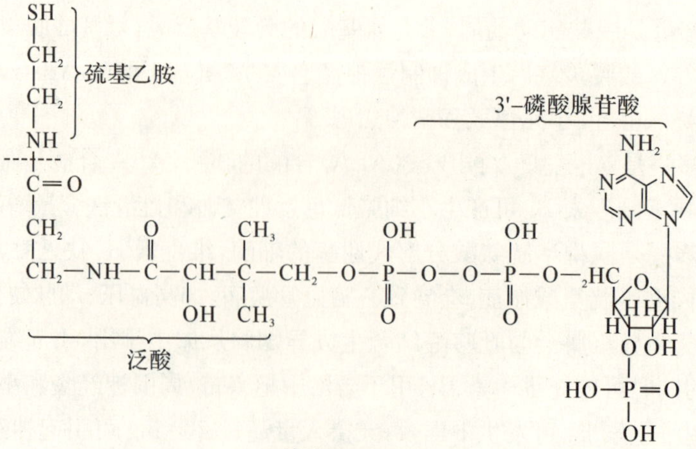

巯基乙胺　3'-磷酸腺苷　泛酸

辅酶A(CoA)

（二）生化功能和缺乏症

泛酸是构成辅酶 A(CoA)和酰基载体蛋白(ACP)的成分，它们的活性基团均是巯基，起转运酰基的作用，在体内广泛参与糖、脂类、蛋白质代谢和肝的生物转化。已知体内有不下 70 种酶的辅酶为 ACP 和 CoA。

七、叶酸

（一）化学本质、性质及来源

1. 叶酸(folic)又称蝶酰谷氨酸(PGA)，由 2-氨基-4-羟基-6-甲基蝶呤啶(pteridine)、对氨基苯甲酸(PABA)和 L-谷氨酸三部分组成，叶酸为黄色晶体，在酸性溶液中不稳定，在中性及碱性溶液中耐热，对光照敏感。

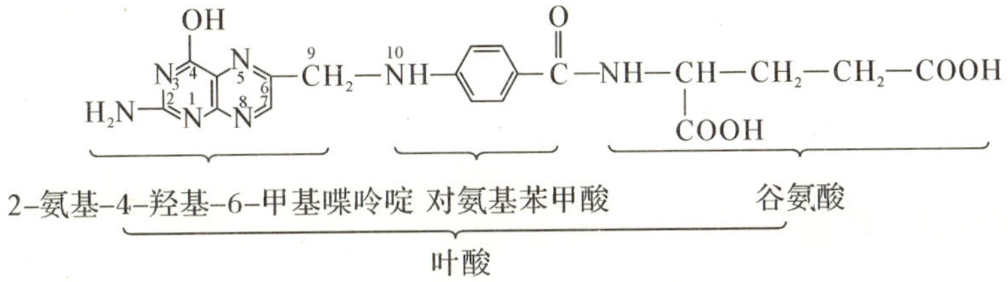

OH
N 9 10 O
H_2N — CH_2—NH— —C—NH—CH—CH_2—CH_2—COOH
COOH
2-氨基-4-羟基-6-甲基喋呤啶 对氨基苯甲酸 谷氨酸
叶酸

2. 叶酸因在绿叶中含量丰富而得名，肝、酵母、水果中含量也很丰富，肠道细菌也可合成，故一般不易患缺乏症。

（二）生化功能和缺乏症

1. 叶酸的活性形式是四氢叶酸(FH_4)，在体内叶酸被二氢叶酸还原酶还原为 FH_2，再进一步还原为 5,6,7,8-FH_4，反应过程需要 NADPH+H^+和维生素 C 参与。

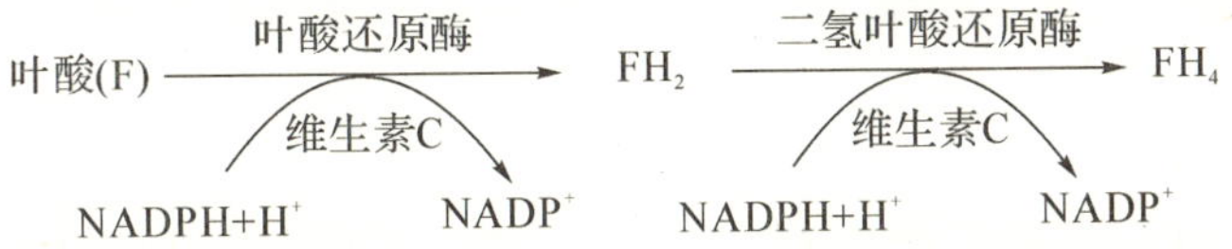

$$\text{叶酸(F)} \xrightarrow[\text{NADPH+H}^+ \rightarrow \text{NADP}^+]{\text{叶酸还原酶，维生素C}} FH_2 \xrightarrow[\text{NADPH+H}^+ \rightarrow \text{NADP}^+]{\text{二氢叶酸还原酶，维生素C}} FH_4$$

2. FH_4 是体内一碳单位转移酶的辅酶，FH_4 分子中 N_5 和 N_{10}是结合、携带一碳单位的部位，一碳单位由某些氨基酸分解产生，参加嘌呤、嘧啶的合成及蛋氨酸循环等，与蛋白质和核酸代谢，红细胞、白细胞成熟有关。

叶酸缺乏时，骨髓幼红细胞 DNA 合成减少，细胞分解速度降低，细胞体积增大，导致巨幼红细胞贫血。

叶酸缺乏影响同型半胱氨酸甲基化生成蛋氨酸，引起同型半胱氨酸血症，加速动脉粥样硬化、血栓形成和高血压的危险性。

3. 叶酸结构中有与磺胺药物结构相似的对氨基苯甲酸，故磺胺药物在细菌体内合成叶酸的反应中起竞争性作用，从而抑制细菌的生长、繁殖。

4. 叶酸在食物中含量丰富，肠道细菌也能合成，一般不发生缺乏症。孕妇及哺乳期妇女因代谢较旺盛，应适量补充叶酸；口服避孕药或抗惊厥药能干扰叶酸的吸收及代谢，如长期服用时应考虑补充叶酸。

叶酸缺乏时引起 DNA 低甲基化，增加某些癌症（如结肠癌、直肠癌）的危险性。

学与问：叶酸有哪些生理功能？缺乏时有哪些症状？

八、维生素 B_{12}

（一）化学本质、性质及来源

1. 维生素 B_{12} 又称钴胺素（cobalamine），其结构中含有一个金属钴离子，是唯一含有金属元素的维生素。从细菌发酵中制备的氰钴胺素性质最为稳定；羟钴胺素的性质比较稳定，是药用维生素 B_{12} 的常见形式，且疗效优于氰钴胺素。

2. 肝、肾、瘦肉、鱼及蛋类食物中的维生素 B_{12} 含量较高，肠道细菌也能合成，所以一般情况下人体不会缺乏维生素 B_{12}。但维生素 B_{12} 的吸收需要一种由胃壁细胞分泌的高度特异的糖蛋白（内因子）和胰腺分泌的胰蛋白酶参与。故胃和胰腺功能障碍时可引起维生素 B_{12} 的缺乏。

（二）生化功能和缺乏症

1. 维生素 B_{12} 的存在形式有氰钴胺素、羟钴胺素、甲钴胺素、5′-脱氧腺苷钴胺素（腺苷钴胺）等，后二者是维生素 B_{12} 的活性形式，也是血液中存在的主要形式。

2. 甲钴胺素是 $N^5-CH_3-FH_4$ 转甲基酶（蛋氨酸合成酶）的辅酶，参与甲基的转移，同型半胱氨酸在蛋氨酸合成酶的催化下甲基化生成蛋氨酸。维生素 B_{12} 缺乏时，$N^5-CH_3-FH_4$ 的甲基不能转移出去，一是引起蛋氨酸合成减少，同型半胱氨酸堆积，可造成高同型半胱氨酸血症，加速动脉硬化、血栓形成和高血压的危险性；二是影响 FH_4 的再生，组织中游离的 FH_4 含量减少，一碳单位的代谢受阻，造成核酸合成障碍，产生巨幼红细胞贫血。

3. 5′-脱氧腺苷钴胺素是 L-甲基丙二酰 CoA 变位酶的辅酶，参与 L-甲基丙二酰 CoA 异构为琥珀酰 CoA 的反应。当维生素 B_{12} 缺乏时，L-甲基丙二酰 CoA 大量堆积，因其结构与脂肪酸合成的中间产物丙二酰 CoA 相似，从而干扰脂肪酸的正常合成，可导致神经进行性脱髓鞘病。所以维生素 B_{12} 具有营养神经的作用。

正常膳食者很少发生维生素 B_{12} 缺乏症，但偶见于有严重吸收障碍疾患的病人及长期素食者。

学与问：维生素 B_{12} 有哪些生理功能？缺乏时有哪些症状？

九、维生素 C

（一）化学本质、性质及来源

1. 维生素 C 又称抗坏血酸，其分子中 C_2 与 C_3 羟基可以氧化脱氢生成氧化型抗坏血酸，后者可接受氢再还原成抗坏血酸。

2. 维生素 C 为无色片状晶体，呈酸性，对碱和热不稳定，烹饪不当可引起维生素 C 大量丧失。

3. 维生素 C 广泛存在于新鲜的水果和蔬菜中，尤其是番茄、柑橘类、鲜枣、山楂等含量丰富。植物中的抗坏血酸氧化酶能将维生素 C 氧化灭活为二酮古洛糖酸，所以久存的水果和蔬菜中维生素 C 含量大量减少。

```
 O=C──┐                  O=C──┐                   COOH
   |  |                    |  |                    |
HO─C  |      -2H         O=C  |      +H2O        O=C
   ‖  O   ⇌───────           |  O   ⇌───────         |
HO─C  |      +2H         O=C  |      -H2O        O=C
   |  |                    |  |                    |
 H─C──┘                  H─C──┘                  H─C─OH
   |                       |                       |
HO─C─H                  HO─C─H                  HO─C─H
   |                       |                       |
   CH2OH                   CH2OH                   CH2OH
```

L-抗坏血酸　　　　氧化型抗坏血酸　　　　二酮古洛糖酸

（二）生化功能和缺乏症

1. 参与体内的羟化反应　维生素 C 作为羟化酶的辅酶参与羟化反应。

(1) 促进胶原蛋白的合成：合成胶原的脯氨酸羟化酶和赖氨酸羟化酶的辅酶是维生素 C，胶原是结缔组织、骨及毛细血管的重要组成成分。维生素 C 缺乏时，胶原合成减少，会出现毛细血管脆性增加易破裂、牙龈腐烂、牙齿松动、易骨折及伤口不易愈合等症状，称为坏血病。

(2) 参与胆固醇转化成胆汁酸的过程：维生素 C 是体内胆固醇羟化酶的辅酶，可催化胆固醇羟化为 7α-羟胆固醇。缺乏维生素 C 可影响胆固醇的转化，引起体内胆固醇增多，成为动脉粥样硬化的危险因素。

(3) 参与芳香族氨基酸代谢：维生素 C 参与了苯丙氨酸羟化为酪氨酸的反应；酪氨酸羟化脱羧生成羟苯酮酸的反应；酪氨酸转变为儿茶酚胺以及色氨酸转化为 5-羟色氨酸的反应。

2. 参与体内的氧化还原反应　由于维生素 C 能可逆地加氢和脱氢，因此在体内氧化还原反应中起重要作用。

(1) 保护巯基酶，维持谷胱甘肽的还原状态：重金属离子会和巯基酶中的巯基结合，使巯基酶失去活性引起代谢障碍而中毒。维生素 C 可使氧化型谷胱甘肽(G-S-S-G)转化为还原型谷胱甘肽(G-SH)，由 G-SH 和重金属结合后排出体外，可保护巯基酶的巯基活性，故维生素 C 常用于防治铅、砷、汞中毒；体内不饱和脂肪酸易被氧化成脂质过氧化物而使细胞膜受损，维生素 C 可使氧化型谷胱甘肽(G-S-S-G)转变为还原型谷胱甘肽(G-SH)，这些源源不断得到补充的 G-SH 可与脂质过氧化物反应，从而保护细胞膜。

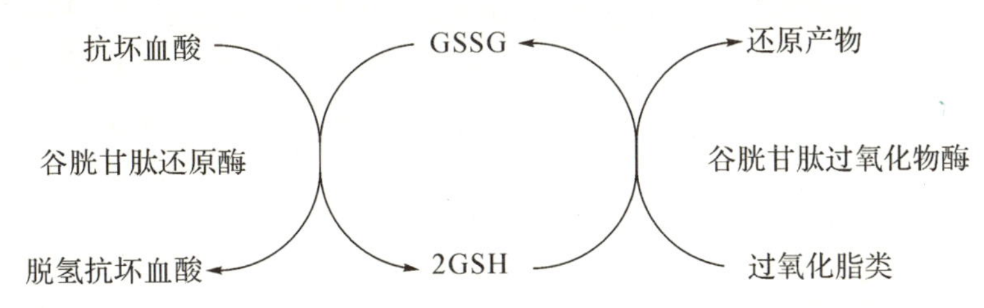

(2) 维生素 C 促进红细胞中的高铁血红蛋白(MHb)转化为血红蛋白(Hb)，恢复对氧气的运输。

(3) 维生素使 Fe^{3+} 还原为易被肠黏膜细胞吸收的 Fe^{2+}，有利于食物中铁的吸收。

(4) 维生素 C 促进叶酸转化为四氢叶酸，预防巨幼红细胞贫血。

3. 其他作用：维生素 C 能增加淋巴细胞的生成，促进免疫球蛋白的合成，故能提高机体免疫力；维生素 C 还有抗氧化作用，保护维生素 A、维生素 E 免受氧化。

学与问：维生素 C 有哪些生理功能？缺乏时有哪些症状？

知识点归纳

维生素(vitamin)是维持机体正常生命活动所必需的一类小分子有机化合物，在调节物质代谢和维持生理功能方面发挥着重要作用。长期缺乏某种维生素会导致相应的缺乏症。维生素通常按其溶解性不同分为脂溶性维生素和水溶性维生素两大类。各类维生素的活性形式、生理功能及缺乏症总结为表 5-1。

表 5-1 维生素的活性形式、生理功能及缺乏症

名称	每日需要量	活性形式	生理功能	缺乏症
维生素 A	80 μg	视黄醇、视黄醛、视黄酸	参与视网膜感光物质的合成；参与糖蛋白合成；促进生长发育；抗氧化；抗癌	夜盲症、干眼病、角膜软化症
维生素 D	5～10 μg	$1,25-(OH)_2-D_3$	调节钙、磷代谢；促进成骨作用	儿童：佝偻病 成人：软骨病
维生素 E	8～10 mg	生育酚	抗氧化；抗不育；促进血红素代谢	人类未发现缺乏症
维生素 K	60～80 mg	2-甲基-1，4-萘醌	促进肝脏合成凝血因子	皮下、肌肉和肠道出血
维生素 B_1	1.2～1.5 mg	TPP	构成 α-酮酸氧化脱羧酶的辅酶；抑制胆碱酯酶的活性	脚气病、胃肠功能障碍
维生素 B_2	1.2～1.5 mg	FMN、FAD	构成黄素酶的辅基	口角炎、唇炎、舌炎、阴囊炎、脂溢性皮炎
维生素 PP	15～20 mg	NAD^+ 、$NADP^+$	构成脱氢酶的辅酶	癞皮病
维生素 B_6	2 mg	磷酸吡哆醛、磷酸吡哆胺	构成转氨酶及脱羧酶的辅酶；构成 ALA 合酶的辅酶	人类未发现缺乏症
泛酸		CoA、ACP	参与辅酶 A 的构成；构成酰基转移酶的辅酶	人类未发现缺乏症
生物素		生物素	构成羧化酶的辅酶	疲乏、恶心、呕吐、食欲不振、皮炎及脱屑性红皮病
叶酸	200～400 μg	FH_4	构成一碳单位转移酶的辅酶	巨幼红细胞贫血
维生素 B_{12}	2～3 μg	甲钴胺素、5′-脱氧腺苷钴胺素	甲钴胺素是甲基转移酶的辅酶；5′-脱氧腺苷钴胺素是 L-甲基丙二酰 CoA 变位酶的辅酶	巨幼红细胞贫血
维生素 C	60 mg	抗坏血酸	参与体内的羟化反应；参与体内氧化还原反应	坏血病

一、名词解释

维生素　癞皮病　坏血病

二、选择

单选题

1. 下列关于维生素的叙述正确的是（　　）

A. 维生素都参与辅酶或辅基的组成

B. 维生素在体内不能合成或合成量很少，必须由食物提供

C. 维生素是人体必需的营养素，需要量大

D. 维生素是一组高分子有机化合物

E. 引起维生素缺乏的唯一原因是摄入量不足

2. 下列关于脂溶性维生素的叙述，正确的是（　　）

A. 易被消化道吸收　B. 体内不能储存，多余者都由尿排出

C. 是一类需要量很大的营养素　D. 都是构成辅酶的成分

E. 摄入量不足会导致缺乏症

3. 下列不属于B族维生素的是（　　）

A. 叶酸　B. 泛酸　C. 抗坏血酸　D. 生物素　E. 硫胺素

4. 具有促进视觉细胞内感光物质合成的维生素是（　　）

A. 维生素D　B. 维生素C　C. 维生素A　D. 维生素PP　E. 维生素B_1

5. 脂溶性维生素吸收障碍可致的疾病是（　　）

A. 口角炎　B. 癞皮病

C. 坏血病　D. 佝偻病

E. 巨幼红细胞贫血

6. 脚气病是由于缺乏哪种维生素（　　）

A. 维生素B_2　B. 维生素B_6　C. 维生素A　D. 维生素B_{12}　E. 维生素B_1

7. 是一种重要的天然的抗氧化剂，可预防衰老的维生素是（　　）

A. 维生素C　B. 维生素D　C. 维生素A　D. 维生素E　E. 维生素K

8. 夜盲症是由于缺乏（　　）

A. 维生素C　B. 维生素D　C. 维生素A　D. 维生素E　E. 维生素K

9. 在人体内，维生素D的活性形式是（　　）

A. $1-OH-D_3$　B. $25-OH-D_3$

C. $1,25-(OH)_2-D_3$　D. 麦角固醇

E. 胆钙化醇

10. 含有金属元素的维生素是（　　）

A. 维生素B_2　B. 维生素B_6　C. 叶酸　D. 维生素B_{12}　E. 维生素B_1

11. 缺乏维生素B_{12}可致的疾病是（　　）

A. 巨幼红细胞贫血　B. 癞皮病　C. 坏血病　D. 佝偻病　E. 脚气病

12. 小儿经常晒太阳可预防哪种维生素缺乏（　　）

A. 维生素B_2　B. 维生素B_6　C. 维生素A　D. 维生素C　E. 维生素D

13. 缺乏下列哪种维生素会引起口角炎（　　）

A. 维生素B_2　B. 维生素B_6　C. 维生素A　D. 维生素C　E. 维生素D

14. 叶酸在体内的活性形式是 ( )

A. FMN B. FAD C. FH_2 D. FH_4 E. NAD^+

多选题

15. 对维生素C的功能的叙述正确的是 ( )

A. 参与体内多种物质的羟化反应

B. 维持谷胱甘肽的氧化状态

C. 将 Fe^{3+} 还原成 Fe^{2+}，有利于食物中铁的吸收

D. 能使高铁血红蛋白还原为血红蛋白

E. 增强机体免疫力

16. 维生素E的作用是 ( )

A. 抗氧化 B. 维持生殖功能

C. 促进血红素合成 D. 调节钙磷代谢

E. 促进甲基转移

17. 维生素D缺乏可致的疾病是 ( )

A. 口角炎 B. 软骨病 C. 坏血病 D. 佝偻病 E. 脚气病

18. 下列有关维生素与缺乏症的组合正确的是 ( )

A. 维生素A—夜盲症 B. 维生素PP—癞皮病

C. 维生素 B_2—坏血病 D. 维生素D—佝偻病

E. 维生素 B_1—脚气病

19. 属于水溶性维生素的是 ( )

A. 维生素A B. 维生素D C. 维生素K D. 维生素B族 E. 维生素C

三、简答题

1. 简述维生素A的生理功能及缺乏症。

2. 简述维生素C的生理功能及缺乏症。

选择题答案：1. B 2. E 3. C 4. C 5. D 6. E 7. D 8. C 9. C 10. C 11. A 12. E 13. A 14. D 15. ACDE 16. ABC 17. BD 18. ABDE 19. DE

（迟亚璠）

第六章　生物氧化

学　习　目　标

掌握生物氧化和呼吸链的概念、两类呼吸链的主要成分及作用、ATP 的生成方式；理解生物氧化的特点、氧化磷酸化的调节、ATP 的利用和贮存、CO_2 的生成方式；了解非线粒体氧化体系和活性氧代谢。

课　前　准　备

预习全章内容，初步理解生物氧化和呼吸链的概念及相互关系，呼吸链的组成成分及作用，ATP、水和 CO_2 的生成过程，活性氧的生成和清除。

第一节　概　述

一、生物氧化的概念

有机物质在生物体内的氧化分解称为生物氧化(biological oxidation)。生物氧化在细胞的线粒体内和线粒体外均可进行，但氧化过程不同。线粒体内的生物氧化体系主要和糖、脂肪、蛋白质等营养物质的氧化有关，伴有 ATP 的生成，主要表现为细胞内氧的消耗以及水和 CO_2 的产生，又称为细胞呼吸；而线粒体外(如微粒体、过氧化物酶体等)进行的氧化不伴有 ATP 的生成，主要和非营养物质如药物、毒物等在体内的生物转化有关。

学与问：什么是生物氧化?

二、生物氧化的特点

生物氧化中物质氧化的方式有脱氢、加氧、失电子，遵循氧化还原反应的一般规律。同一物质在体内、外氧化时所消耗的氧、终产物(CO_2、H_2O)和释放的能量均相同，但体内氧化与体外氧化比较有显著不同：①在细胞内温和的环境中进行(体温 37 ℃左右，pH 接近中性)；②物质氧化以脱氢为主，在一系列酶的催化下逐步进行；③能量逐步释放，有利于机体捕捉能量，提高 ATP 生成的效率；④水是由代谢物上脱下的氢经呼吸链传递与氧结合产生的；⑤二氧化碳由有机酸脱羧产生。

学与问：生物氧化的特点有哪些？

第二节 线粒体氧化体系及能量生成

一、呼吸链的概念

代谢物脱下的成对氢原子通过多种酶和辅酶所组成的连锁反应体系逐步传递最终与氧结合生成水，该链式连锁反应体系与细胞呼吸密切相关，称为呼吸链(respiratory chain)。在呼吸链中，酶和辅酶按一定顺序排列在线粒体内膜上，起着传递氢(称为递氢体)和传递电子(称为电子传递体)的作用。不论递氢体还是电子传递体，都可以传递电子，所以呼吸链又称电子传递链(electron transfer chain)。

学与问：什么是呼吸链？

二、呼吸链的主要成分和作用

1. 烟酰胺腺嘌呤二核苷酸(NAD^+) NAD^+分子中含有烟酰胺，能与从代谢物分子上脱下的两个氢可逆结合生成NADH，完成对氢的传递。在传递过程中烟酰胺只能接受一个氢和一个电子，总有一个质子游离于基质中。

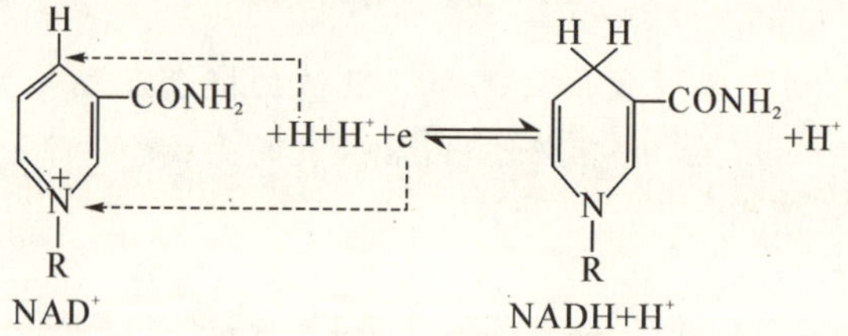

$$NAD^+ (\text{R-pyridinium-}CONH_2) + H + H^+ + e \rightleftharpoons NADH + H^+$$

2. 黄素蛋白 黄素蛋白的辅基有两种：黄素单核苷酸(FMN)和黄素腺嘌呤二核苷酸(FAD)。其辅基中含有核黄素(维生素B_2)部分，能可逆加氢和脱氢，从而完成对氢的传递。

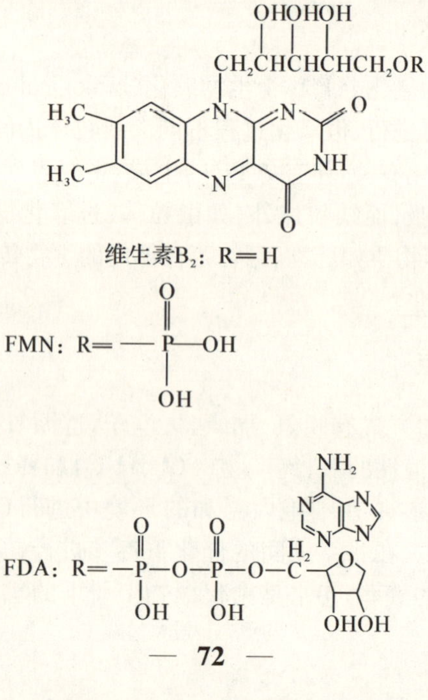

(异咯嗪环结构，N-10 连接 $CH_2CH(OH)CH(OH)CH(OH)CH_2OR$，C-7、C-8 位为 H_3C)

维生素B_2：R＝H

FMN：R＝ —P(=O)(OH)—OH

FDA：R＝ —P(=O)(OH)—O—P(=O)(OH)—O—CH_2—(核糖，OH OH)—腺嘌呤(NH_2)

3. 铁硫蛋白 铁硫蛋白是存在于线粒体内膜上的一类与传递电子有关的蛋白质。它含有非血红素铁和对酸不稳定的硫，铁和硫构成活性中心，称为铁硫中心(Fe－S)，作用是传递电子。在铁硫中心的铁原子中，只有一个被还原，因此铁硫蛋白是一种单电子传递体，即 $Fe^{3+} + e \rightleftharpoons Fe^{2+}$。

4. 泛醌(ubiquinone，写作 Q 或 CoQ) 泛醌是一种黄色脂溶性醌类化合物，因其广泛存在于生物界而称为泛醌。泛醌在呼吸链的传递过程中，接受黄素蛋白和铁硫蛋白复合物传递来的氢，泛醌(Q)被还原成氢醌型(QH_2)，可再将电子传递给细胞色素体系，将质子留在环境中，而本身又被氧化成醌型。

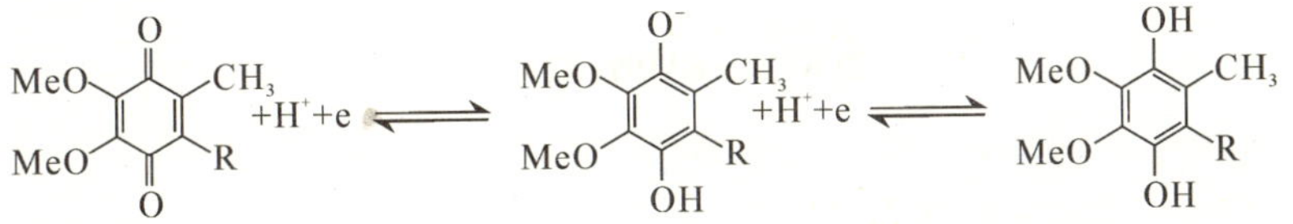

5. 细胞色素类 细胞色素(Cyt)是广泛分布于需氧生物细胞线粒体内膜上的一类以铁卟啉衍生物为辅基的结合蛋白，已发现有 30 多种，参与呼吸链组成的有细胞色素 b、c_1、c、a、a_3。在呼吸链中，细胞色素依靠铁原子化合价的可逆变化而传递电子($Fe^{3+} + e \rightleftharpoons Fe^{2+}$)，传递顺序是 Cyt b $\longrightarrow$ Cyt c_1 $\longrightarrow$ Cyt c $\longrightarrow$ Cyt aa_3 $\longrightarrow$ O_2。细胞色素 a 和 a_3 现在还不能分开，故合称为 Cytaa_3。Cytaa_3 排列在呼吸链末端，直接将电子传递给氧生成水。

学与问：呼吸链的组成成分有哪些？分别有什么作用？

三、呼吸链中的酶类复合体

用去垢剂温和处理线粒体内膜，可分离出 4 种具有酶活性的复合体。复合体Ⅰ含有黄素蛋白(辅基为 FMN)和铁硫蛋白(Fe－S)，其功能是将 NADH 所脱下的氢经 FMN、Fe－S 等传递给泛醌；复合体Ⅱ含黄素蛋白(辅基为 FAD)、Fe－S、Cytb560，将电子从琥珀酸传递给泛醌；复合体Ⅲ由 Cytb、Cytc_1 和 Fe－S 组成，可将电子从泛醌传递给 Cytc；复合体Ⅳ由紧密结合的 Cyta 和 Cyta_3 组成，Cytaa_3 又称细胞色素氧化酶，其功能是将电子从 Cytc 传递给 O_2。

四、呼吸链中传递体的顺序

通过实验测得呼吸链各组分是根据其标准氧化还原电位由低到高顺序排列的，即电子从氧化端流向还原端。线粒体内主要存在两条呼吸链，即 NADH 氧化呼吸链和 $FADH_2$ 氧化呼吸链。

1. NADH 氧化呼吸链 生物氧化中大多数脱氢酶的辅酶都是 NAD^+，NADH 氧化呼吸链为体内最常见的一条重要的呼吸链。NADH 呼吸链各组分的顺序如图 6－1 所示。

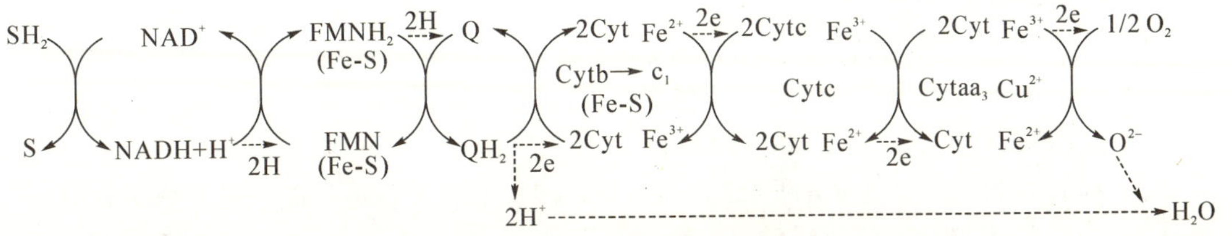

图 6－1 NADH 氧化呼吸链

2. $FADH_2$ 氧化呼吸链　$FADH_2$ 氧化呼吸链由黄素蛋白(FAD 为辅基)、泛醌、细胞色素组成。代谢物(如琥珀酸)脱下氢由 FAD 接受,生成 $FADH_2$,再将 2H 经使 Q 形成 QH_2,再往下的传递与 NADH 氧化呼吸链相同。$FADH_2$ 呼吸链各组分的顺序如图 6－2 所示。

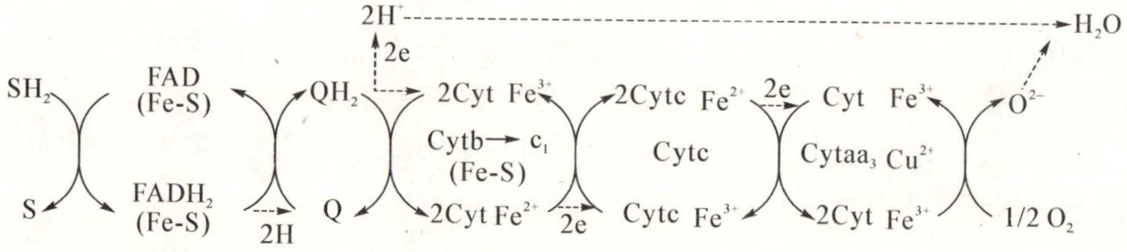

$$
\begin{array}{l}
2H^{+} \dashrightarrow H_2O \\
SH_2 \to S \quad \text{FAD(Fe-S)} \to \text{FADH}_2\text{(Fe-S)} \quad (2H) \quad Q \to QH_2 \ (2e) \quad 2\text{Cyt Fe}^{3+} / 2\text{Cyt Fe}^{2+} \ (\text{Cytb} \to c_1,\ \text{Fe-S}) \quad (2e) \\
2\text{Cytc Fe}^{2+} / \text{Cytc Fe}^{3+} \ (\text{Cytc}) \quad (2e) \quad \text{Cyt Fe}^{3+} / 2\text{Cyt Fe}^{3+} \ (\text{Cytaa}_3\ \text{Cu}^{2+}) \quad O^{2-} / 1/2\ O_2
\end{array}
$$

图 6－2　$FADH_2$ 氧化呼吸链

学与问:呼吸链有哪两种?传递体的顺序是什么?

五、ATP 的生成、储存和利用

(一) 高能化合物

生物氧化过程中释放的能量大约 40%以化学能的形式通过形成磷酸酯储存于一些特殊的化合物中。这些磷酸酯键水解时释放能量较多(大于 21 kJ/mol),称之为高能键,常用"～P"符号表示。含有高能键的化合物称之为高能磷酸化合物。

学与问:什么是高能化合物?

(二) ATP 生成方式

1. 底物水平磷酸化　代谢物在氧化过程中,因脱氢或脱水而引起分子内能量重新分布,产生高能键,然后将高能键转移给 ADP 生成 ATP 的过程称底物水平磷酸化(substrate phosphorylation)。

$$
\begin{array}{l} O \\ \| \\ C-H \\ | \\ HC-OH \\ | \\ CH_2OPO_3H_2 \end{array}
+ H_3PO_4 + NAD^+ \xrightarrow{\text{3-磷酸甘油醛脱氢酶}}
\begin{array}{l} O \\ \| \\ C-O-PO_3H_2 \\ | \\ HC-OH \\ | \\ CH_2OPO_3H_2 \end{array}
+ NADH + H^+
$$

$$
\begin{array}{l} O \\ \| \\ C-O-PO_3H_2 \\ | \\ HC-OH \\ | \\ CH_2OPO_3H_2 \end{array}
+ ADP \xrightarrow{\text{磷酸甘油酸激酶}}
\begin{array}{l} O \\ \| \\ C-OH \\ | \\ HC-OH \\ | \\ CH_2OPO_3H_2 \end{array}
+ ATP
$$

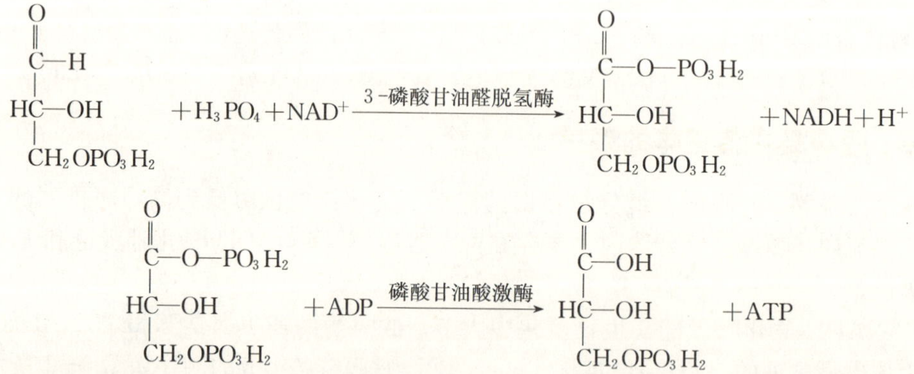

2. 氧化磷酸化

(1) 氧化磷酸化的概念及偶联部位:代谢物脱下的 2H,经呼吸链传递给氧生成水时所释放的能量与 ADP 磷酸化生成 ATP 相偶联的过程称为氧化磷酸化(oxidative phosphorylation)。氧化磷酸化的偶联部位如图 6－3 所示。一对氢经 NADH 氧化呼吸链传递有三个偶联部位,释放的能量可生成 3 分子 ATP,而经 $FADH_2$ 氧化呼吸链只能生成 2 分子 ATP。生物体 95%的 ATP 产生自氧化磷酸化过程。

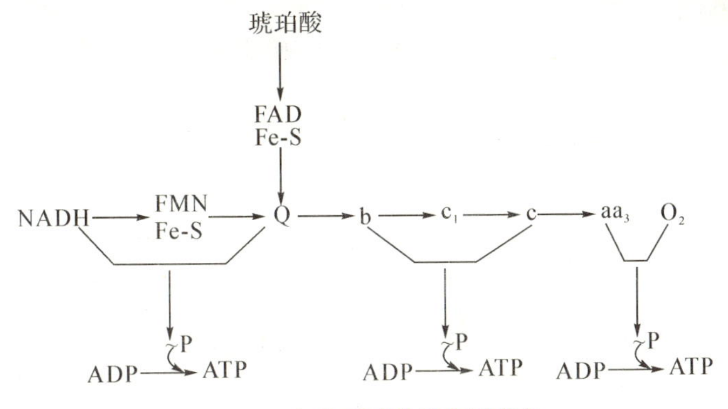

图 6-3 氧化磷酸化的偶联部位

(2) 氧化磷酸化的偶联机制：对氧化磷酸化偶联机制的解释，目前人们普遍接受的是1961年 Peter Mitchell 提出的化学渗透学说。其基本要点是：呼吸链中复合体Ⅰ、Ⅱ、Ⅲ具有质子泵功能，在呼吸链传递电子过程中释放能量，将质子从线粒体内膜的基质侧泵到胞浆侧，由于内膜对质子的不透过特性，造成膜内、外质子电化学梯度（包括 H^+ 浓度梯度和跨膜电位梯度），从而储存呼吸链氧化释出的能量。当质子顺梯度回流时则驱动 ADP 与 Pi 生成 ATP。

(3) 影响氧化磷酸化的因素

1) 抑制剂

①呼吸抑制剂：这类抑制剂抑制呼吸链的电子传递，也就是抑制氧化，氧化是磷酸化的基础，抑制了氧化也就抑制了磷酸化。例如，鱼藤酮、粉蝶霉素 A 及异戊巴比妥等主要与复合体Ⅰ中铁硫蛋白结合，从而阻断电子传递。抗霉素 A、二巯基丙醇抑制复合体Ⅲ中的 Cytb→$Cytc_1$ 的电子传递。CN、CO、NaN_3 和 H_2S 均抑制细胞色素氧化酶，使电子不能传递给氧。这类抑制剂可使细胞内呼吸停止，与此相关的细胞生命活动停止，引起机体迅速死亡。

②磷酸化抑制剂：这类抑制剂抑制 ATP 的合成，抑制了磷酸化也一定会抑制氧化。如寡霉素可与 ATP 合成酶 F_0 和 F_1 之间柄部的寡霉素敏感蛋白结合，阻止质子从 F_0 质子通道回流，从而抑制 ATP 合成。

③解偶联剂：解偶联剂使氧化和磷酸化脱偶联，氧化仍可以进行，而磷酸化不能进行，进而抑制 ATP 生成。使氧化释放出来的能量全部以热的形式散发。动物棕色脂肪组织线粒体中有独特的解偶联蛋白，使氧化磷酸化处于解偶联状态，这对于维持动物的体温十分重要。常用的解偶联剂有 2,4-二硝基苯酚，双香豆素以及过量的阿司匹林使氧化磷酸化部分解偶联，从而使体温升高。

2) 甲状腺素：甲状腺素诱导细胞膜上 Na^+-K^+-ATP 酶的合成，此酶催化 ATP 分解，释放的能量将细胞内的 Na^+ 泵到细胞外，而 K^+ 进入细胞。酶分子数增多，单位时间内分解的 ATP 增多，生成的 ADP 又可促进磷酸化过程，另外，T_3 还可以使解偶联蛋白基因表达增加，因而引起机体耗氧并产热。所以甲亢病人表现为：多食、无力、喜冷怕热，基础代谢率增高。

3) ATP/ADP 比值：线粒体内膜中有腺苷酸转位酶，催化线粒体内 ATP 与线粒体外 ADP 的交换。线粒体内 ATP/ADP 值降低，使氧化磷酸化速度加快，ADP+Pi 接受能量生成 ATP。机体消耗能量少时，线粒体内 ATP/ADP 值增高，线粒体内 ADP 浓度减低就会使氧化磷酸化速度减慢。另外，ATP/ADP 值增高会抑制体内的许多关键酶，如磷酸果糖激酶、丙酮酸激酶和异柠檬酸脱氢酶，还能抑制丙酮酸脱羧酶、α-酮戊二酸脱氢酶系，通过直接反馈作用抑制相关代谢过程。

学与问：什么是底物水平磷酸化和氧化磷酸化？氧化磷酸化的偶联部位有哪几个？影响氧化磷酸化的因素有哪些？

知识链接

新生儿硬肿症

人(尤其是新生儿)、哺乳类等动物中存在含大量线粒体的棕色脂肪组织，该组织线粒体内膜中存在解偶联蛋白，它在内膜上形成质子通道，质子可经此通道返回线粒体基质中，同时释放热能，起到产热御寒的效果。新生儿硬肿症是因为缺乏棕色脂肪组织，不能维持正常体温而使皮下脂肪凝固所致。

（三）高能化合物的储存和利用

ATP 是生物界普遍的供能物质，体内能量代谢的重要反应是 ADP/ATP 转换。ADP 磷酸化生成 ATP 储存能量；ATP 水解生成 ADP，同时释放出能量供生命活动所需（如合成代谢、肌肉收缩、物质的主动运输等）。

体内多数合成反应都以 ATP 为直接能源，但有些反应以 UTP、CTP、GTP 为能量的直接来源，UTP、CTP、GTP 通常是在二磷酸核苷激酶的催化下，分别以 UDP、CDP、GDP 为原料，从 ATP 中获得～P 而生成。

在肌肉和脑组织中，ATP 可在肌酸激酶的作用下，将～P 转移给肌酸(C)生成磷酸肌酸(C～P)，作为肌肉和脑组织能量的一种储存形式。当机体 ATP 消耗过多而致 ADP 增多时，C～P 再将～P 转移给 ADP，生成 ATP，供代谢活动需要。

总之，如图 6-4 所示，生物体内能量的储存和利用都以 ATP 为中心。

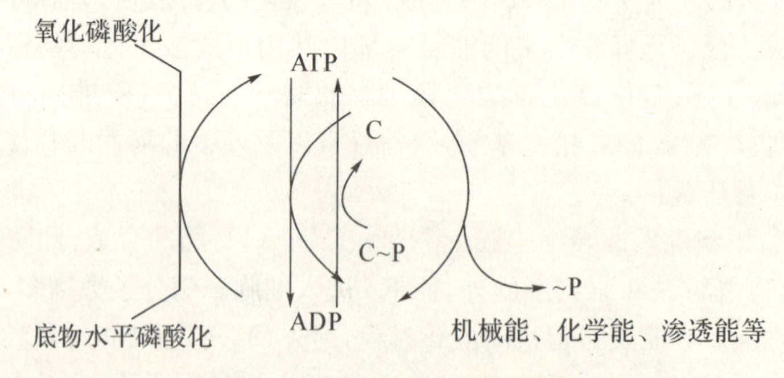

图 6-4　ATP 的生成、储存和利用

学与问：ATP 如何储存和利用？

第三节 二氧化碳的生成

生物氧化的重要产物 CO_2 来源于有机酸的脱羧反应。根据脱羧反应是否伴有脱氢，分为直接脱羧和氧化脱羧两种类型。这两种类型又根据脱去的羧基在有机酸分子中的位置不同，各自再分为α-脱羧和β-脱羧两种形式。

一、直接脱羧

1. α-直接脱羧　如氨基酸脱羧生成胺和二氧化碳：

$$R-\overset{\alpha}{C}HNH_2-COOH \xrightarrow[\text{磷酸吡哆醛}]{\text{氨基酸脱羧酶}} R-CH_2NH_2+CO_2$$

2. β-直接脱羧　如草酰乙酸脱羧生成丙酮酸和二氧化碳：

$$\begin{matrix} \beta & CH_2COOH \\ & | \\ \alpha & COCOOH \end{matrix} \xrightarrow{\text{草酰乙酸脱羧酶}} \begin{matrix} \beta & CH_3 \\ & | \\ \alpha & C=O \\ & | \\ & COOH \end{matrix} + CO_2$$

二、氧化脱羧

1. α-氧化脱羧　如丙酮酸氧化脱羧生成乙酰 C_OA 和二氧化碳：

$$\begin{matrix} & CH_3 \\ & | \\ \alpha & C=O \\ & | \\ & COOH \end{matrix} + CoA-SH \xrightarrow[NAD^+ \rightarrow NADH+H^+]{\text{丙酮酸脱氢酶复合体}} CH_3CO\sim SCoA+CO_2$$

2. β-氧化脱羧　如苹果酸氧化脱羧生成丙酮酸和二氧化碳：

$$\begin{matrix} \beta & CH_2COOH \\ & | \\ \alpha & CH(OH)COOH \end{matrix} \xrightarrow[NADP^+ \rightarrow NADPH+H^+]{\text{苹果酸酶}} \begin{matrix} \beta & CH_3 \\ & | \\ \alpha & C=O \\ & | \\ & COOH \end{matrix} + CO_2$$

学与问：CO_2 的生成方式有哪两种？

第四节 其他氧化体系

一、胞浆中 NADH 的氧化

物质氧化分解产生 NADH，如果反应发生在线粒体内，则可直接通过呼吸链进行氧化磷酸化。如果反应是在线粒体外进行，如 3-磷酸甘油醛脱氢反应，氨基酸联合脱氨基反应等，由于所产生的 NADH 存在于线粒体外，而真核细胞中，NADH 不能自由通过线粒体内膜，必须借助某些能自由通过线粒体内膜的物质才能被转入线粒体。这就是所谓“穿梭机制”。体内主要有两种穿梭机制：

1. α磷酸甘油穿梭　该穿梭作用主要存在于脑及骨骼肌中。胞液中的 NADH 在磷酸甘油脱氢酶催化下，使磷酸二羟丙酮还原成 α-磷酸甘油，后者再通过线粒体外膜，再经位于线粒体内膜侧的磷酸甘油脱氢酶催化下氧化生成磷酸二羟丙酮和 $FADH_2$，磷酸二羟丙酮可再返回线粒体外侧继续下一轮穿梭，而 $FADH_2$ 则进入琥珀酸氧化呼吸链，经泛醌、复合体Ⅲ、Ⅳ传递到氧，生成 2 分子 ATP(图 6-5)。

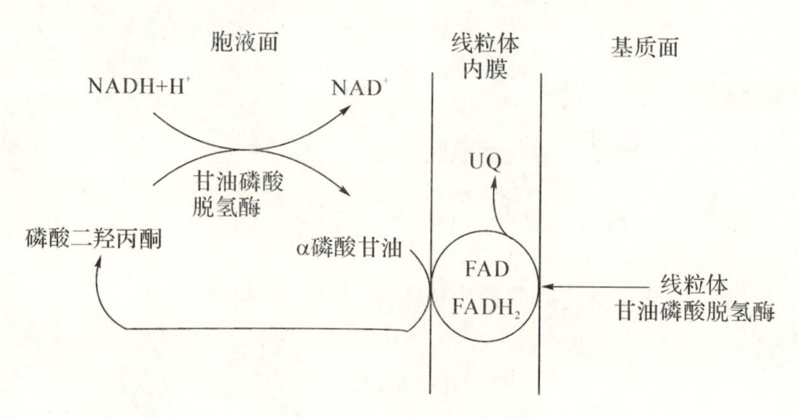

图 6-5　α-磷酸甘油穿梭

2. 苹果酸-天冬氨酸穿梭　这种穿梭机制主要存在于肝、肾和心肌中。其穿梭机制比较复杂，不仅需借助苹果酸、草酸乙酸的氧化还原，而且还要借助 α 酮酸与氨基酸之间的转换，才能使胞液中来的 NADH 的还原当量转移进入线粒体氧化(图 6-6)。

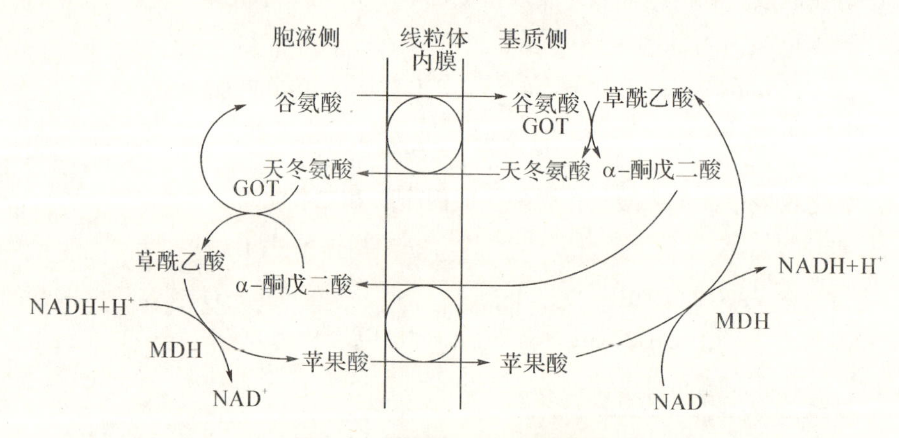

图 6-6　苹果酸-天冬氨酸穿梭

GOT：谷草转氨酸；MDH：苹果酸脱氢酶

当胞液中 NADH 浓度升高时，首先还原草酰乙酸成为苹果酸，此反应由苹果酸脱氢酶催化，胞液中增多的苹果酸可通过内膜上的二羧酸载体系统与线粒体内的 α 酮戊二酸交换；进入线粒体的苹果酸，经苹果酸脱氢酶催化又氧化生成草酰乙酸并释出 NADH，从复合体Ⅰ进入呼吸链经 CoQ、复合体Ⅲ、Ⅳ传递给氧，所以仍可产生 3 分子 ATP，与在线粒体内产生的 NADH 氧化相同。

学与问：NADH 穿梭形式有哪两种？

二、微粒体中的氧化酶类

(一) 加单氧酶

加单氧酶催化一个氧原子加到底物分子上(羟化),另一个氧原子被氢(来自 $NADPH+H^+$)还原成水。故又称混合功能氧化酶或羟化酶。

$$RH+NADPH+H^+ +O_2 \longrightarrow ROH+NADP^+ +H_2O$$

上述反应需要细胞色素 P_{450}($CytP_{450}$)参与。人 $CytP_{450}$ 有 100 多种同工酶,对被羟化的底物各有其特异性。此酶在肝和肾上腺的微粒体中含量最多,参与类固醇激素、胆汁酸及胆色素等的生成,以及药物和毒物的生物转化过程。

(二) 加双氧酶

加双氧酶催化氧分子中的 2 个氧原子加到底物中带双键的 2 个碳原子上。其催化的反应通式为:

$$R+O_2 \longrightarrow RO_2 \text{ 或 } R_1=R_2 \longrightarrow R_1=O+R_2=O$$

三、需氧脱氢酶和氧化酶

体内有些物质脱下的氢可直接以氧作为受氢体,催化这类反应的酶有需氧脱氢酶和氧化酶。

能使氧分子活化的酶称为氧化酶。其辅基常含有铜,产物中有 H_2O。该酶作用于底物而获得电子,同时使质子游离于溶液中,然后将电子传递给氧分子,氧分子接受电子变成氧离子,同溶液中的质子结合成水。这类氧化酶主要有细胞色素氧化酶、抗坏血酸氧化酶等(图 6-7)。

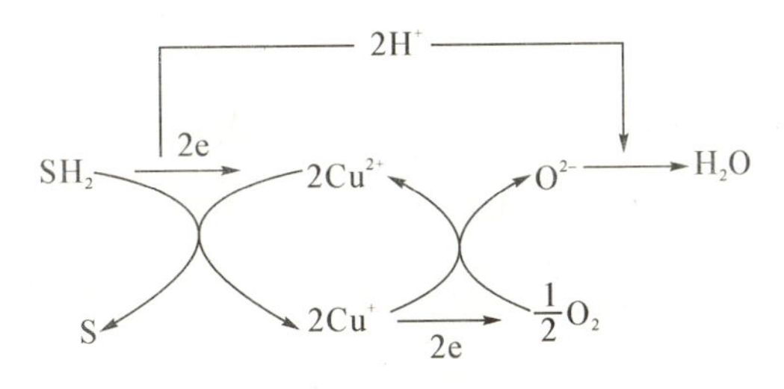

图 6-7 氧化酶的作用方式

(SH_2:底物;S:产物)

需氧脱氢酶类是以 FMN 或 FAD 为辅基的一类黄素蛋白,但反应产物为 H_2O_2 而不是 H_2O,如 L-氨基酸氧化酶、黄嘌呤氧化酶等(图 6-8)。

微粒体氧化体系、过氧化物酶体中的酶类与超氧化物歧化酶主要参与呼吸链以外的氧化过程,与体内代谢产物、药物和毒物的生物转化有关。其特点是不伴有磷酸化,不能生成 ATP。

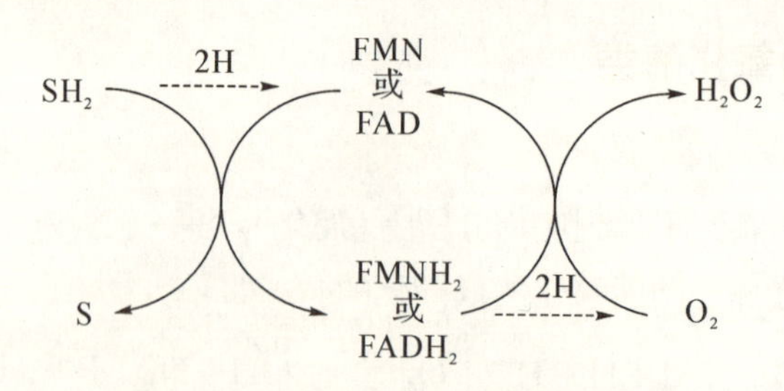

图 6-8　需氧脱氢酶类的作用方式

(SH_2:底物;S:产物)

四、活性氧的代谢

正常生理状态下,机体内 1%～5%的氧可代谢生成活性氧,参与机体正常的物质代谢,有效杀伤细菌。但过量的活性氧可在许多疾病及衰老的发生、发展中发挥重要作用。

活性氧是由氧形成的、性质极为活泼的多种物质的总称,包括氧自由基及其活性衍生物。氧自由基指带有未配对电子的氧原子和含有氧化学基团,主要有超氧阴离子($O_2^{\cdot}$)、羟自由基($HO^{\cdot}$)、烷自由基(脂质自由基,$L^{\cdot}$)、烷氧自由基(脂氧自由基,$LO^{\cdot}$)和烷过氧自由基(脂过氧自由基,$LOO^{\cdot}$)等。氧自由基化学性质活泼,不稳定,具有较强的氧化还原能力,这些氧自由基可继发产生其他具有活泼生物性质的衍生物,如过氧化氢(H_2O_2)、单线态氧($^1O_2$)、脂质过氧化物(LOOH)等。

(一) 活性氧的生成

1. 超氧阴离子($O_2^{\cdot}$)的生成　机体生成超氧阴离子的途径主要是次黄嘌呤-黄嘌呤氧化系统和 NADPH 氧化系统。组织中含有黄嘌呤脱氢酶(D 型)和黄嘌呤氧化酶(O 型)两种形式,正常组织中 90%是黄嘌呤脱氢酶,它可催化次黄嘌呤、黄嘌呤生成尿酸。机体氧供应不足时,由有氧代谢转变为无氧代谢,使得黄嘌呤脱氢酶转化为黄嘌呤氧化酶,该酶催化次黄嘌呤和黄嘌呤,以氧为电子受体,在生成尿酸的同时产生超氧阴离子。

$$\text{次黄嘌呤} + H_2O + 2O_2 \xrightarrow{\text{黄嘌呤氧化酶}} \text{黄嘌呤} + 2H^+ + 2O_2^{\cdot}$$

$$\text{黄嘌呤} + H_2O + 2O_2 \xrightarrow{\text{黄嘌呤氧化酶}} \text{尿酸} + 2H^+ + 2O_2^{\cdot}$$

中性粒细胞在免疫刺激、趋化因子及可吞噬颗粒作用下被激活后,可活化胞浆膜相关的 NADPH 氧化酶,该酶可将胞浆 NADPH 氧化成 $NADP^+$,并使氧经单电子还原生成 $2O_2^{\cdot}$:

$$NADPH + 2O_2 \xrightarrow{\text{NADPH 氧化酶}} NADP^+ + H^+ + 2O_2^{\cdot}$$

某些药物(如氯霉素、阿霉素、博莱霉素等)都是通过 NADPH 氧化酶生成系统产生氧自由基的。

2. 单线态氧($^1O_2$)的生成　氧分子、维生素 B_{12} 和卟啉化合物等在光照或辐射作用下,改变其中一个外层电子的自旋方向,大大地增加了氧的反应性,这种形式成为$^1O_2$。另外,次氯酸与 H_2O_2 作用等也可形成$^1O_2$。

$$H_2O_2 + CLO^- \longrightarrow H_2O + CL^- + {}^1O_2$$

3. 羟自由基($HO^{\cdot}$)的生成　体内 $O_2^{\cdot}$ 产生后,可在氧化酶歧化物(SOD)作用下,生成

H_2O_2 和 O_2：

$$O_2^{\cdot} + 2H^+ \xrightarrow{SOD} H_2O_2 + O_2$$

过量的 H_2O_2 超过机体的清除能力后，即可在铁离子的作用下经 Haber - Weiss 反应产生 $HO^{\cdot}$，也可与 $O_2^{\cdot}$ 反应生成 $HO^{\cdot}$：

$$H_2O_2 + Fe^{2+} + H^+ \longrightarrow H_2O + HO^{\cdot} + Fe^{3+}$$
$$H_2O_2 + O_2^{\cdot} + H^+ \longrightarrow H_2O + HO^{\cdot} + O_2$$

近年研究发现，由巨噬细胞激活释出的氮氧化物(NO)也可与 $O_2^{\cdot}$ 反应生成 $HO^{\cdot}$。NO 在气相和液体中均可迅速与 $O_2^{\cdot}$ 反应生成过氧亚硝酸银($ONOO^-$)，后者可迅速降解为氮过氧化物($NO_2^{\cdot}$)和 $HO^{\cdot}$：

$$NO + O_2^{\cdot} \longrightarrow ONO \xrightarrow{H+} ONOOH \longrightarrow NO_2^{\cdot} + HO^{\cdot}$$

4. H_2O_2 的生成　动物和人体的肝、肾、中性粒细胞和小肠上皮细胞内的过氧化体中含有多种需氧脱氢酶，它们可分别催化 L -氨基酸、D -氨基酸等物质脱氢氧化，产生过氧化氢。如：

$$L\text{-氨基酸} + O_2 + H_2O \xrightarrow{L\text{-氨基酸氧化酶}} \alpha\text{-丙酮酸} + NH_3 + H_2O_2$$

5. 活性氧的爆发放大与脂质过氧化的生成　体内活性氧的生成包括引发和爆发放大两个阶段。引发是指在内外因素作用下使氧分子得到一个电子生成 $O_2^{\cdot}$，进而生成 H_2O_2 及 $HO^{\cdot}$ 的过程。上述各种活性氧的生成方式即属此阶段。爆发放大是指引发产生的自由基与其他物质反应以链式扩增方式形成新的自由基的过程。爆发放大首先由 $HO^{\cdot}$ 与细胞质膜的疏水部分(尤其在双键部位)反应生成烷自由基(脂质自由基，$L^{\cdot}$)、烷过氧自由基(脂过氧自由基，$LOO^{\cdot}$)和脂质过氧化物(LOOH)。此为初级反应，可以链式反应形成不断进行下去。LOOH 一旦形成，即可自发地发生均裂，产生另外的自由基碎片。LOOH 还可在过渡金属离子(如铁离子)催化下发生均裂，再次形成 $LOO^{\cdot}$ 和 $LO^{\cdot}$。它们又可再引起脂质过氧化反应，使反应不断循环进行下去，此为二级反应。

学与问：活性氧生成的形式有哪几种?

(二) 活性氧的作用

活性氧在机体内作为氧的正常代谢产物，具有相当重要的生理功能和病理损伤。

1. 生理、药理作用

(1) 甲状腺组织中，在甲状腺过氧化物酶的催化下过氧化氢可氧化甲状腺球蛋白，促进甲状腺素的生物合成。

(2) 参与加单氧酶系统对某些药物、毒物的解毒转化反应。

(3) 参与花生四烯酸的代谢。花生四烯酸生成前列腺素的酶促反应需要低浓度的脂质过氧化物的存在，只有在一定浓度的脂质过氧化物存在时，环加氧酶才能发挥作用。

(4) 炎症时，吞噬细胞聚集在细菌侵入部位，被细菌及其产物激活后耗氧量急剧增加，所摄取的 O_2 绝大部分经 NADPH 氧化酶作用形成活性氧，这种现象称为“呼吸爆发”。$O_2^{\cdot}$ 和 H_2O_2 是吞噬细胞杀灭微生物的化学基础，它们可氧化细胞膜磷脂分子中高度不饱和脂肪酸，损伤细菌细胞膜，从而造成其死亡。

(5) 疟原虫对氧自由基十分敏感，抗疟药即通过氧自由基的氧化性损伤作用达到杀灭疟原虫的目的。

(6) 抗癌作用：自然杀伤细胞可通过产生活性氧来杀伤肿瘤细胞。阿霉素、博莱霉素等抗癌药物也是通过在肿瘤细胞中产生 $O_2^{\cdot}$、H_2O_2 及 $HO^{\cdot}$ 等活性氧，破坏 DNA 结构杀伤肿瘤细胞。卟啉衍生物类抗癌药物可被某些肿瘤组织吸收，用一定波长的光照射后能在肿瘤组织中激发单线态氧的生成，杀伤肿瘤组织而达到治疗目的。

学与问：活性氧的生理、药理作用有哪些？

2. 病理损伤作用

长期吸入高浓度氧、贫血、缺氧、体内抗氧化能力下降等异常状态均可导致体内活性氧增多，这些未及时清除的活性氧对机体可产生损伤作用，是许多疾病发生的基础。

(1) 损伤细胞：①破坏细胞膜：活性氧增多时，可与不饱和脂肪酸作用，引发脂质过氧化反应，失去其生物学功能。②损伤蛋白质：活性氧可直接与蛋氨酸、组氨酸等氨基酸反应，使其结构方式改变，进而破坏蛋白质的一级结构。③破坏 DNA：活性氧可攻击脱氧核糖嘧啶分子上的糖-磷酸键，引起自由碱基从核苷酸分子上脱落下来。另外，H_2O_2 与细胞内的铁结合，可引起 DNA 单链改变。核酸的分子结构被破坏，一方面使转录异常，形成非正常的 mRNA，产生异种蛋白，引起免疫反应；另一方面，DNA 复制异常会导致或诱发癌变。

(2) 影响花生四烯酸代谢：花生四烯酸(AA)是细胞膜磷脂的重要组分，经磷脂酶 A_2 水解释出后可代谢成前列环素(PGI_2)、血栓素 A_2(TXA_2)、前列腺素(PG)、白三烯(LT)等多种生理活性物质。

(3) 在缺血/再灌注损伤中的作用：遭受一定时间缺血的组织细胞，恢复血流(再灌注)后，组织损伤程度迅速加剧的情况称为缺血/再灌注损伤，又称再灌注性损伤。由此引起的临床疾病称为再灌注综合征、不可逆性休克、心肌梗死、急性脏器功能衰竭等多种危重病都与此有关。再灌注后大量活性氧的生成是广泛组织细胞损伤的主要发病机制。

学与问：活性氧的病理损伤有哪些？

(三) 体内活性氧的清除机制

活性氧在体内虽具有一定生物学功能，但过多的活性氧也会对机体造成极大的损伤。机体为防止活性氧的损伤作用，存在多种方式的清除机制，以便及时、有效地清除过多的活性氧。

1. 机体对 H_2O_2 的清除

(1) 过氧化氢酶：过氧化氢酶又称触酶，其辅基含有 4 个血红素，催化反应如下：

$$2H_2O_2 \longrightarrow 2H_2O + O_2$$

在粒细胞和吞噬细胞中，H_2O_2 可氧化杀死入侵的细菌；甲状腺细胞中产生的可使 $2I^-$ 氧化为 I_2，进而使酪氨酸碘化生成甲状腺激素。

(2) 过氧化物酶：过氧化物酶也以血红素为辅基，它利用 H_2O_2 直接氧化酚类或胺类化合物，反应如下：

$$H_2O_2 + R \longrightarrow 2H_2O + RO \text{ 或 } H_2O_2 + RH_2 \longrightarrow 2H_2O + R$$

(3) 谷胱甘肽过氧化物酶：红细胞等组织细胞还存在含硒的谷胱甘肽过氧化物酶。它可催化还原型谷胱甘肽(G－SH)与 H_2O_2 反应，从而有效地保护细胞膜和血红蛋白免受氧化。

被氧化的谷胱甘肽(G－S－S－G)可在谷胱甘肽还原酶的作用下生成还原型谷胱甘肽。

$$2G-SH+H_2O_2 \xrightarrow{\text{谷胱甘肽过氧化物酶}} G-S-S-G+H_2O$$

$$G-S-S-GH+NADPH+H^+ \xrightarrow{\text{谷胱甘肽还原酶}} 2G-SH+NADP^+$$

2. 超氧化物歧化酶的作用　呼吸链电子传递过程及体内其他物质氧化时都可能产生超氧阴离子($O_2^{\cdot}$)(占耗 O_2 的 1%～4%)，体内其他物质氧化时也可产生 $O_2^{\cdot}$。$O_2^{\cdot}$ 可进一步被超氧化酶歧化酶(SOD)作用生成 H_2O_2 和 O_2：

$$2O_2^{\cdot}+2H^+ \xrightarrow{SOD} H_2O_2+O_2$$

在真核细胞液中，SOD 是以 Cu^{2+}、Zn^{2+} 为辅基，称为 CuZn－SOD；线粒体内以 Mn^{2+} 为辅基，称为 Mn－SOD。SOD 是人体防御各种超氧离子损伤的重要酶，对 $O_2^{\cdot}$ 的清除有助于防止其他活性氧的生成。

3. 维生素 C 和维生素 E 的作用　维生素 C 和维生素 E 分子内部都含有活性羟基，可将其活泼的氢原子给予活性氧，使后者为稳定分子。维生素 C 不仅可直接清除活性氧，还可使 α－生育醌恢复为维生素 E 原型，继续发挥其抗氧化活性。故只有足够量的维生素 C 就可以使低浓度的维生素 E 发挥持续的作用。

4. 辅酶 Q 的作用　辅酶 Q 作为线粒体呼吸链中的递氢体，是一种良好的抗氧化剂和膜稳定剂。它在体内具有清除脂质过氧化的自由基、防止缺血期线粒体损伤及维持心肌钙离子通道完整等多种作用。

此外，β－胡萝卜素、血浆铜蓝蛋白和不饱和脂肪酸等在体内也以不同的作用方式直接或间接地参与了活性氧的清除。

学与问：活性氧的清除机制有哪些？

(四) 活性氧增加的病理机制及预防措施

由于体内存在多种方式的活性氧清除机制，故正常生理条件下体内活性氧不会多至严重危害机体健康的程度。但某些情况下，体内活性氧的生成会急剧增加，对机体造成危害。

1. 活性氧增加的诱因

(1) 缺氧或利用障碍：各种因素引起的机体氧供应不足，都可导致有氧代谢向无氧代谢的转变，ATP 生成减少，降解增加，次黄嘌呤－黄嘌呤氧化酶系统被激活，活性氧生成增多。而且，由于缺氧使 ATP 减少，Ca^{2+} 进入线粒体增多，线粒体功能受损，细胞色素氧化酶系统紊乱，破坏呼吸链的完整性，以致进入线粒体的氧经单价还原生成的活性氧增多。

(2) 长期吸入高浓度氧：生理状态下，线粒体呼吸链中小于 5%的氧通过单价还原，生成的活性氧可被机体内氧化系统清除。当长期吸入高浓度氧时，则有更多的氧分子进入线粒体，产生的活性氧总量增多，超过自身的清除能力。

(3) 缺血及再灌注：缺血、缺氧后，细胞膜结合钙增加。若此时恢复血流(再灌注)，可引起细胞内 Ca^{2+} 超载。细胞内 Ca^{2+} 超载可使线粒体能量转换发生障碍，氧在线粒体中循单价还原途径生成活性氧。细胞内超载的 Ca^{2+} 还可激活次黄嘌呤－黄嘌呤氧化酶系统，生成大量活性氧。细胞内 Ca^{2+} 超载也可使花生四烯酸正常代谢紊乱，生成更多的活性氧。

2. 预防措施

(1) 避免不正确地吸入高浓度活性氧：机体缺氧时，提高吸入气体中的氧分压，纠正缺氧状态称氧疗。它可改善或缓解缺氧而导致的病情。但不合理的氧疗不但不能获得预期的疗效，反而会使体内活性氧剧增，造成氧中毒。氧疗在临床上应用相当广泛，氧疗护理是临床护理的重要内容。输氧过程中，应注意氧疗护理，采取必要的预防氧中毒的保护措施。一般在吸氧浓度高于50%时，应给予病人服用高于正常2～4倍量的维生素C和维生素E等抗氧化剂；也可采用间歇吸氧的方法，增强机体对氧的耐受性。如发现氧中毒征兆（如胸骨下窘迫感、咳嗽、嗜睡、恶心、呕吐、惊厥、呼吸困难进一步加重等），应及时将氧浓度降至21%，或立即停止吸氧，同时应使用拮抗和清除活性氧的药物。

(2) 临床危重病救治时，应尽量缩短缺血时间和减少氧耗量：临床救治应力争在最短时间内重建血灌流；若缺血时间较长，已达可产生再灌注损伤时，则应放弃重建血灌注，或不以其为重点而采用药物防治。此外，适当采用局部或全身降温措施，可降低氧耗量，减少活性氧生成，保护组织细胞。

(3) 使用活性氧生成抑制剂：腺苷脱氨酶抑制剂可阻断腺苷的降解，从而使生成O的底物次黄嘌呤减少，抑制O的生成；别嘌醇（别嘌呤醇）和羟吡唑嘧啶等是次黄嘌呤氧化酶的竞争抑制剂，可减少O的生成量；Fe^{2+}是$HO^{\cdot}$生成反应必不可少的催化剂，去铁胺可螯合Fe^{2+}，降低Fe^{2+}浓度，减少的生成。此外，Na^{+}-Ca^{2+}交换抑制剂可减轻或抑制细胞内Ca^{2+}超载，减少活性氧的生成。

(4) 加速活性氧清除：①增强清除活性氧的酶类的活性，如超氧化物歧化酶（SOD）、过氧化氢酶等。②应用维生素C、维生素E、β-胡萝卜素、谷胱甘肽和不饱和脂肪酸等抗氧化剂。近年研究发现，松树皮、葡萄皮和籽等植物中富含的原青花素和白藜芦醇的抗氧化作用更强，尤其白藜芦醇是目前发现的活性最强的天然抗氧化物质，具有良好的临床应用前景。③二甲基亚砜（DMSO）、甘露醇、氯丙嗪及半光氨酸等也具有清除$HO^{\cdot}$的作用，可与其他药物联合用于清除活性氧。

学与问：活性氧增加的病理机制及预防措施有哪些？

知识点归纳

有机物质在生物体内的氧化分解称为生物氧化。在机体内进行的生物氧化与体外的氧化反应有很大的区别，有其自身的特点。生物氧化分为线粒体氧化体系和线粒体外的氧化体系。生物氧化的脱羧方式包括直接脱羧和氧化脱羧。

线粒体氧化体系是人体产能的重要体系，包括NADH氧化呼吸链和$FADH_2$氧化呼吸链。呼吸链由NAD^{+}、黄素蛋白、铁硫蛋白、泛醌和细胞色素体系等5类递氢体或递电子体按照一定的顺序排列在线粒体内膜而构成，这些成分与特定的蛋白质结合形成四种具有酶活性的复合体，催化呼吸链的进行。底物水平磷酸化可产生ATP，但氧化磷酸化才是体内ATP生成的主要方式，代谢物上脱下的2个氢进入NADH呼吸链通过氧化磷酸化的偶联可产生3个ATP，进入$FADH_2$呼吸链则可产生2个ATP。氧化磷酸化的速率受ADP浓度的调节，还可被多种抑制剂抑制。ATP是高能化合物，是生物界普遍的供能物质，也是生物体内能量的储存和利用的核心物质。CO_2的生成方式。其他氧化体系，线粒体外NADH进入线粒体的形式。活性氧的概念，产生形式，生理、病理作用以及清除机制。

一、名词解释

生物氧化 高能化合物 呼吸链 底物水平磷酸化 氧化磷酸化 活性氧

二、填空题

1. 生物氧化的特点________、________、________、________、________。
2. 呼吸链组成________、________、________、________、________。
3. 人体呼出的二氧化碳由________产生，包括________和________两种。
4. 线粒体外 NADH 进入线粒体的穿梭路径有________、________。
5. 活性氧的种类________、________、________、________、________。

三、选择题

A 型题

1. 肌肉和脑组织能量储存形式是 （ ）

A. ATP　B. CTP
C. GTP　D. C～P
E. UTP

2. 以下哪种不是 $FADH_2$ 氧化呼吸链的递氢递电子物质 （ ）

A. NADH　B. CoQ
C. Cyt　D. FAD
E. Fe－S

3. 下列不属于高能化合物的是 （ ）

A. 磷酸肌酸　B. 乙酰辅酶 A
C. 一磷酸腺苷　D. 磷酸烯醇式丙酮酸
E. 乙酰磷酸

4. 被称为细胞色素氧化酶的是 （ ）

A. Cytb　B. Cytc
C. Cyt c_1　D. $Cytaa_3$
E. Fe－S

B 型题

第 5～8 题题干：

A. NAD^+　B. 泛醌
C. FAD　D. FMN
E. Cyt

5. 给生物氧化中大多数脱氢酶充当辅酶的是 （ ）
6. 只能传递电子不能传递氢的是 （ ）
7. 分子中含有铁的是 （ ）
8. 琥珀酸脱氢酶的辅基是 （ ）

X 型题

9. 氧化磷酸化偶联部位有 （ ）

A. NADH→CoQ　B. CoQ→CytC
C. Cytb→CytC　D. $Cytaa_3 \rightarrow O_2$
E. Cytb→$CytC_1$

10. 关于呼吸链的正确叙述是　（　）

A. 其递氢递电子过程由一系列酶促反应组成

B. 呼吸链组成成分具有特定的排列顺序

C. 其递氢递电子过程又是释放能量的过程

D. 存在于线粒体中

E. 在所有细胞内存在

四、简答题

1. 为什么说“生物体内能量的储存和利用都以 ATP 为中心”?

2. 影响氧化磷酸化因素有哪些?

3. 活性氧的主要生理、药理作用有哪些?

选择题答案:1. D　2. A　3. C　4. D　5. A　6. E　7. E　8. C　9. ACD　10. ABCD

(杜　江)

第七章　糖代谢

学　习　目　标

掌握糖酵解、有氧氧化、磷酸戊糖途径、糖异生的概念及生理意义，血糖的正常参考范围，血糖的来源和去路，血糖浓度的调节。

课　前　准　备

预习全章内容，初步理解糖的代谢途径及其之间的关系，血糖来源与去路，血糖浓度调节机制。

第一节　概　述

糖的化学本质是多羟基醛或多羟基酮及其衍生物或多聚物。糖是自然界含量最丰富的物质之一，广泛分布在几乎所有生物体内。糖也是人体所需的营养素之一。人体内含量最多的糖是葡萄糖，因此本章重点介绍葡萄糖(glucose，G)的代谢。

一、糖的生理功能

1. 氧化供能　糖的主要生理功能是提供能量。1 mol 葡萄糖在体内完全氧化分解为 CO_2 和 H_2O 可释放 2 840 kJ 的能量。正常情况下，人体所需能量的 50%～70%来自于糖的氧化分解。

2. 提供碳源　糖代谢的中间产物可为体内其他含碳化合物的合成提供碳源。如脂肪酸、氨基酸、核苷等。

3. 构成组织细胞的成分　糖与脂类、蛋白质结合形成的糖复合物—糖脂、糖蛋白、蛋白多糖等参与神经组织、结缔组织和生物膜的构成；核糖和脱氧核糖是核酸的基本成分。

4. 参与重要的生理活动　体内一些有特殊生理功能的糖蛋白，如抗体、激素、酶、血型物质等，参与细胞的免疫、细胞间的信息传递、血液凝固等过程。

学与问：糖有哪些生理功能？

二、糖的消化与吸收

食物中的糖主要是淀粉，还有少量的蔗糖、麦芽糖、乳糖等双糖。它们在消化道内水解酶的作用下水解成单糖后被小肠黏膜吸收，通过血液循环供全身各组织利用。

（一）糖的消化

淀粉首先在口腔消化，唾液中含有唾液淀粉酶，可催化淀粉水解淀粉的α-1,4糖苷键生成麦芽糖和糊精。食糜进入胃后与胃酸混合，唾液α-淀粉酶变性失活，因此淀粉在胃内不能消化。小肠是糖消化的主要场所，食糜进入小肠后所含胃酸被胆汁和胰液中和。肠液中含有胰腺分泌的活性很强的α-淀粉酶，可将淀粉和糊精水解成麦芽糖、麦芽糊精、α-糊精。此外小肠黏膜细胞刷状缘上含有麦芽糖酶和α-糊精酶，可将麦芽糖、麦芽糊精、α-糊精经一步水解成葡萄糖。另外小肠黏膜细胞刷状缘上还有蔗糖酶、乳糖酶，分别水解蔗糖和乳糖。

（二）糖的吸收

食物中的多糖水解成单糖后被小肠上段黏膜细胞吸收进入小肠壁毛细血管，经门静脉转运到肝脏，再经肝静脉流入心脏，经血液循环转运到全身各组织被利用。

三、糖在体内的代谢概况

糖在体内的代谢概况如图7-1所示。

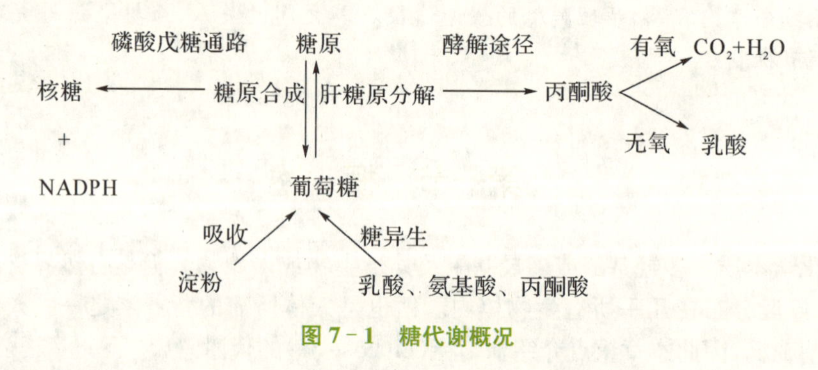

图7-1 糖代谢概况

第二节 糖的分解代谢

糖分解代谢主要有三条途径：①无氧氧化，终产物为乳酸及少量ATP；②有氧氧化，终产物为CO_2、H_2O和大量ATP；③磷酸戊糖途径，生成5-磷酸核糖及NADPH等中间产物。

一、糖的无氧氧化（糖酵解）

（一）概念

葡萄糖或糖原在无氧或缺氧的情况下，分解为乳酸并生成少量ATP的过程称糖的无氧氧化。此反应过程与酵母菌生醇发酵过程基本相似，因此又称为糖酵解。

（二）反应过程

糖无氧氧化整个反应在细胞液中连续进行，为了研究方便人为地将其划分为两个阶段：

第一阶段葡萄糖(糖原)分解为丙酮酸的过程,又称酵解过程;第二阶段丙酮酸还原为乳酸。

1. 第一阶段　根据反应特点的不同将此反应阶段分为两部分:①葡萄糖→磷酸丙糖;②磷酸丙糖→丙酮酸。

(1) 葡萄糖→磷酸丙糖

1) 葡萄糖磷酸化成为6-磷酸葡萄糖(glucose-6-phosphate,G-6-P):葡萄糖进入细胞后首先发生磷酸化磷酸化后葡萄糖不能自由通过细胞膜而逸出细胞。在己糖激酶催化下,葡萄糖磷酸化生成6-磷酸葡萄糖。此步为不可逆反应,因此己糖激酶是酵解途径的第一个关键酶。

$$\text{葡萄糖} \xrightarrow[\text{ATP} \curvearrowright \text{ADP},\ Mg^{2+}]{\text{己糖激酶}} \text{6-磷酸葡萄糖}$$

若从糖原开始,在磷酸化酶的催化下,糖原非还原端的葡萄糖残基进行磷酸化生成1-磷酸葡萄糖,然后在磷酸葡萄糖变位酶的催化下生成6-磷酸葡萄糖。

2) 6-磷酸葡萄糖转变为6-磷酸果糖(fructose-6-phosphate,F-6-P):由磷酸己糖异构酶催化的可逆反应。

$$\text{6-磷酸葡萄糖} \underset{}{\overset{\text{磷酸己糖异构酶}}{\rightleftharpoons}} \text{6-磷酸果糖}$$

3) 6-磷酸果糖磷酸化生成1,6-二磷酸果糖(1,6-fructose-bisphosphate,F-1,6-BP):这是第二个磷酸化反应,需要ATP和Mg^{2+},由磷酸果糖激酶-1催化的不可逆反应。磷酸果糖激酶-1是酵解途径的第二个关键酶。

$$\text{6-磷酸果糖} \xrightarrow[\text{ATP} \curvearrowright \text{ADP},\ Mg^{2+}]{\text{磷酸果糖激酶-1}} \text{1, 6-二磷酸果糖}$$

4) 1,6-二磷酸果糖裂解成两分子磷酸丙糖:此反应是醛缩酶催化的可逆反应,生成2分子丙糖,即磷酸二羟丙酮和3-磷酸甘油醛。磷酸二羟丙酮和3-磷酸甘油醛二者是同分异构体,可在磷酸丙糖异构酶的催化下互相转变。

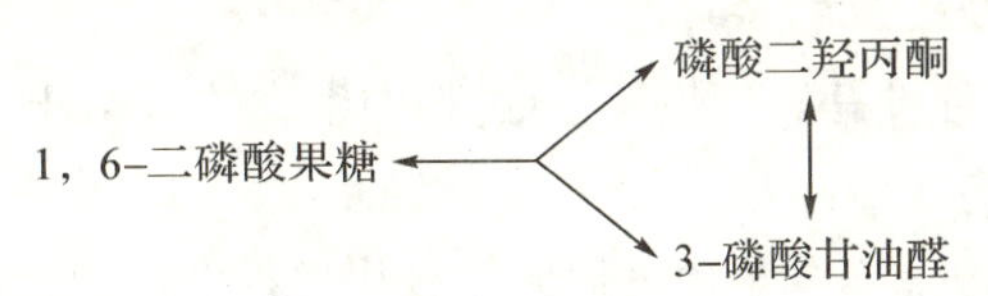

(2) 磷酸丙糖→丙酮酸:此阶段是无氧氧化途径中的产能阶段,共生成4分子ATP。

1) 3-磷酸甘油醛氧化:在3-磷酸甘油醛脱氢酶的催化下,3-磷酸甘油醛脱氢氧化再磷酸化,生成一种高能磷酸化合物1,3-二磷酸甘油酸。反应脱下的2H由脱氢酶的辅酶NAD^+接受,生成$NADH+H^+$。

$$\text{3-磷酸甘油醛} \underset{\text{3-磷酸甘油醛脱氢酶}}{\overset{NAD^+ \curvearrowright NADH+H^+,\ Pi}{\rightleftharpoons}} \text{1, 3-二磷酸甘油酸}$$

2）3 -磷酸甘油酸的生成：在磷酸甘油酸激酶的催化下，1，3 -二磷酸甘油酸将分子中的高能磷酸基团转移给 ADP，自身转变成 3 -磷酸甘油酸，ADP 获得能量转变成 ATP。1，3 -二磷酸甘油酸这种含有高能键的物质其高能磷酸键断裂后释放高能磷酸基团，使 ADP 磷酸化成 ATP 的过程称为底物水平磷酸化。

$$1,3\text{-二磷酸甘油酸} \underset{}{\overset{ADP \to ATP\ \text{磷酸甘油酸激酶}}{\rightleftharpoons}} 3\text{-磷酸甘油酸}$$

3）2 -磷酸甘油酸的生成：反应由磷酸甘油酸变位酶催化。

$$3\text{-磷酸甘油酸} \overset{\text{磷酸甘油酸变位酶}}{\rightleftharpoons} 2\text{-磷酸甘油酸}$$

4）2 -磷酸甘油酸烯醇化酶的催化下发生脱水，分子内部能量重新分配，形成含有高能磷酸键的磷酸烯醇式丙酮酸。

$$2\text{-磷酸甘油酸} \overset{\text{烯醇化酶}\ \nearrow H_2O}{\rightleftharpoons} \text{磷酸烯醇式丙酮酸}$$

5）丙酮酸的生成：磷酸烯醇式丙酮酸通过底物水平磷酸化生成丙酮酸。丙酮酸激酶是酵解途径中的第三个关键酶。

$$\text{磷酸烯醇式丙酮酸} \xrightarrow[\text{丙酮酸激酶}]{ADP \to ATP} \text{烯醇式丙酮酸} \longrightarrow \text{丙酮酸}$$

2. 丙酮酸在无氧或缺氧的情况下被还原为乳酸　在无氧或缺氧情况下，乳酸脱氢酶催化丙酮酸接受 $NADH+H^+$ 提供的氢还原为乳酸。使 NADH 再生为 NAD^+，保证糖酵解的继续进行。

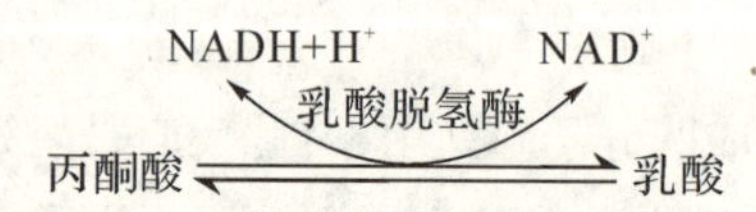

糖酵解反应全过程如图 7 - 2 所示。

（三）无氧氧化的反应特点

1. 糖无氧氧化全过程没有氧参与，反应过程中生成的 $NADH+H^+$ 只能将 2H 交给丙酮酸，使之转变成乳酸。

2. 无氧氧化产能较少。1 分子葡萄糖无氧氧化过程中经两次底物水平磷酸化生成 4 分子 ATP，消耗 2 分子 ATP，可净生成 2 分子 ATP；糖原中经糖酵解可净生成 3 分子 ATP。

3. 糖酵解反应全过程中有三步不可逆反应，催化这三步反应的已糖激酶（葡萄糖激酶）、磷酸果糖激酶- 1、丙酮酸激酶是糖酵解过程中的关键酶，其活性大小对糖的分解代谢速度起着决定性的作用。

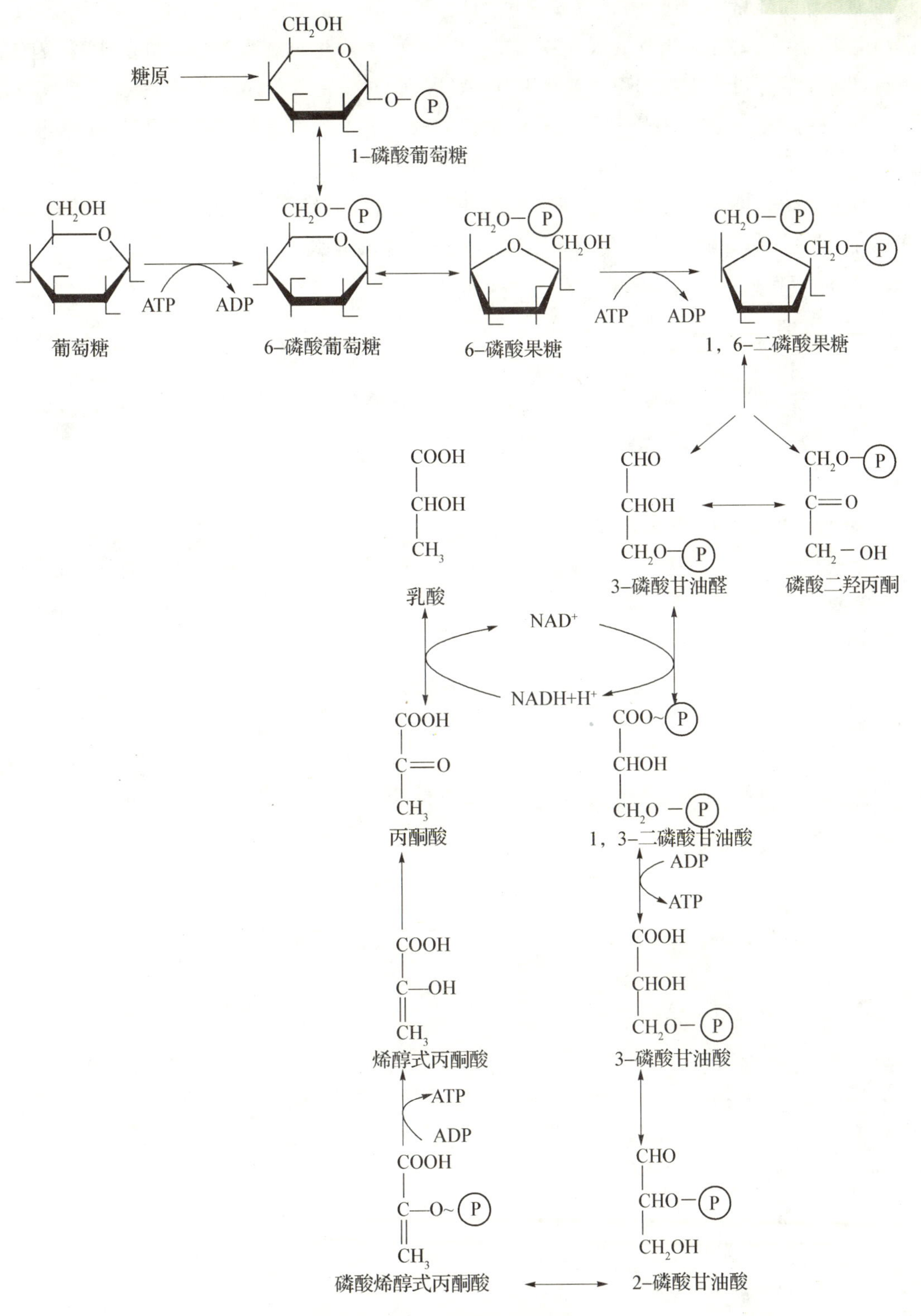

图 7-2 糖酵解反应过程

（四）糖无氧氧化的生理意义

1. 糖酵解产生的能量虽然不多，却是机体在缺氧情况下获得能量的主要方式。例如机体剧烈运动时能量需求增加，糖分解速度加快，肌肉处于相对缺氧状态，必须通过无氧氧化提供急需的能量。如果因为缺氧导致无氧氧化过度，可产生过量乳酸造成乳酸中毒，因此在临床护理及治疗过程中在纠正患者酸中毒外，还应针对病因改善缺氧状况。

2. 糖酵解是成熟红细胞获得能量的主要方式。成熟的红细胞没有线粒体，不能通过其他方式获取能量。

3. 糖酵解是某些组织细胞获得能量的主要方式。如肾髓质、皮肤、白细胞、视网膜等组织代谢非常活跃，即使氧供应充足，也主要靠糖酵解获得能量。

学与问：什么是糖的无氧氧化？其生理意义何在？

二、糖的有氧氧化

葡萄糖或糖原在有氧的条件下彻底氧化成 CO_2 和 H_2O 并释放大量能量的过程，称为糖的有氧氧化。有氧氧化是糖氧化分解的主要方式，生物体内大多数组织细胞通过有氧氧化获得能量。

（一）有氧氧化的反应过程

糖的有氧氧化可分为三个阶段：第一阶段葡萄糖或糖原在细胞液中生成丙酮酸；第二阶段丙酮酸进入线粒体，氧化脱羧生成乙酰 CoA；第三阶段乙酰 CoA 经在线粒体内三羧酸循环生成 CO_2 和 H_2O。

1. 丙酮酸的生成　此阶段反应过程与糖无氧氧化第一阶段相同，所不同的是 3 -磷酸甘油醛脱去的 2H 去向不同，有氧情况下 2H 经呼吸链传递给氧生成水的同时生成 ATP。

2. 丙酮酸氧化脱羧生成乙酰 CoA　细胞液中生成的丙酮酸经线粒体内膜上特异载体转运到线粒体后，经丙酮酸脱氢酶复合体催化氧化脱羧并与辅酶 A 结合生成乙酰 CoA。此步反应为不可逆，总反应如下：

$$\text{丙酮酸} + \text{辅酶A} \xrightarrow[\text{NAD}^+ \;\curvearrowright\; \text{NADH+H}^+]{\text{丙酮酸脱氢酶复合体}} \text{乙酰辅酶A} + CO_2$$

丙酮酸脱氢酶复合体是一种多酶复合体，它由丙酮酸脱氢酶、二氢硫辛酸乙酰基转移酶、二氢硫辛酸脱氢酶三种酶组成；辅酶包括 TPP、FAD、NAD^+、HSCoA、硫辛酸，分别含有维生素 B_1、维生素 B_2、PP、泛酸、硫辛酸等 5 种维生素，当以上某种维生素缺乏时，可导致糖代谢障碍。如维生素 B_1 缺乏，TPP 生成量减少，则丙酮酸氧化脱羧受阻，丙酮酸及乳酸堆积组织中可诱发多发性末梢神经炎，导致“脚气病”。

3. 三羧酸循环(tricarboxylic acid cyele，TAC)　在线粒体中，乙酰 CoA 和草酰乙酸缩合生成含有三个羧基的柠檬酸，再经过脱氢、脱羧等一系列反应生成草酰乙酸的过程。

(1) 三羧酸循环的过程

1) 柠檬酸的生成：此步反应是三羧酸循环的第一个关键反应之一，是柠檬酸合成酶的催化下进行的不可逆反应。

乙酰辅酶A + 草酰乙酸 —柠檬酸合酶→ 柠檬酸（H_2O → 辅酶A）

2）异柠檬酸的生成：在顺乌头酸酶的催化下，通过脱水与加水反应生成异柠檬酸。

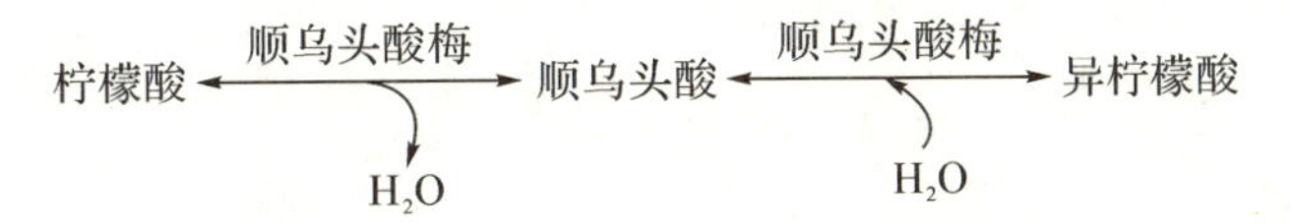

3）α-酮戊二酸的生成：在第二个关键酶异柠檬酸脱氢酶的催化下，异柠檬酸脱氢、脱羧生成α-酮戊二酸，脱下的氢由 NAD^+ 传递经呼吸链氧化成水。这步反应是 TAC 中第一次生成 CO_2。

异柠檬酸 —异柠檬酸脱氢酶→ α-酮戊二酸（NAD^+ → $NADH+H^+$；CO_2）

4）琥珀酰辅酶 A 的生成：在第三个关键酶 α-酮戊二酸脱氢酶复合体的催化下，α-酮戊二酸发生脱氢、脱羧反应生成琥珀酰 CoA。这是 TAC 中第二次生成 CO_2。

α-酮戊二酸 + HSCoA —α-酮戊二酸脱氢酶复合体→ 琥珀酰辅酶A（NAD → $NADH+H^+$；CO_2）

5）琥珀酸的生成：琥珀酰 CoA 的高能硫酯键水解，能量转移给 GDP 生成 GTP，生成 GTP 和琥珀酸。这是三羧酸循环过程中唯一的底物水平磷酸化反应。

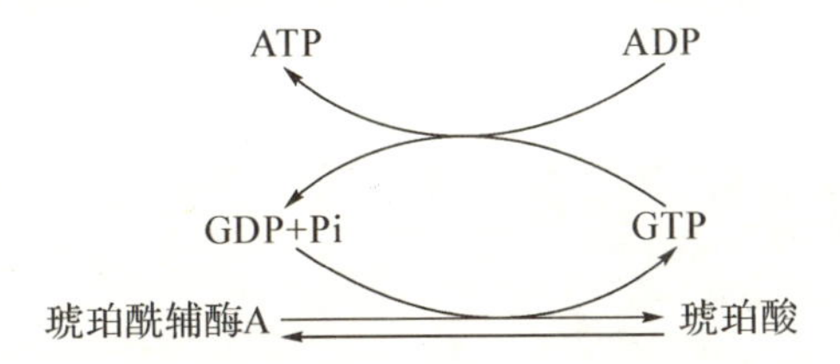

6）延胡索酸的生成：在琥珀酸脱氢酶催化下，琥珀酸脱氢氧化为延胡索酸，脱下的氢被 FAD 传递经呼吸链氧化成水。

7）苹果酸的生成：延胡索酸在延胡索酸酶催化下加水生成苹果酸。

延胡索酸 ⇌ 苹果酸（延胡索酸酶；H_2O）

8）草酸乙酸的再生：次反应由苹果酸脱氢酶催化，苹果酸脱氢氧化为草酰乙酸，脱下的

氢由 NAD^+ 传递经呼吸链氧化成水。

苹果酸 ⇌（苹果酸脱氢酶；NAD^+ → $NADH+H^+$）草酰乙酸

三羧酸循环的全过程如图 7-3 所示。

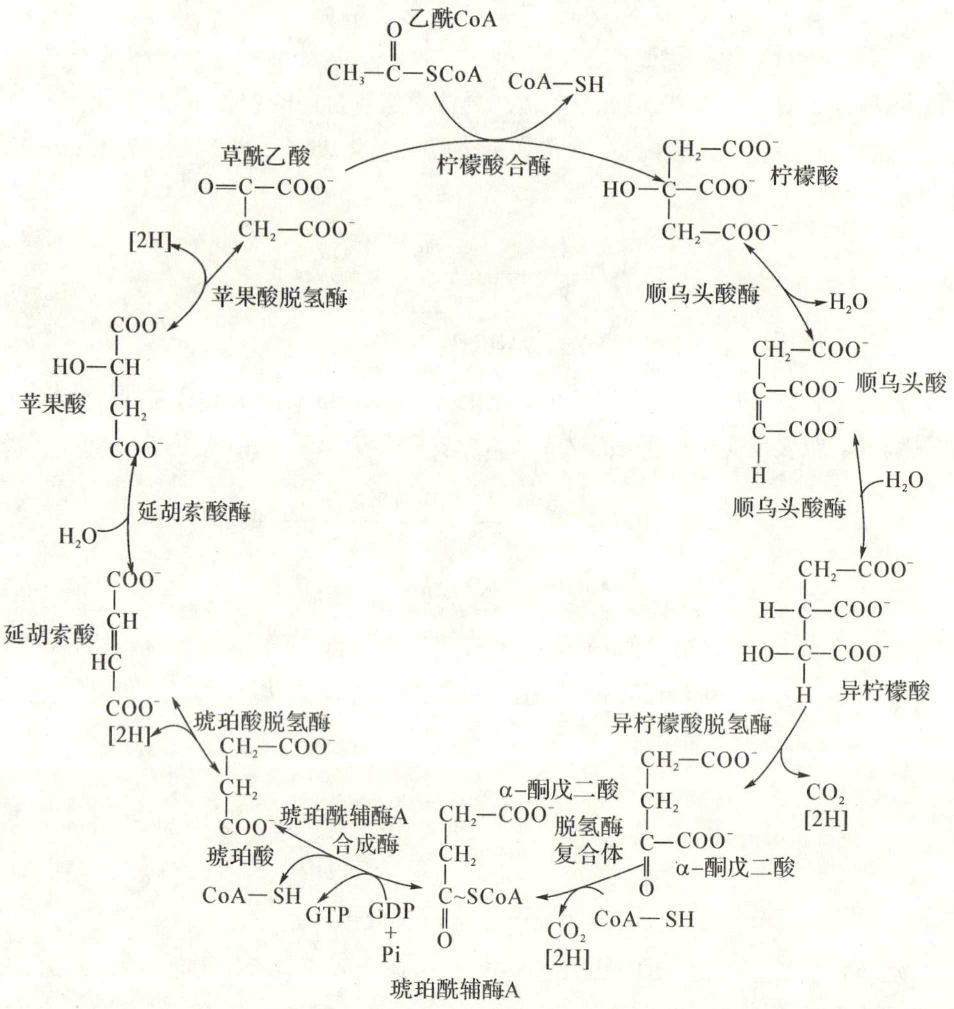

图 7-3　三羧酸循环过程

(2) 三羧酸循环的特点：①三羧酸循环在线粒体中进行。②循环每发生一次，氧化 1 分子乙酰 CoA。③两次脱羧生成 2 分子 CO_2；四次脱氢生成 3 分子 $NADH+H^+$ 和 1 分子 $FADH_2$。④产生 10 分子 ATP。反应过程中脱下的氢通过呼吸链传递给氧生成水并产生 ATP。$NADH+H^+$ 携带的一对氢进入 NADH 氧化呼吸链生成 2.5 分子 ATP，$FADH_2$ 携带的一对氢进入琥珀酸氧化呼吸链生成 1.5 分子 ATP，底物水平磷酸化产生 1 分子 GTP，共 10 分子 ATP。⑤3 个关键酶。柠檬酸合成酶、异柠檬酸脱氢酶、α-酮戊二酸脱氢酶复合体催化的反应不可逆，是三羧酸循环的关键酶。

(3) 三羧酸循环的生理意义

1) 三羧酸循环是三大营养物质糖、脂肪与蛋白质彻底氧化分解的共同通路：糖、脂肪、氨基酸在体内氧化分解均可产生乙酰 CoA，然后经三羧酸循环彻底氧化成 CO_2 和 H_2O 并释放能量。

2) 三羧酸循环是体内物质代谢互相联系的枢纽。

3) 氧化功能：TAC 是机体能量的主要来源。

(二) 有氧氧化的生理意义

糖的有氧氧化是机体获得能量的主要方式。1 分子葡萄糖经有氧氧化可净生成 30 或 32 分子 ATP，是糖酵解产能的 15 倍或 16 倍(表 7 - 1)。

表 7 - 1 葡萄糖有氧氧化时 ATP 的生成

反应阶段	反应	递氢体	ATP 数
第一阶段	葡萄糖→6 -磷酸葡萄糖		−1
	6 -磷酸果糖→1,6 -二磷酸果糖		−1
	3 -磷酸甘油醛×2→1,3 -二磷酸甘油酸×2	$NADH+H^+$	2.5×2 或 1.5×2*
	1,3 -二磷酸甘油酸×2→3 -磷酸甘油酸×2		1×2
	磷酸烯醇式丙酮酸×2→丙酮酸×2		1×2
第二阶段	丙酮酸×2→乙酰 CoA×2	$NADH+H^+$	2.5×2
第三阶段	异柠檬酸×2→α -酮戊二酸×2	$NADH+H^+$	2.5×2
	α -酮戊二酸×2→琥珀酰 CoA×2	$NADH+H^+$	2.5×2
	琥珀酰 CoA×2→琥珀酸×2		1×2
	琥珀酸×2→延胡索酸×2	$FADH_2$	1.5×2
	苹果酸×2→草酰乙酸×2	$NADH+H^+$	2.5×2
合计			32(或 30)ATP

* 糖酵解途径中产生的 $NADH+H^+$ 进入线粒体方式，不同产生的 ATP 数不同。若经苹果酸-天冬氨酸穿梭作用产生 2.5 分子 ATP，经 α -磷酸甘油穿梭作用则产生 1.5 分子 ATP(见生物氧化)。

学与问：什么是有氧氧化？其生理意义何在？TAC 有哪些特点？

三、磷酸戊糖途径

磷酸戊糖途径是糖氧化分解的另一条重要途径。该途径主要目的是生成具有重要生理作用的 5 -磷酸核糖和 NADPH，而不是产生 ATP。体内一些代谢比较旺盛的肝脏、脂肪组织、性腺、肾上腺皮质、红细胞、泌乳期乳腺等组织中该途径较为旺盛。

(一) 磷酸戊糖途径的反应过程

在细胞液中，磷酸戊糖途径可人为分成两个阶段：第一阶段 6 -磷酸葡萄糖氧化为磷酸戊糖、NADPH 及 CO_2；第二个阶段为一系列的基团转移反应。

1. 磷酸戊糖的生成　通过一系列的反应，6 -磷酸葡萄糖生成 5 -磷酸核酮糖，同时生成 1 分子 CO_2 和 2 分子 $NADPH+H^+$。

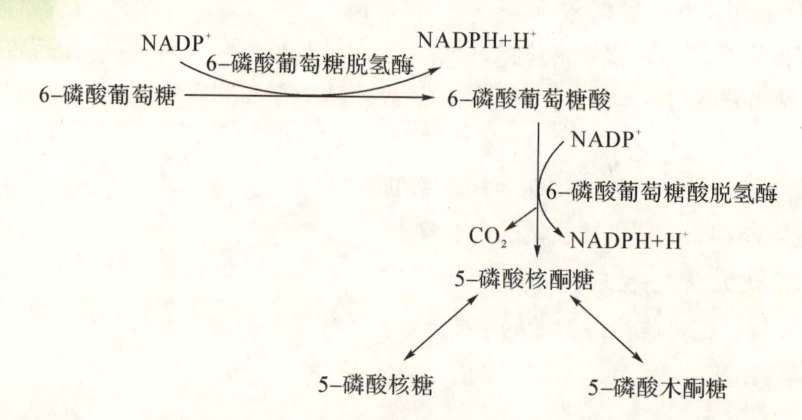

2. 基团转移反应　在第一阶段中生成的 NADPH＋H^+ 作为供氢体参与体内多种重要物质的合成，5-磷酸核糖可以用来合成核苷酸，也可以在转酮醇酶、转醛醇酶的催化下，经一系列的基团转移反应生成 6-磷酸果糖和 3-磷酸甘油醛，而进入无氧氧化和有氧氧化代谢途径。

磷酸戊糖途径反应过程见图 7-4。

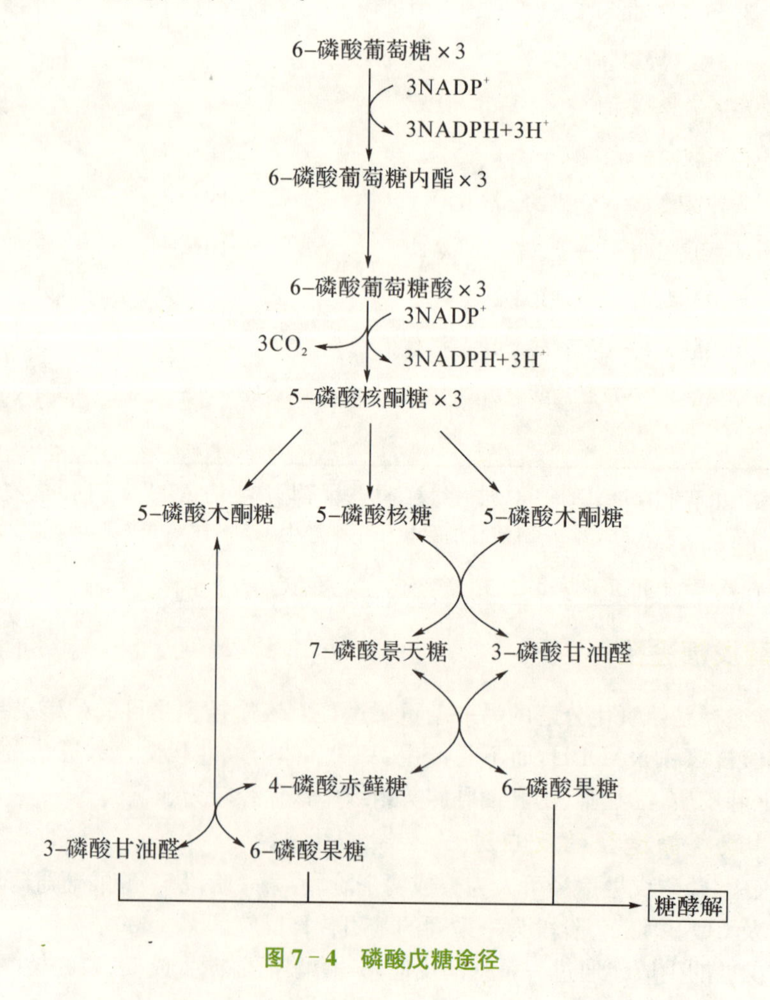

图 7-4　磷酸戊糖途径

(二) 磷酸戊糖途径的生理意义

1. 为核酸生物合成提供原料——5-磷酸核糖　5-磷酸核糖是合成核苷酸及衍生物的重要原料，因此在损伤后处于再生和修复的组织、更新旺盛的组织中磷酸戊糖途径代谢比较活跃。

2. 提供 $NADPH+H^+$　$NADPH+H^+$ 作为供氢体，参与体内多种代谢反应具有多种生理意义。

(1) $NADPH+H^+$ 是体内许多合成代谢中氢原子的提供者，如脂肪酸、胆固醇、类固醇激素等物质的合成，需要大量的 NADPH，因此在脂肪、胆固醇等合成旺盛的组织中，磷酸戊糖途径比较活跃。

(2) 维持细胞中还原型谷胱甘肽(GSH)的正常含量：$NADPH+H^+$ 是谷胱甘肽还原酶的辅酶，这对维持细胞内 GSH 的含量非常重要。GSH 是重要的抗氧化剂，可与氧化剂 H_2O_2 起反应，从而保护含巯基的酶或蛋白质免遭氧化而丧失正常结构与功能。如红细胞中的 GSH 可保护红细胞膜上巯基的完整性，有效防止溶血。遗传性 6-磷酸葡萄糖脱氢酶缺陷患者体内不能进行磷酸戊糖途径，NADPH H^+ 缺乏，GSH 含量降低，红细胞细胞膜易于破裂而发生溶血。此情况常在食用新鲜蚕豆后诱发，又称“蚕豆病”。

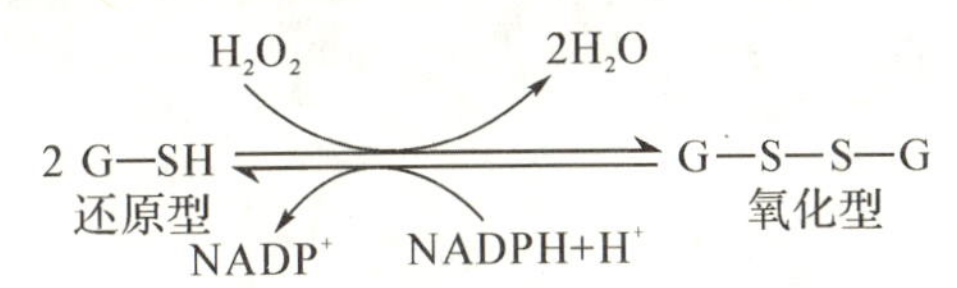

(3) $NADPH+H^+$ 作为加氧单酶体系的组成成分，参与药物、毒物、激素等非营养物质的生物转化。

学与问：磷酸戊糖途径的生理意义何在？

第三节　糖原的合成与分解

糖原是动物体内糖的储存形式，机体摄入的糖类物质大部分转变成甘油三酯储存于脂肪组织，一小部分则以糖原的形式存在。人体肝脏和肌肉是糖原储存的主要器官，肝糖原占肝脏总重量的 6%～8%，为 70～100 g，肌糖原占肌肉组织总重量的 1%～2%，为 250～400 g。

一、糖原的合成

(一) 概念

由葡萄糖合成糖原的过程，称糖原的合成。反应主要在肝和肌肉组织中进行。

(二) 合成过程

1. 葡萄糖经磷酸化生成 6-磷酸葡萄糖　在己糖激酶或葡萄糖激酶催化下完成反应。

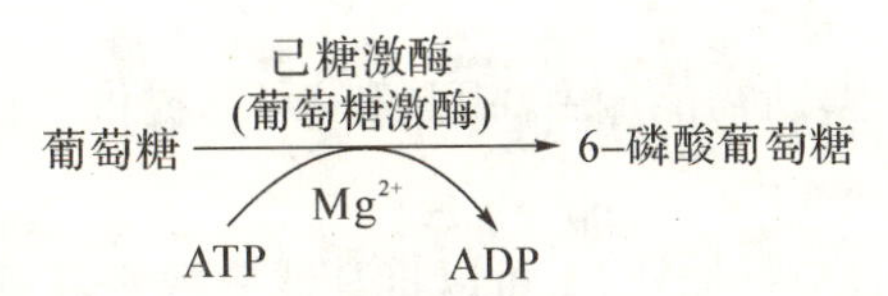

2. 6-磷酸葡萄糖转变为1-磷酸葡萄糖　在磷酸葡萄糖变位酶催化下完成。

$$6\text{-磷酸葡萄糖} \xrightleftharpoons{\text{磷酸葡萄糖变位酶}} 1\text{-磷酸葡萄糖}$$

3. 尿苷二磷酸葡萄糖(UDPG)的生成　在尿苷二磷酸葡萄糖焦磷酸化酶催化下，UTP1与1-磷酸葡萄糖发生反应，生成尿苷二磷酸葡萄糖(UDPG)，释放出焦磷酸。

$$1\text{-磷酸葡萄糖} \xrightleftharpoons[\text{UDPG焦磷酸化酶}]{\text{UTP} \quad \text{PPi}} \text{UDPG}$$

4. 糖原的合成　在糖原合成酶催化下，UDPG中的葡萄糖转移到糖原引物的非还原端上，以α-1,4糖苷键相连。

$$\text{UDPG}+\text{糖原}(G_n) \xrightarrow{\text{糖原合酶}} \text{UDP}+\text{糖原}(G_{n+1})$$

上述4步反应反复进行，糖链不断延长。但糖原合成酶只能延长糖链，不能形成分支。当糖链长度达到12～18个葡萄糖残基时，分支酶把一段6～7个葡萄糖残基的糖链转移至邻近糖链上，以α-1,6-糖苷键连接形成分支(图7-5)。因此在糖原合酶与分支酶的交替作用下，分支不断增多，糖原分子不断增大。

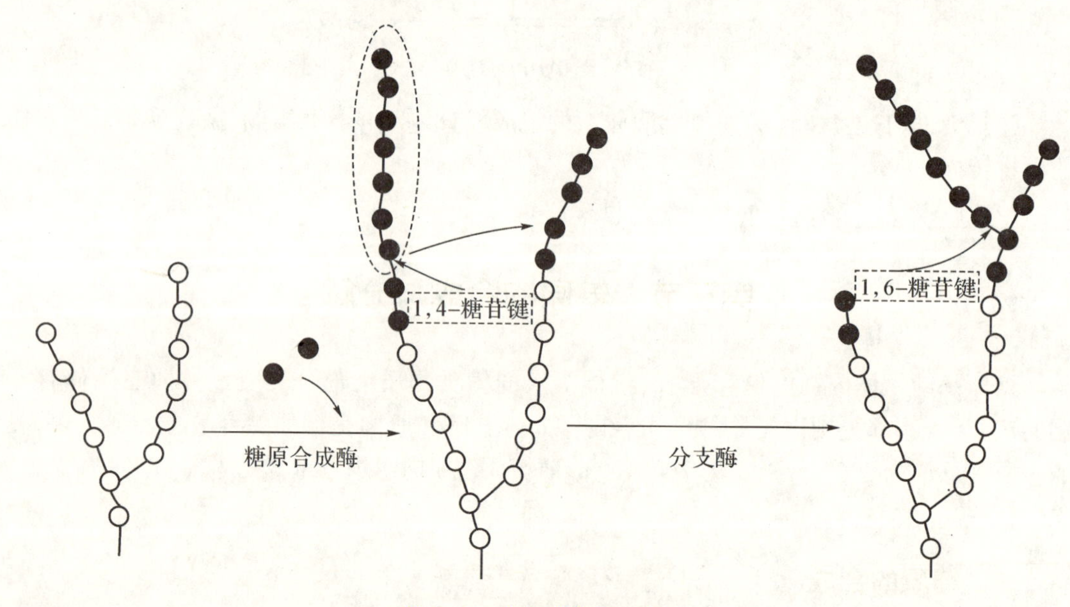

图7-5　分支酶作用示意图

(三) 糖原合成的特点

1. 糖原合成酶是糖原合成的关键酶，其活性主要受胰岛素的调节。

2. 糖原合成必须在糖原引物存在的条件下进行，因为游离葡萄糖不能作为UDPG中葡萄糖残基的受体。

3. 糖原合成是耗能过程，所需能量由ATP和UTP提供。在糖原引物上每增加一个葡萄糖残基，需要消耗2分子ATP。

4. 肝脏除能把葡萄糖合成糖原外，也可以将其他单糖如果糖、半乳糖等合成糖原。

二、糖原的分解

（一）概念

肝糖原分解为葡萄糖的过程，称糖原分解。

（二）反应过程

1. 1-磷酸葡萄糖的生成　在磷酸化酶的催化下，从糖原分子的非还原端开始逐个水解糖链上的葡萄糖残基，生成1-磷酸葡萄糖。

$$\text{糖原}(G_n) \xrightleftharpoons[]{Pi \quad \text{磷酸化酶}} \text{糖原}(G_{n-1}) + 1\text{-磷酸葡萄糖}$$

磷酸化酶只能水解α-1,4-糖苷键，而对α-1,6-糖苷键不起作用，当糖链上的葡萄糖残基逐个被水解至距分支点约4个葡萄糖残基时，磷酸化酶不再发挥作用。此时由脱支酶将其中3个以α-1,4-糖苷键相连的葡萄糖残基转移至邻近糖链的末端，仍以α-1,4-糖苷键相连；剩下的1个以α-1,6-糖苷键连接的葡萄糖残基由脱支酶直接水解为游离葡萄糖。脱支酶有两种：葡聚糖转移酶和α-1,6-葡萄糖苷酶。除去分支后，磷酸化酶则继续发挥作用。因此在磷酸化酶和脱支酶的交替作用下，分支不断减少，糖原分子不断减小（图7-6）。磷酸化酶是糖原分解的限速酶。

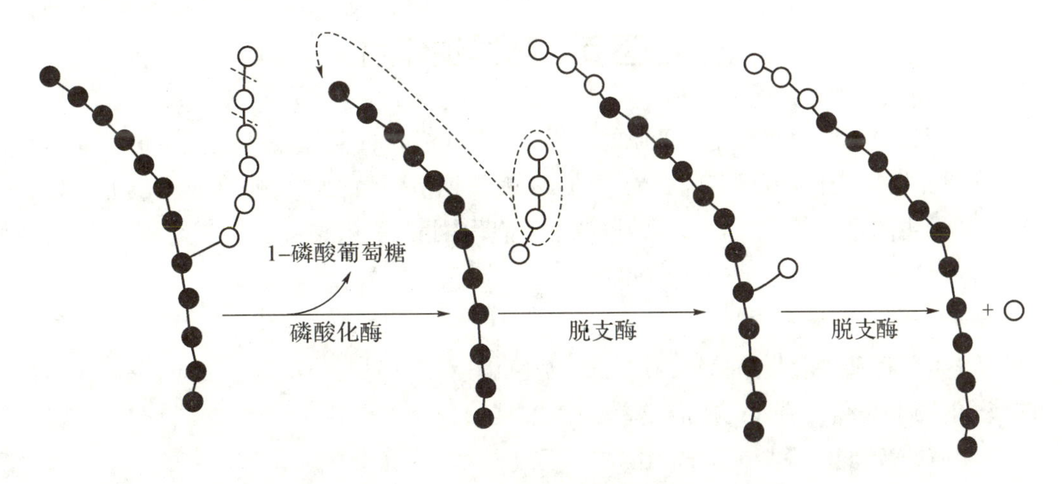

图7-6　脱支酶作用示意图

2. 1-磷酸葡萄糖转变为6-磷酸葡萄糖　反应由磷酸葡萄糖变位酶催化。

$$1\text{-磷酸葡萄糖} \xrightleftharpoons{\text{磷酸葡萄糖变位酶}} 6\text{-磷酸葡萄糖}$$

3. 6-磷酸葡萄糖水解为葡萄糖　反应由葡萄糖-6-磷酸酶催化。

$$6\text{-磷酸葡萄糖} \xrightarrow[\text{葡萄糖-6-磷酸酶}]{H_2O \quad (\text{肝、肾}) \quad Pi} \text{葡萄糖}$$

葡萄糖-6-磷酸酶只存在于肝、肾中，在其他组织中活性很低。因此肌糖原分解生成的6-磷酸葡萄糖进入糖酵解生成乳酸，乳酸经血液循环运输到肝，通过糖异生途径生成葡萄糖，间接补充血糖，但意义不大，肌糖原主要生理意义是为肌肉收缩提供能量；而肝糖原可以直接分解为葡萄糖调节血糖浓度的稳定。

肝糖原分解对维持血糖浓度的相对恒定有重要作用，但肝细胞中的糖原不会彻底耗竭，当有葡萄糖供应时，保留下来的小分子糖原则作为引物合成糖原。

糖原合成和分解过程见图 7－7。

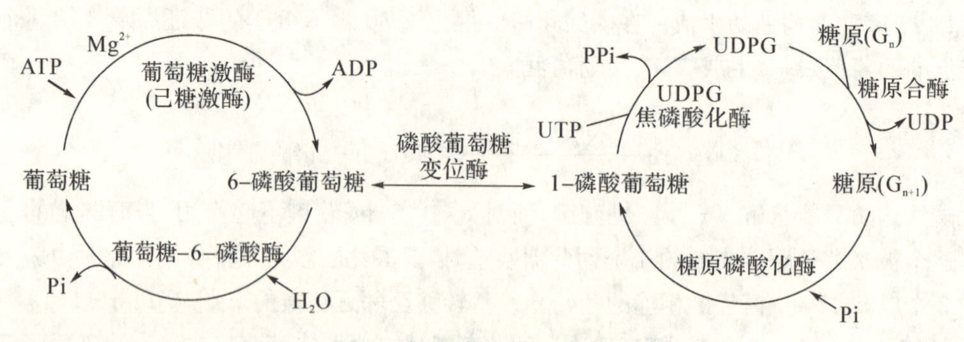

图 7－7　糖原合成和分解过程

学与问：糖原如何分类？什么是糖原合成？肌糖原不能直接分解为葡萄糖的原因是什么？

第四节　糖异生作用

由非糖物质转变为葡萄糖或糖原的过程称为糖异生。正常情况下糖异生的主要器官是肝脏，肾脏也可以进行，但只有肝脏能力的 1/10；长期饥饿情况下肾脏糖异生能力会显著增强成为糖异生的重要器官。糖异生的原料主要有丙酮酸、乳酸、甘油、生糖氨基酸、三羧酸循环的中间产物等。

（一）糖异生途径

糖异生途径基本上是糖酵解的逆反应，糖酵解途径中的三个不可逆反应，是糖异生途径的三个“能障”，必须由另外的反应或者酶替代。

1. 丙酮酸转变成磷酸烯醇式丙酮酸　反应由丙酮酸羧化酶和磷酸烯醇式丙酮酸羧激酶催化，需要消耗能量。乳酸、三羧酸循环的中间物质发生糖异生时，都需要经过此支路。

$$\text{丙酮酸}\xrightarrow[\text{ATP}\ \ \text{ADP+Pi}]{CO_2\ \ \text{丙酮酸羧化酶（生物素）}}\text{草酰乙酸}\xrightarrow[\text{GTP}\ \ \text{GDP}\ \ CO_2]{\text{磷酸烯醇式丙酮酸羧激酶}}\text{磷酸烯醇式丙酮酸}$$

丙酮酸羧化酶只存在于线粒体中，因此细胞液中的丙酮酸必须进入线粒体才能羧化为草酰乙酸。磷酸烯醇式丙酮酸羧激酶存在于线粒体和细胞液中，因此草酰乙酸转变为磷酸烯醇式丙酮酸既可在线粒体中也可在细胞液中进行。如在细胞液中进行，草酰乙酸不能直接透过线粒体膜，首先还原为苹果酸或经转氨基作用转变为天冬氨酸后才能出线粒体。

2. 1，6－二磷酸果糖转变为 6－磷酸果糖　反应由果糖二磷酸酶催化。

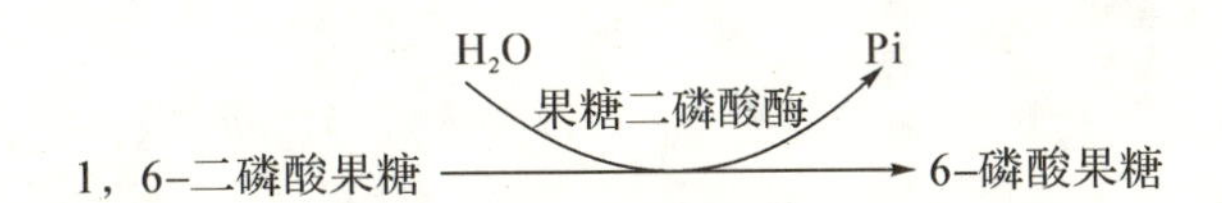

3. 6-磷酸葡萄糖转变为葡萄糖　反应由葡萄糖-6-磷酸酶催化。

6-磷酸葡萄糖 ——(H_2O → Pi，(肝、肾)，葡萄糖-6-磷酸酶)——→ 葡萄糖

(二) 糖异生的生理意义

1. 维持血糖浓度的恒定　糖异生最主要的目的是在空腹或饥饿情况下维持机体血糖浓度的相对恒定。这对主要依赖葡萄糖供能的组织细胞(脑、红细胞等)非常重要。因为体内肝糖原储备有限，若仅靠肝糖原分解，不超过12小时即被耗尽。事实上，即使禁食24小时，血糖仍能保持在正常范围，长期饥饿时也仅略有下降，这主要依赖糖异生将非糖物质转变为葡萄糖，不断补充血糖，以维持血糖浓度恒定。

2. 乳酸的利用　乳酸是糖异生的主要原料，剧烈运动时，肌糖原酵解产生大量乳酸，乳酸由血液运输至肝脏进行糖异生，生成的葡萄糖释放入血被肌组织摄取利用，此过程称为乳酸循环，也称Cori循环。这对于更新肝糖原、乳酸的再利用及防止乳酸堆积引起的酸中毒具有重要作用。

综上所述，糖代谢的各条代谢途径的交汇点是6-磷酸葡萄糖。6-磷酸葡萄糖可进行糖酵解、糖有氧氧化、磷酸戊糖途径、糖原合成；在肝脏内还可以直接水解为葡萄糖，成为血糖的重要来源(图7-8)。

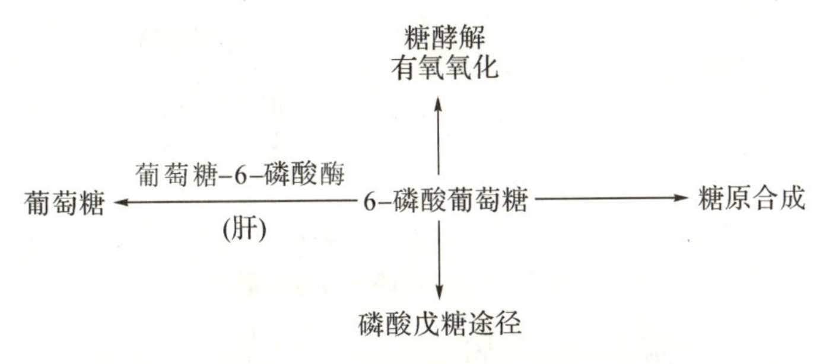

图7-8　6-磷酸葡萄糖的代谢去路

学与问：糖异生的概念、部位、原料分别是什么？糖异生的生理意义何在？

第五节　血　糖

血糖(blood sugar)是指血液中的葡萄糖。它是体内糖的运输形式，全身各组织细胞均需从血液中获得葡萄糖作为能量来源，特别是脑组织、红细胞等几乎没有糖原贮存，必须随时由血液供给葡萄糖，如果血糖浓度降低，势必影响这些组织的生理功能。

正常情况下血糖含量相对恒定，正常成人空腹血糖浓度为3.9～6.1 mmol/L(葡萄糖氧化酶法)。一天之中血糖浓度略有变动，餐后稍有升高，2小时后可恢复正常；短时间内不进食，血糖仍能维持在正常水平。血糖浓度之所以能够相对恒定，依赖其来源和去路的动态

平衡。

学与问:血糖的参考范围。

一、血糖的来源和去路

(一) 血糖的来源

1. 食物糖类的消化吸收 是血糖的主要来源。

2. 肝糖原分解 空腹时肝糖原分解补充血糖。

3. 糖异生 长时间空腹或饥饿时维持血糖相对恒定的主要方式。

(二) 血糖的去路

1. 氧化分解供应能量 葡萄糖在细胞内氧化分解供能,这是血糖最主要的去路。

2. 合成糖原 血糖有升高趋势时,肝脏和肌肉等组织合成糖原将多余糖储存。

3. 转变为非糖物质 葡萄糖在体内可转变为某些非必需氨基酸、脂肪等。

4. 转变为其他糖类物质 如核糖、葡萄糖醛酸等。

5. 随尿排出(不是血糖正常去路) 当血糖浓度超过“肾糖阈”(8.89～10.0 mmol/L)时,糖可随尿排出,出现糖尿。当肾功能障碍导致肾小管重吸收能力下降时,血糖浓度不升高的情况下,也会出现糖尿,称为肾性糖尿。

血糖的来源与去路示意见图 7-9。

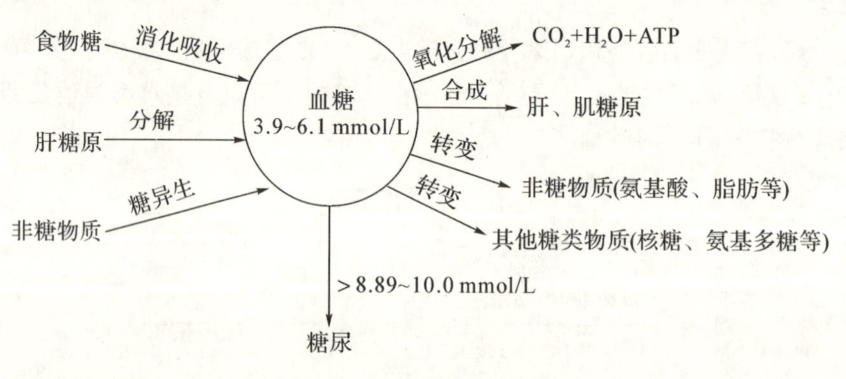

图 7-9 血糖的来源和去路

学与问:血糖的来源与去路分别有哪些?

二、血糖浓度的调节

血糖的来源和去路之所以保持动态平衡,是因为机体有一套精细的调节机制,是体内各组织器官的物质代谢相互协调的结果。

(一) 器官调节

参与血糖浓度调节的器官有肝、肌肉和脂肪组织等,其中肝是最主要的器官。进食后,血糖浓度升高,肝通过加强糖原合成,抑制糖原分解及糖异生,使血糖仅短时升高,很快便恢复正常。当血糖浓度降低时,肝通过加强肝糖原分解、糖异生补充血糖,以满足机体对血糖的需要。

(二) 激素的调节作用

调节血糖的激素分为两大类,即降血糖激素和升血糖激素。胰岛素是唯一的降血糖激素；胰高血糖素、糖皮质激素、肾上腺素等是升血糖激素。两类激素通过对糖代谢途径的影响，使血糖来源和去路达到动态平衡，从而使血糖浓度维持在正常水平。其作用见表 7－2。

表 7－2　激素对血糖浓度的调节

激素	生化作用
降血糖激素	
胰岛素	1. 促进肌肉、脂肪细胞摄取葡萄糖
	2. 促进糖有氧氧化
	3. 促进糖原合成，抑制糖原分解
	4. 促进糖转变为脂肪，抑制脂肪动员
	5. 抑制糖异生
升血糖激素	
胰高血糖素	1. 抑制肝糖原合成，促进肝糖原分解
	2. 促进糖异生
	3. 促进脂肪动员，减少糖的利用
糖皮质激素	1. 促进肌肉蛋白质分解，加速糖异生
	2. 抑制肝外组织摄取利用葡萄糖
肾上腺素	1. 促进肝糖原分解、肌糖原酵解
	2. 促进糖异生

（三）神经系统的调节

交感神经兴奋时，肾上腺素分泌增加，血糖升高。迷走神经兴奋时，胰岛素分泌增多，血糖浓度降低。

学与问：血糖浓度的调节因素有哪些？

三、糖代谢异常

糖代谢异常在临床上表现为高血糖和低血糖。

（一）高血糖

空腹血糖浓度高于 7.2 mmol/L 称为高血糖。如血糖浓度过高，超过“肾糖阈”，则出现糖尿。引起高血糖、糖尿的原因分为生理性和病理性两大类。

1. 生理性高血糖　一次摄入大量的糖或情绪激动使交感神经兴奋，肾上腺素分泌增加，均可引起一过性高血糖，甚至糖尿。临床上静脉注射葡萄糖速度过快，也可使血糖迅速升高并出现糖尿。

2. 病理性高血糖　升高血糖的激素分泌增多或胰岛素分泌减少均可导致高血糖，以致出现糖尿。病理性高血糖及糖尿表现为持续性的高血糖和糖尿，特别是空腹血糖高于正常范围，临床上多见于糖尿病。此外，慢性肾炎、肾病综合征等导致肾小管对糖的重吸收能力下降，即肾糖阈下降，也可出现糖尿。

(二)低血糖

空腹血糖浓度低于3.3 mmol/L称为低血糖。引起低血糖的主要原因有:胰岛β-细胞增生或肿瘤,导致胰岛素分泌过多;垂体或肾上腺皮质功能减退导致对抗胰岛素的激素如糖皮质激素等分泌不足;肝功能严重障碍(如肝癌)和长期饥饿等。

因脑组织主要以葡萄糖作为能源,并且几乎没有糖原储存,所以对低血糖极其敏感,即使轻度低血糖也会出现头昏、倦怠、四肢和口周麻木、记忆减退、心慌、出冷汗等临床症状,严重时会出现昏迷甚至死亡。若发现低血糖病人,应迅速使其口服葡萄糖或其他糖类物质,严重时静脉注射葡萄糖。

知识点归纳

1. 糖的主要功能是供能,在正常情况下,人体所需能量的50%~70%来自糖的分解代谢。

2. 体内葡萄糖分解途径有三条,即糖酵解、有氧氧化、磷酸戊糖途径。糖酵解与有氧氧化的意义是在不同生理条件下供能,磷酸戊糖途径的意义在于提供5-磷酸核糖和$NADPH+H^+$。

3. 糖原是糖在体内的储存形式,包括肝糖原、肌糖原。肝糖原可直接分解补充血糖;肌肉组织中因缺乏葡萄糖-6-磷酸酶,不能直接分解补充血糖,主要是用于为肌肉收缩提供能量。

4. 糖异生是空腹或饥饿状态下维持血糖浓度相对恒定的主要途径。正常情况下主要在肝脏中进行;长期饥饿时,肾脏的糖异生能力会显著加强。

5. 血糖是葡萄糖在体内的运输形式,血糖浓度相对恒定,正常成年人空腹血糖浓度是3.9~6.1 mmol/L,在器官、激素、神经系统三种因素的共同调节下,血糖的来源与去路保持动态平衡。

一、名词解释

糖酵解　糖的有氧氧化　糖异生　血糖

二、填空题

1. 人体内糖的分解代谢主要包括________、________、________等三种途径。
2. 糖异生的原料包括________、________、________、________等。
3. 保持体内血糖相对恒定是________、________、________共同调节的结果。

三、单选题

1. 下列哪项参与了糖酵解途径中三个不可逆反应　　(　　)

A. 葡萄糖激酶、己糖激酶、磷酸果糖激酶

B. 甘油磷酸激酶、磷酸果糖激酶、丙酮酸激酶

C. 葡萄糖激酶、己糖激酶、丙酮酸激酶

D. 己糖激酶、磷酸果糖激酶、丙酮酸激酶

E. 以上均不对

2. 糖原中一个葡萄糖基转变为 2 分子乳酸，可净得几分子 ATP　　(　　)

A. 1　　B. 2　　C. 3　　D. 4　　E. 5

3. 成熟红细胞中糖酵解的主要功能是　　(　　)

A. 调节红细胞的带氧状态　　B. 供应能量

C. 提供磷酸戊糖　　D. 提供合成用原料

E. 对抗糖异生

4. 蚕豆病患者缺乏　　(　　)

A. 6-磷酸葡萄糖脱氢酶　　B. 丙酮酸激酶

C. 磷酸烯醇式丙酮酸羧激酶　　D. 烯醇化酶

E. 葡萄糖激酶

5. 合成糖原时葡萄糖残基的直接供体是　　(　　)

A. 1-磷酸葡萄糖　　B. CDPG

C. 6-磷酸葡萄糖　　D. UDPG

E. GDPG

6. 沟通糖的分解代谢、糖异生、糖原合成和分解各条代谢途径的物质是　　(　　)

A. 3-磷酸甘油醛　　B. 磷酸二羟丙酮

C. 1-磷酸葡萄糖　　D. 1,6-二磷酸果糖

E. 6-磷酸葡萄糖

7. 与丙酮酸异生为葡萄糖无关的酶是　　(　　)

A. 果糖二磷酸酶　　B. 烯醇化酶

C. 丙酮酸激酶　　D. 醛缩酶

E. 磷酸己糖异构酶

8. 1 分子葡萄糖经磷酸戊糖途径代谢可生成　　(　　)

A. 1 分子 NADH　　B. 2 分子 NADH

C. 1 分子 NADPH　　D. 2 分子 CO_2

E. 2 分子 NADPH

9. 肌糖原分解不能直接分解为葡萄糖的原因是　　(　　)

A. 肌肉组织缺乏己糖激酶　　B. 肌肉组织缺乏葡萄糖-6-磷酸酶

C. 肌肉组织缺乏糖原合酶　　D. 肌肉组织缺乏葡萄糖激酶

E. 肌肉组织缺乏糖原磷酸化酶

10. 三羧酸循环的反应场所在　　(　　)

A. 细胞液　　B. 胞核

C. 线粒体　　D. 高尔基体

E. 细胞液和线粒体

11. 对糖酵解和糖异生都起催化作用的酶是　　(　　)

A. 丙酮酸激酶　　B. 丙酮酸羧化酶

C. 3-磷酸甘油醛脱氢酶　　D. 果糖二磷酸酶

E. 己糖激酶

12. 体内降血糖的激素是　　(　　)

A. 胰高血糖素　　B. 肾上腺素

C. 生长激素　　D. 肾上腺皮质激素

E. 胰岛素

13. 糖异生的主要生理意义在于　　(　　)

A. 防止酸中毒　　B. 由乳酸等物质转变为糖原

C. 更新肝糖原　　D. 维持饥饿情况下血糖浓度的相对稳定

E. 保证机体在缺氧时获得能量

14. 调节人体血糖浓度最重要的器官是（　）

A. 心　B. 肝　C. 脾　D. 肺　E. 肾

15. 6-磷酸葡萄糖脱氢酶催化的反应中，直接受氢体是（　）

A. NAD^+　B. $NADP^+$　C. FMN　D. DAD　E. CoA

16. 糖酵解途径的细胞定位是（　）

A. 线粒体　　B. 线粒体及胞液

C. 胞液　　D. 内质网

E. 细胞核

17. 葡萄糖有氧氧化过程中共有几次脱氢反应（　）

A. 3　B. 12　C. 14　D. 6　E. 7

18. 下列哪项不能进行糖异生（　）

A. 乳酸　　B. 丙酮酸

C. 草酰乙酸　　D. 甘油

E. 乙酰辅酶 A

四、简答题

1. 糖的分解代谢有哪些途径？
2. 简述糖酵解的生理意义。
3. 简述血糖的来源和去路。
4. 机体如何调节血糖浓度的相对恒定？

选择题答案：1. D　2. C　3. B　4. A　5. D　6. E　7. D　8. E　9. B　10. C　11. C　12. E　13. D　14. B　15. B　16. C　17. B　18. E

（胡艳妹）

第八章　脂类代谢

学 习 目 标

掌握血脂与血浆脂蛋白，血浆脂蛋白代谢异常，脂肪酸β-氧化及酮体的生成与利用；熟悉脂肪酸合成的关键酶及其调节，高脂血症及降血脂药物，胆固醇的合成与转化；了解脂类的主要生理功能，甘油三酯的合成代谢，磷脂的分子组成及主要功能。

课 前 准 备

预习全章内容，初步理解体内脂类的基本功能、甘油三酯的代谢过程，血脂的组成及代谢紊乱。

第一节　概　述

一、脂类的消化吸收

脂类的消化及吸收主要在小肠中进行，首先在小肠上段，通过小肠蠕动，由胆汁中的胆汁酸盐使食物脂类乳化，使不溶于水的脂类分散成水包油的小胶体颗粒，增加消化酶对脂质的接触面积，然后由分泌入小肠的胰消化酶类进行消化，生成甘油、脂肪酸、胆固醇及溶血磷脂等，其中甘油和中短链脂肪酸被吸收入小肠黏膜细胞后，通过门静脉进入血液。长链脂肪酸及其他脂类消化产物在小肠黏膜细胞中再合成甘油三酯、磷脂、胆固醇酯等，继而形成乳糜微粒，通过淋巴最终进入血液，被其他细胞所利用。

二、脂类在体内的含量与分布

脂类包括脂肪和类脂。

体内的脂肪绝大部分分布在皮下、大网膜、肠系膜和内脏周围等脂肪组织中，这些部位称为脂库。一般成人脂肪的含量占体重的10%～20%，女性稍高。机体内脂肪含量可受营养状况、运动消耗等因素的影响而发生很大变化，故称为可变脂。

类脂包括磷脂、糖脂、胆固醇及其酯等，是生物膜的基本成分，分布于各组织中，以神经组织中含量最多，约占体重的5%，一般不受上述因素的影响，所以也称为固定脂或恒定脂。

学与问：脂类的组成有哪些？

三、脂肪和脂肪酸

脂肪又叫三脂酰甘油或称甘油三酯，是由一分子甘油和三分子脂肪酸脱水缩合形成的酯，是机体主要的脂类。结构式如下：

$$
\begin{array}{ccccccc}
 & & & & & & O \\
 & & & & & & \| \\
 & O & & H_2C & — & O & —C—R_1 \\
 & \| & & | & & & \\
R_2— & C & —O— & CH & & & O \\
 & & & | & & & \| \\
 & & & H_2C & — & O & —C—R_3
\end{array}
$$

甘油三酯分子内的三个脂酰基可以不相同，也可以相同。天然脂肪中所含的脂肪酸大多数是含偶数碳原子的长链脂肪酸。

脂肪酸主要根据其碳链长度和饱和度分类。饱和脂肪酸主要在于碳链的长度不同；不饱和脂肪酸主要在于碳链的长度、双键的数目及位置不同。

（一）根据碳链长度

分为短链、中链和长链脂肪酸。一般将碳链长度≤10的脂肪酸称为短链脂肪酸，将碳链长度≥20的脂肪酸称为长链脂肪酸。

（二）根据是否存在双键

分为饱和脂肪酸和不饱和脂肪酸。

1. 饱和脂肪酸　其碳链不含双键。动物脂肪中饱和脂肪酸含量较多，呈固态。常见饱和脂肪酸见表8-1。

表8-1　常见的饱和脂肪酸

习惯名	系统名	碳原子数和双键数	分子式
月桂酸(lauric acid)	n-十二烷酸	12∶0	$CH_3(CH_2)_{10}COOH$
豆蔻酸(myristic acid)	n-十四烷酸	14∶0	$CH_3(CH_2)_{12}COOH$
软脂酸或棕榈酸(palmitic acid)	n-十六烷酸	16∶0	$CH_3(CH_2)_{14}COOH$
硬脂酸(stearic acid)	n-十八烷酸	18∶0	$CH_3(CH_2)_{16}COOH$
花生酸(arachidic acid)	n-二十烷酸	20∶0	$CH_3(CH_2)_{18}COOH$

2. 不饱和脂肪酸　其碳链含有一个或一个以上双键。含有一个双键的脂肪酸称为单不饱和脂肪酸；含有两个或两个以上双键的脂肪酸称为多不饱和脂肪酸。后者机体自身不能合成，必须由食物提供，是动物不可缺少的营养素，故称为营养必需脂肪酸，包括亚油酸、亚麻酸和花生四烯酸。它们是前列腺素、血栓素及白三烯等生理活性物质的前体。植物油和鱼油中不饱和脂肪酸含量较多，呈液态。常见不饱和脂肪酸见表8-2。

表 8－2 常见的不饱和脂肪酸

习惯名	系统名	碳原子数和双键数	分子式
棕榈(软)油酸(palmitoleic acid)	9－十六碳一烯酸	16：1	$CH_3(CH_2)_5—CH=CH(CH_2)_7COOH$
油酸(oleic acid)	9－十八碳一烯酸	18：1	$CH_3(CH_2)_7—CH=CH(CH_2)_7COOH$
亚油酸(linoleic acid)	9,12－十八碳二烯酸	18：2	$CH_3(CH_2)_4(CH=CHCH_2)_2(CH_2)_6COOH$
α－亚麻酸(α－linolenic acid)	9,12,15－十八碳三烯酸	18：3	$CH_3CH_2(CH=CHCH_2)_3(CH_2)_6COOH$
γ－亚麻酸(α－linolenic acid)	6,9,12－十八碳三烯酸	18：3	$CH_3(CH_2)_4(CH=CHCH_2)_3(CH_2)_3COOH$
花生四烯酸(arachidonic acid)	5,8,11,14－二十碳四烯酸	20：4	$CH_3(CH_2)_4(CH=CHCH_2)_4(CH_2)_2COOH$
Timnodonic acid (EPA)	5,8,11,14,17－二十碳五烯酸	20：5	$CH_3CH_2(CH=CHCH_2)_5(CH_2)_2COOH$
clupanodonic acid (DPA)	7,10,13,16,19－二十二碳五烯酸	22：5	$CH_3CH_2(CH=CHCH_2)_5(CH_2)_4COOH$
cervonic acid (DHA)	4,7,10,13,16,19－二十二碳六烯酸	22：6	$CH_3CH_2(CH=CHCH_2)_6(CH_2)_2COOH$

不饱和脂肪酸双键的位置有两种表示法：①字母编号：从离羧基碳原子最近的碳原子开始，按 α、β、γ 依次编号，ω 为离羧基碳原子最远的碳原子(C_ω)，双键距 C_ω 的碳原子数用 ω－数字表示，如 α－亚麻酸 ω－3，ω－6，ω－9；②碳原子编号：从羧基碳原子开始编号，用 Δ 来表示双键的位置，如 α－亚麻酸写成 18：$3\Delta^{9,12,15}$。

四、脂类的生理功能

脂肪的主要功能是储能和供能。1 g 脂肪在体内完全氧化可释放 39 kJ 能量，而等质量的糖或蛋白质只能产生 17 kJ 能量。机体每天所需能量的 17%～25%是由脂肪提供的。实验证明，人在空腹时，机体所需能量的 50%以上由脂肪氧化供给，而禁食 1～3 天，机体所需能量的 85%来自脂肪。由此可见，脂肪是空腹和饥饿时体内能量的主要来源。

此外，食物脂肪在肠道内可促进脂溶性维生素的吸收，胆道梗阻的病人不仅脂类消化吸收障碍，还常伴有脂溶性维生素的吸收障碍；皮下脂肪能减缓热量散失，有利于维持体温；内脏周围分布的脂肪层柔软而富有弹性，可缓冲外界的机械撞击，减少摩擦，具有保护内脏器官的作用。

类脂的主要生理功能是作为细胞膜结构的基本原料，约占细胞膜重量的 50%左右，在维持生物膜正常生理功能方面起着重要作用。此外，类脂还参与形成脂蛋白，协助脂类在血液中运输；类脂中的胆固醇可转变为胆汁酸、维生素 D_3、类固醇激素等具有重要生理功能的物质。

学与问：脂类的基本功能有哪些？

第二节　甘油三酯的代谢

甘油三酯是人体内含量最多的脂类，大部分组织均可以利用甘油三酯分解产物供给能量，同时肝脏、脂肪等组织还可以进行甘油三酯的合成，在脂肪组织中贮存。

一、甘油三酯的分解代谢

（一）甘油三酯的水解

脂肪组织中的甘油三酯，在一系列脂肪酶作用下，逐步水解为甘油和脂肪酸并释放入血以供给全身各组织氧化利用，此称为脂肪动员。过程如下：

$$\text{甘油三酯}\xrightarrow[H_2O\ \rightarrow\ \text{脂肪酸}]{\text{甘油三酯脂肪酶}}\text{甘油二酯}\xrightarrow[H_2O\ \rightarrow\ \text{脂肪酸}]{\text{甘油二酯脂肪酶}}\text{甘油一酯}\xrightarrow[H_2O\ \rightarrow\ \text{脂肪酸}]{\text{甘油二酯脂肪酶}}\text{甘油}$$

在这一系列的水解过程中，催化第一步反应的甘油三酯脂肪酶是脂肪动员的限速酶，其活性受多种激素的调节，称为激素敏感性脂肪酶。肾上腺素、去甲肾上腺素、胰高血糖素、肾上腺皮质激素等能使该酶活性增强，促进脂肪水解，这些激素称为脂解激素；胰岛素、前列腺素等与上述激素作用相反，可抑制脂动员，称为抗脂解激素。这两类激素的协同作用使体内脂肪的水解速度得到有效的调节。

机体除脑、神经组织及红细胞等不能直接利用脂肪酸外，脂肪动员所产生的游离脂肪酸释放入血后，与清蛋白结合形成脂肪酸-清蛋白复合物随血液循环运输到全身各组织利用。

（二）甘油的代谢

脂肪动员所产生的甘油，由血液运送到富含磷酸甘油激酶的肝、肾和小肠黏膜细胞，经磷酸甘油激酶和 ATP 作用，生成 3-磷酸甘油，后者再脱氢生成磷酸二羟丙酮，磷酸二羟丙酮可循糖酵解途径继续氧化分解生成 H_2O 和 CO_2 并释放能量，少量也可在肝脏中异生为葡萄糖和糖原。过程如下：

$$\underset{\text{甘油}}{\begin{matrix}CH_2OH\\|\\CHOH\\|\\CH_2OH\end{matrix}}\xrightarrow[\text{甘油磷酸激酶}]{ATP\ \rightarrow\ ADP}\underset{\alpha\text{-磷酸甘油}}{\begin{matrix}CH_2OH\\|\\CHOH\\|\\CH_2O-Ⓟ\end{matrix}}\xrightarrow[\text{3-磷酸甘油脱氢酶}]{NAD^+\ \rightarrow\ NADH+H^+}\underset{\text{磷酸二羟丙酮}}{\begin{matrix}CH_2OH\\|\\C=O\\|\\CH_2O-Ⓟ\end{matrix}}\begin{matrix}\xrightarrow{ATP}G(G_n)\\ \rightarrow CO_2+H_2O+\text{能量}\end{matrix}$$

脂肪和肌肉组织中缺乏磷酸甘油激酶而不能利用甘油。肝、肾和小肠黏膜细胞富含磷酸甘油激酶，利用甘油的能力较强，所以甘油主要是经血入肝再进行氧化分解。

学与问：什么是脂肪动员？

（三）脂肪酸的氧化

脂肪酸是人和哺乳动物体内氧化供能的主要物质，在氧供应充足的条件下，脂肪酸在体内可分解为 CO_2 和 H_2O 并释放大量能量。大多数组织都能利用脂肪酸氧化供能，以肝和肌肉最为活跃。脂肪酸的氧化过程可概括为以下四个阶段：

1. 脂肪酸的活化-脂酰 CoA 的生成　脂肪酸氧化分解前必须活化，活化在胞液中进行。在辅酶 A(HSCoA)和 Mg^{2+} 的参与下，由 ATP 供能，脂肪酸经内质网及线粒体外膜上的脂酰 CoA 合成酶催化，活化成脂酰 CoA。反应过程如下：

$$R—COOH+HS-CoA+ATP \xrightarrow[Mg^{2+}]{\text{脂酰 CoA 合成酶}} R—CO\sim SCoA+AMP+PPi$$

脂酰 CoA 分子中不仅含有高能硫酯键，而且使其水溶性增加，从而提高代谢活性。反应过程中生成的焦磷酸(PPi)立即被细胞内的焦磷酸酶水解，使此反应不可逆。因此 1 分子脂肪酸活化生成脂酰 CoA，实际上消耗了 2 分子高能磷酸键。该反应为脂肪酸分解中唯一耗能的反应，相当于消耗了 2 分子 ATP。

2. 脂酰 CoA 进入线粒体　催化脂肪酸氧化分解的酶系存在线粒体基质内，因此胞液中活化的脂酰 CoA 必须进入线粒体内才能氧化分解，可是脂酰 CoA 不能直接透过线粒体内膜，需经肉碱的转运才能进入线粒体。

线粒体内膜的两侧存在着肉碱脂酰转移酶Ⅰ和Ⅱ，胞液中的脂酰 CoA 首先在位于线粒体内膜外侧的肉碱脂酰转移酶Ⅰ催化下，将脂酰基转移给肉碱生成脂酰肉碱，后者即可在线粒体内膜的肉碱-脂酰肉碱转位酶的作用下，通过内膜进入线粒体基质内，然后在位于线粒内膜内侧面的肉碱脂酰转移酶Ⅱ的催化下，转变为脂酰 CoA 并释放出肉碱。肉碱再被肉碱-脂酰肉碱转位酶转运到内膜外侧。脂酰 CoA 则在线粒体基质内进行 β-氧化(图 8-1)。

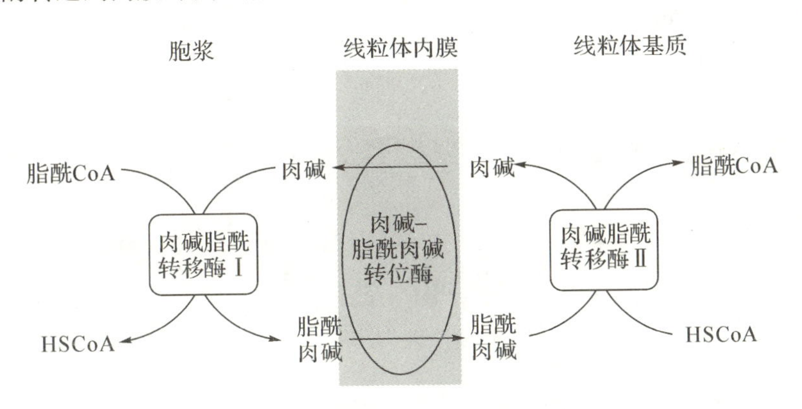

图 8-1　脂酰 CoA 进入线粒体示意图

此过程是脂肪酸氧化的限速步骤，肉毒碱-脂酰转移酶Ⅰ是限速酶，当饥饿、糖尿病时，体内糖利用发生障碍，需要脂肪酸供能，这时肉碱-脂酰转移酶Ⅰ活性增加，脂肪酸氧化增强。

3. 饱和脂肪酸的 β-氧化　进入线粒体基质的脂酰 CoA，在酶的催化下，从脂酰基 β 碳原子开始依次进行脱氢、加水、再脱氢和硫解四步连续反应。由于氧化过程发生在脂酰基的 β 碳原子上，故称为 β-氧化。详细过程如下：

(1) 脱氢：脂酰 CoA 由脂酰 CoA 脱氢酶催化，在 α、β 碳原子上脱氢，生成 α，β-烯脂酰

CoA。脱下的2H由FAD接受生成$FADH_2$。

(2) 加水:在α,β-烯酯酰CoA水化酶催化下,加水生成β-羟酯酰CoA。

(3) 再脱氢:β-羟酯酰CoA在β-羟酯酰CoA脱氢酶的催化下,再脱下2H,生成β-酮酯酰CoA。脱下的2H由NAD^+接受,生成$NADH+H^+$。

(4) 硫解:β-酮酯酰CoA经β-酮酯酰CoA硫解酶催化,加HSCoA,裂解生成1分子乙酰CoA和比原来少2个碳原子的酯酰CoA。

通过一次β-氧化,可产生1分子乙酰CoA、1分子$FADH_2$、1分子$NADH+H^+$和比β-氧化前少2个碳原子的酯酰CoA,后者可再进行脱氢、加水、再脱氢、硫解反应。如此反复进行,直至使酯酰CoA完全分解为乙酰CoA,即完成脂肪酸的β-氧化。

β-氧化生成的$FADH_2$和$NADH+H^+$进入呼吸链,通过氧化磷酸化产生能量,生成的乙酰CoA则在骨骼肌、心肌等肝外部分进入下面第四步氧化供能,肝内部分除此外还可以在线粒体中缩合生成酮体,最后运至肝外氧化分解。

学与问:饱和脂肪酸的β-氧化过程是怎样的?

4. 乙酰CoA的彻底氧化　脂肪酸经β-氧化生成的乙酰CoA,与其他代谢途径(包括糖代谢以及氨基酸分解代谢)产生的乙酰CoA一样,在线粒体内经三羧酸循环彻底氧化,生成H_2O和CO_2,并释放能量。脂肪酸的氧化过程见图8-2。

脂肪酸氧化产生的能量,大部分以热能形式消耗掉,约33%以化学能形式储存在ATP中。现以软脂酸为例计算ATP的生成量:软脂酸是含有16个碳原子的饱和脂肪酸,需经7次β-氧化,产生7分子$FADH_2$、7分子$NADH+H^+$及8分子乙酰CoA。每分子$FADH_2$和$NADH+H^+$经呼吸链氧化分别生成1.5分子和2.5分子ATP,每分子乙酰CoA通过三羧酸循环氧化可产生10分子ATP。因此在β-氧化阶段生成$(1.5+2.5)\times7=28$分子ATP,在三羧酸循环阶段生成$10\times8=80$分子ATP。由于脂肪酸活化时消耗了相当于2分子ATP,故1分子软脂酸完全氧化分解净生成$28+80-2=106$分子ATP。由此可见,脂肪酸的氧化是体内能量的重要来源。

学与问:1分子脂肪酸氧化能产生多少ATP?

知识链接

除β-氧化外,脂肪酸还可以进行α-氧化和ω-氧化。α-氧化主要在脑和其他的一些组织中进行。首先在加单氧酶作用下,在α-碳原子上加氧,生成α-羟脂肪酸,然后再进一步脱氢脱羧产生比原来少一个碳原子的脂肪酸;ω-氧化可在肝脏微粒体内进行,首先将末端碳原子的甲基氧化成羟甲基,再氧化成羧基,形成α、ω-二羧酸,然后再在任一末端进行β-氧化,最后产生的琥珀酰辅酶A可进入三羧酸循环继续氧化。

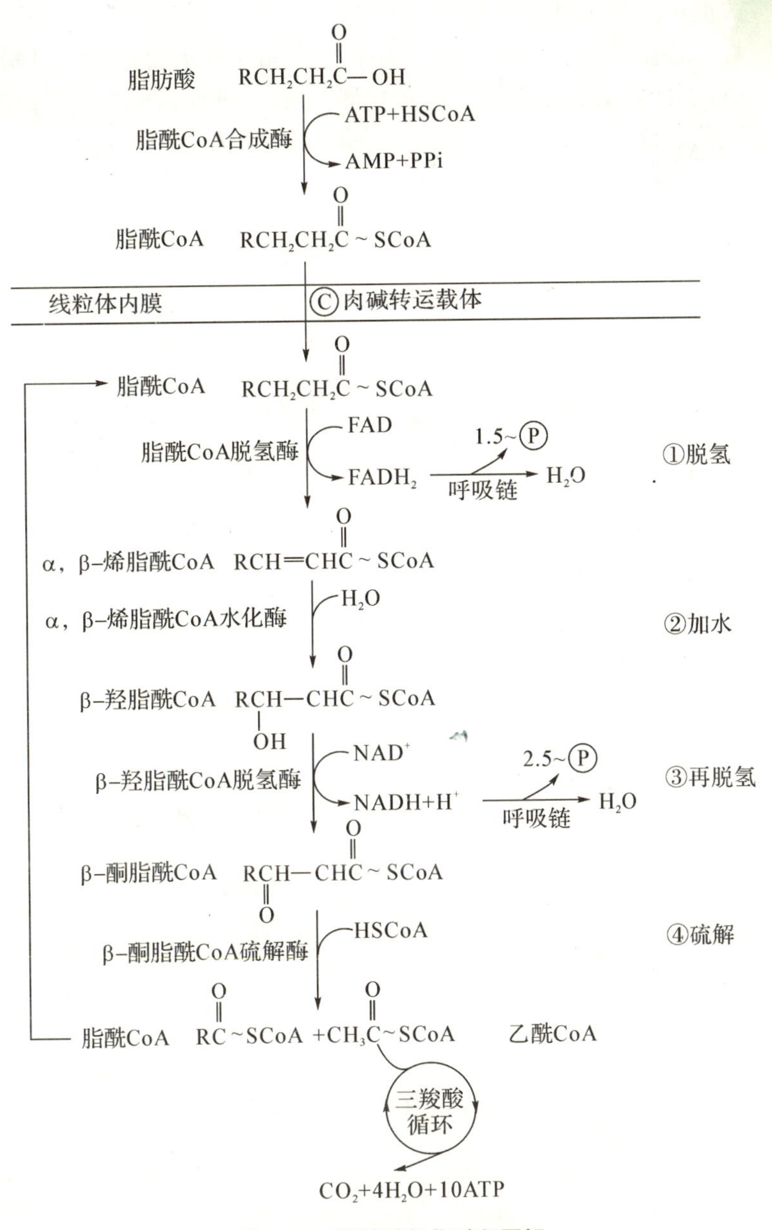

图 8-2　脂肪酸氧化过程图解

（四）酮体的代谢

在心肌、骨骼肌等肝外组织中脂肪酸能够彻底氧化成 CO_2 和 H_2O 同时释放能量，而在肝脏内，脂肪酸除彻底氧化外，还在线粒体内转变为乙酰乙酸、β-羟丁酸，丙酮三种物质，统称酮体。其中 β-羟丁酸约占酮体总量的 70%，乙酰乙酸约占 30%，丙酮含量极微。

1. 酮体的生成　酮体是以脂肪酸在肝细胞线粒体内 β-氧化产生的大量乙酰 CoA 为原料合成，基本过程是：

(1) 2 分子乙酰 CoA 在乙酰乙酰 CoA 硫解酶催化下缩合成乙酰乙酰 CoA，并释放出 1 分子 HSCoA。

(2) 乙酰乙酰 CoA 在羟甲基戊二酸单酰 CoA 合酶的催化下，再与 1 分子乙酰 CoA 缩合生成羟甲基戊二酸单酰 CoA(HMG－CoA)。

(3) 羟甲基戊二酸单酰 CoA 在 HMG－CoA 裂解酶催化下裂解,生成 1 分子乙酰乙酸和 1 分子乙酰 CoA。大部分乙酰乙酸在线粒体内膜 β－羟丁酸脱氢酶催化下加氢还原成 β－羟丁酸。部分乙酰乙酸也可自动脱羧生成少量丙酮。酮体的生成过程见图 8－3。

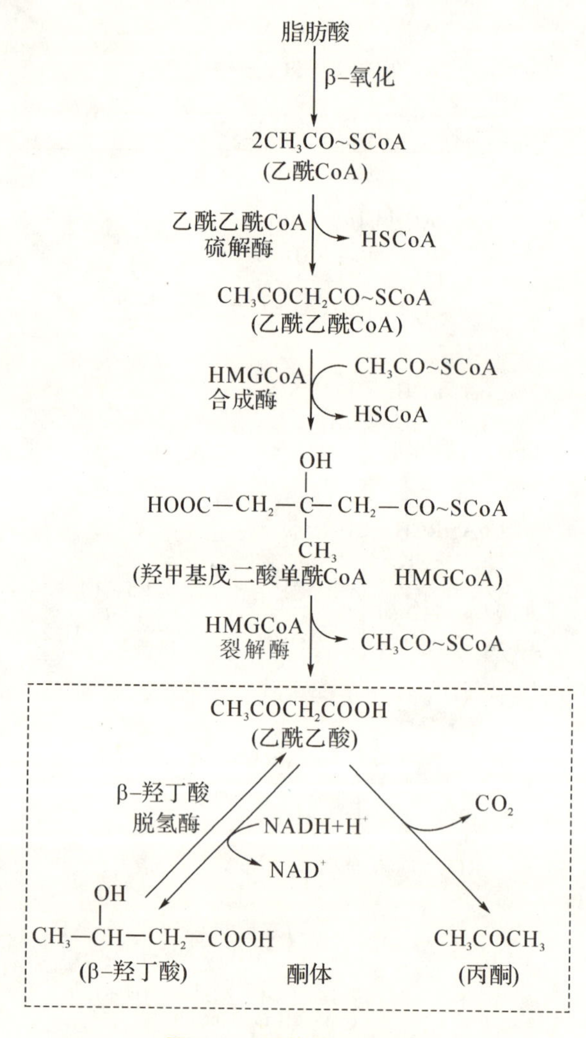

图 8－3 酮体的生成过程

肝线粒体内含有各种合成酮体的酶,尤其是 HMG－CoA 合成酶,因此酮体是脂肪酸在肝脏中氧化分解产生的特有的中间产物。但是肝氧化酮体的酶活性很低,所以肝脏不能氧化酮体,其产生的酮体可透过细胞膜进入血液循环,运输到肝外组织进一步氧化利用。

2. 酮体的利用　肝外许多组织具有活性很强的氧化利用酮体的酶,如心、肾、脑及骨骼肌线粒体中有琥珀酰 CoA 转硫酶,在琥珀酰 CoA 存在下,可使乙酰乙酸活化成乙酰乙酰 CoA,后者硫解为 2 分子乙酰 CoA 后,进入三羧酸循环被彻底氧化,这是酮体利用的主要途径。

另外,心、肾、脑线粒体中还存在乙酰乙酸硫激酶,可使乙酰乙酸活化生成乙酰乙酰 CoA,其余反应同上。

β－羟丁酸脱氢后转变成乙酰乙酸,再经上述途径氧化。正常情况下,丙酮量少、易挥发,经肺呼出。部分丙酮可转变为丙酮酸或乳酸，进而异生成糖。

总之，肝能生成酮体，但不能利用酮体；肝外组织不能生成酮体，却能利用酮体。

酮体的利用过程见图 8－4。

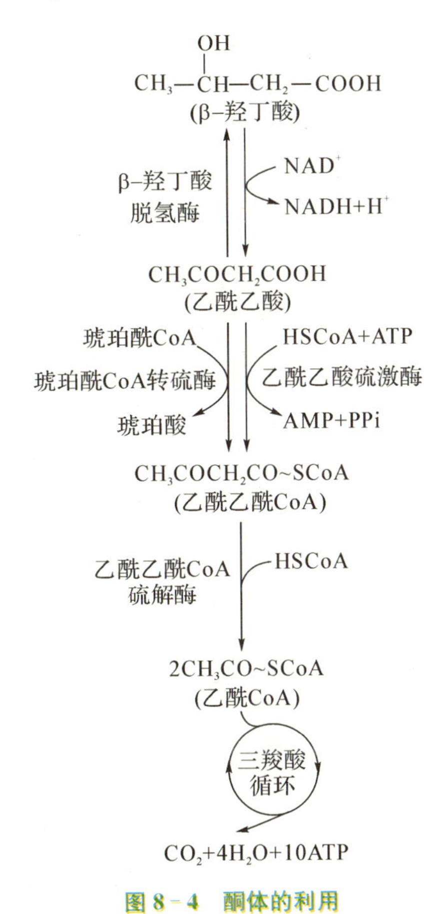

图 8－4　酮体的利用

3. 酮体代谢的生理意义　酮体是脂肪酸在肝脏中氧化分解产生的正常中间产物，是肝输出能源的一种形式。酮体分子小，易溶于水，能通过血脑屏障及肌肉的毛细血管壁，故生成后能迅速被肝外组织摄取利用，是肌肉尤其是脑组织的重要能源。脑组织不能氧化脂肪酸却能利用酮体，因此当长期饥饿及糖供应不足时，酮体可代替葡萄糖成为脑组织的主要能源。

正常人血中仅含有少量酮体，为 0.03～0.5 mmol/L。但在长期饥饿或严重糖尿病时，脂肪动员加强，脂肪酸在肝内分解增多，导致酮体生成过多，尤其在未控制血糖的糖尿病患者，血液酮体的含量可高出正常情况的数十倍，这时，丙酮约占酮体总量的一半，通过呼吸排出体外，出现酮臭。当酮体生成超过肝外组织利用的能力时，引起血中酮体异常增多，称为酮血症，可导致酮症酸中毒，并随尿排出，引起酮尿。

学与问：酮体由哪三种物质组成？其生成利用的生理意义何在？

二、甘油三酯的合成代谢

甘油三酯是机体储存能量的形式，主要在肝脏、脂肪组织和小肠合成，合成部位在细胞液，合成过程包括 α-磷酸甘油的生成、脂肪酸的合成以及甘油三酯的合成。

（一）α-磷酸甘油的生成

α-磷酸甘油主要由糖代谢的中间产物磷酸二羟丙酮还原生成，也可来自甘油的磷酸化。α-磷酸甘油生成过程如下：

$$\underset{\text{甘油}}{\begin{array}{l}CH_2OH\\|\\CHOH\\|\\CH_2OH\end{array}} \xrightarrow[\text{甘油激酶}]{ATP\ \ \ ADP} \underset{\alpha\text{-磷酸甘油}}{\begin{array}{l}CH_2OH\\|\\CHOH\\|\\CH_2—O—Ⓟ\end{array}} \xleftarrow[\alpha\text{-磷酸甘油脱氢酶}]{NAD^+\ \ \ NADH+H^+} \underset{\text{磷酸二羟丙酮}}{\begin{array}{l}CH_2OH\\|\\C=O\\|\\CH_2—O—Ⓟ\end{array}} \xleftarrow{\text{糖酵解}} \text{葡萄糖}$$

（二）脂肪酸的合成

人体内脂肪酸的合成并不是其β-氧化的逆过程，而且只能合成非必需脂肪酸，首先合成的是含16碳的软脂酸，然后可进一步加工生成碳链更长的或不饱和脂肪酸。

1. 合成部位　脂肪酸合成酶系存在于肝、肾、脑、乳腺及脂肪等组织细胞的胞液中。肝是合成脂肪酸的主要场所，其合成能力比脂肪组织大8～9倍；后者主要用于储存脂肪及脂肪酸。

2. 合成原料　合成脂肪酸的主要原料为乙酰CoA，主要来自葡萄糖。乙酰CoA在线粒体内生成，而脂肪酸合成酶系存在于胞液，故乙酰CoA必须由线粒体转运至胞液才能参与脂肪酸合成。乙酰CoA不能自由透过线粒体内膜，一般通过柠檬酸-丙酮酸循环进行转运（图8-5）。

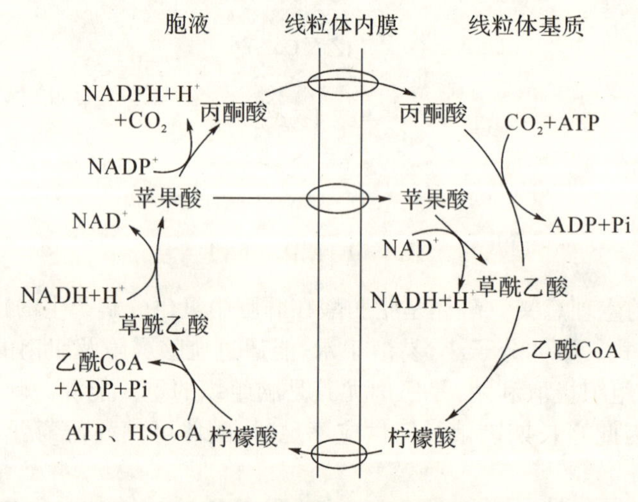

图8-5　柠檬酸-丙酮酸循环

脂肪酸合成除乙酰CoA外，还需CO_2、Mg^{2+}、ATP、生物素和NADPH等，其中NADPH作为供氢体，主要来自于磷酸戊糖途径。

3. 软脂酸的合成过程

（1）丙二酸单酰CoA的合成：乙酰CoA在乙酰CoA羧化酶催化下，生成丙二酸单酰CoA。乙酰CoA羧化酶是脂肪酸合成的限速酶，其辅基为生物素，Mn^{2+}为激活剂，反应为：

$$ATP+HCO_3^-+CH_3CO\sim SCoA \xrightarrow[\text{生物素、}Mg^{2+}]{\text{乙酰 CoA 羧化酶}} HOOCCH_2CO\sim SCoA+ADP+Pi$$

（2）软脂酸的合成：软脂酸合成需要脂肪酸合成酶系催化。脂肪酸合成酶系是由7种酶蛋白和酰基载体蛋白(ACP)聚合而成的多酶复合体。在脂肪酸合成酶系催化下,7分子丙二酸单酰CoA与1分子乙酰CoA经过“缩合-加氢-脱水-再加氢”的循环反应过程,每次循环使碳链延长2个碳原子,连续7次循环后,最后生成软脂酰ACP,经硫酯酶水解释放一分子软脂酸。其合成的总反应式为:

乙酰CoA+7丙二酸单酰CoA+14NAPDH+$14H^+$⟶软脂酸+$7CO_2$+$14NADP^+$+8CoA+$6H_2O$

(3) 软脂酸合成后的加工:软脂酸合成后,以丙二酸单酰CoA为2C单位的供给体,由NADPH+H^+供氢,可在内质网或线粒体中进行加工,使其碳链延长,以18碳的硬脂酸为最多;不饱和脂肪酸则是在去饱和酶的催化下生成;必需脂肪酸机体不能合成,必须由食物供应。

学与问:脂肪酸合成的部位与原料分别是什么?

(三) 甘油三酯的合成

1. 合成部位　甘油三酯的合成主要在肝、脂肪组织及小肠细胞的内质网中进行,以肝的合成能力最强。

2. 合成原料　合成甘油三酯的原料为α-磷酸甘油及脂肪酸活化形成的脂酰CoA。

3. 合成的基本过程　甘油三酯的合成首先以1分子α-磷酸甘油及2分子脂酰CoA在脂酰CoA转移酶的催化下生成磷脂酸,再水解成甘油二酯及磷酸,甘油二酯再与1分子脂酰CoA生成甘油三酯。反应如下:

CH_2OH / HO—CH / H_2C—O—Ⓟ (3-磷酸甘油) —脂酰CoA转移酶 ($R_1CO\sim SCoA$ → HSCoA)→ H_2C—O—COR_1 / HO—CH / H_2C—O—Ⓟ (1-脂酰-3-磷酸甘油) —脂酰CoA转移酶 ($R_2CO\sim SCoA$ → HSCoA)→ H_2C—O—COR_1 / R_2COO—CH / H_2C—O—Ⓟ (磷脂酸)

—磷脂酸磷酸酶 (→ Pi)→ H_2C—O—COR_1 / R_2COO—CH / H_2C—OH (1，2-甘油二酯) —脂酰CoA转移酶 ($R_3CO\sim SCoA$ → HSCoA)→ H_2C—O—COR_1 / R_2COO—CH / H_2C—O—COR_3 (甘油三酯)

一般情况下,脂肪组织合成的甘油三酯主要是就地储存,肝脏和小肠合成的甘油三酯不在原组织细胞内储存,而是形成极低密度脂蛋白或乳糜微粒后进入血并被运送到脂肪组织中储存或其他组织内利用。

第三节　磷脂的代谢

磷脂是一类含有磷酸的类脂,根据其化学组成不同可分甘油磷脂(phosphoglyceride)和鞘磷脂(sphingomyelin)两大类。

一、甘油磷脂

甘油磷脂是体内含量最多的磷脂,由甘油、脂肪酸、磷酸及含氮化合物等组成,其基本结构为:

$$
\begin{array}{l}
\qquad\qquad\quad CH_2-O-COR_1 \\
\qquad\qquad\quad | \\
R_2CO-O-CH \qquad\quad O \\
\qquad\qquad\quad | \qquad\qquad\quad \| \\
\qquad\qquad\quad CH_2-O-P-OX \\
\qquad\qquad\qquad\qquad\qquad | \\
\qquad\qquad\qquad\qquad\quad OH
\end{array}
$$

根据与磷酸相连的取代基团 X 的不同，可将甘油磷脂分为下列几类(表 8-3)。

表 8-3　机体几类重要的甘油磷脂

X 取代基	甘油磷脂的名称
氢	磷脂酸
胆碱	磷脂酰胆碱(卵磷脂)
乙醇胺	磷脂酰乙醇胺(脑磷脂)
丝氨酸	磷脂酰丝氨酸
甘油	磷脂酰甘油
磷脂酰甘油	二磷脂酰甘油(心磷脂)
肌醇	磷脂酰肌醇

甘油磷脂在各组织中均能合成，以肝最为活跃。合成原料有甘油、脂肪酸、磷酸盐、胆碱、乙醇胺、丝氨酸、肌醇等。产物以脑磷脂和卵磷脂含量最多，占组织及血液中磷脂的 75% 以上。卵磷脂即磷脂酰胆碱，是白色油脂状物质，极易吸水，在卵黄中含量丰富，可达 8%～10%，由于分子中含有较多的不饱和脂肪酸，很容易被氧化，具有抗脂肪肝的作用；脑磷脂即磷脂酰胆胺，又称磷脂酰乙醇胺，在动植物中含量很丰富，与血液凝固有关。

甘油磷脂在多种磷脂酶类的催化下水解生成甘油、脂肪酸、磷酸和胆碱及乙醇胺等产物，可继续通过其他途径进行代谢。

二、鞘磷脂

人体内含量最多的鞘磷脂是神经鞘脂，它由鞘氨醇、脂肪酸和磷酸胆碱构成。全身各组织均能合成神经鞘磷脂，但以脑组织最活跃。合成鞘磷脂的原料为软脂酰 CoA、丝氨酸，磷酸吡哆醛、$NADPH+H^+$ 及 FAD 作为辅酶参与反应。神经鞘磷脂是生物膜及神经髓鞘的重要成分。

第四节　胆固醇代谢

胆固醇是具有羟基的固醇类化合物，是人体内重要的脂类之一。成人体内的胆固醇含量约为 140 g，广泛分布于全身各组织中，大约 1/4 分布在脑及神经组织中，约占脑组织的 2%，肾上腺、卵巢等胆固醇含量亦较高，达 1%～5%。肝、肾、肠等内脏、皮肤、脂肪组织均含较多的胆固醇，其中以肝最多。体内胆固醇主要由机体自身合成，少量来自动物性食品。

胆固醇在体内有重要的生理功能，它是细胞膜的重要组成成分，也是合成类固醇激素、

胆汁酸盐及维生素 D_3 的前体物质。

一、胆固醇的合成

（一）合成部位

成人只有脑组织和红细胞不能合成胆固醇，其他组织都能合成胆固醇。肝合成的量最多，占合成总量的 70%～80%；其次是小肠，占合成总量的 10%。胆固醇合成场所是滑面内质网和细胞液。

（二）合成原料

乙酰 CoA 是合成胆固醇的主要原料，由糖、脂肪及氨基酸的分解代谢产生。此外，还需磷酸戊糖途径产生的 NADPH 供氢，ATP 供能。合成 1 分子胆固醇需要 18 分子乙酰 CoA，16 分子 $NADPH+H^+$ 和 36 分子 ATP。

（三）合成过程

胆固醇的合成过程有近 30 步化学反应，可分为三个阶段：

1. 甲基二羟戊酸的合成　在胞液中，3 分子乙酰 CoA 经酶催化逐步缩合成羟甲基戊二酸单酰 CoA（HMG－CoA），再经 HMG－CoA 还原酶的催化，生成甲基二羟戊酸（MVA）。HMG－CoA 还原酶是胆固醇合成的限速酶，其活性受胆固醇的反馈抑制和多种因素调节。

$2CH_3CO\sim SCoA$ —硫解酶（→ HSCoA）→ $CH_3COCH_2CO\sim SCoA$ —HMGCoA合酶（$CH_3CO\sim SCoA$ → HSCoA）→ 羟甲基戊二酸单酰CoA（HMG CoA）

羟甲基戊二酸单酰CoA（HMG CoA）：$COOH-CH_2-C(OH)(CH_3)-CH_2-CO\sim SCoA$

HMG CoA —HMG CoA还原酶（2NADPH+2H⁺ → HSCoA 2NADP⁺）→ 甲羟戊酸（MVA，C）

甲羟戊酸（MVA，C）：$COOH-CH_2-C(OH)(CH_3)-CH_2-CH_2OH$

2. 鲨烯的生成　MVA 在酶的催化下，由 ATP 供能经磷酸化、脱羧、脱羟生成 5 碳焦磷酸化合物，6 分子 5 碳焦磷酸化合物逐步缩合成含 30 碳的鲨烯。

3. 胆固醇的生成　鲨烯经环化、氧化、脱羧还原等反应，脱去 3 个甲基生成 27 碳的胆固醇。

（四）胆固醇合成的调节

各种因素对胆固醇合成的调节，主要是通过影响胆固醇合成的限速酶——HMG－CoA 还原酶的活性和合成量实现。

1. 饮食　饥饿可使 HMGCoA 还原酶合成减少活性降低，从而抑制肝内胆固醇合成。反之，进食高糖、高饱和脂肪后，肝 HMGCoA 还原酶活性增加，胆固醇合成增加。

2. 胆固醇摄取量　摄入体内的胆固醇可通过抑制肝细胞 HMGCoA 还原酶的合成，反馈抑制肝胆固醇的合成。反之，摄入胆固醇减少时，胆固醇合成增加。

3. 激素　胰岛素及甲状腺素能诱导肝 HMG－CoA 还原酶的合成，使胆固醇合成增加。胰高血糖素及糖皮质激素则抑制并降低 HMG－CoA 还原酶活性，从而使胆固醇合成减少。此外，甲状腺素还能促进胆固醇在肝中转变为胆汁酸，且后者作用大于前者，这是甲亢患者血清胆固醇含量升高的原因。

学与问：胆固醇合成的部位与原料分别是什么？

二、胆固醇的酯化

细胞内及血浆中的游离胆固醇都可以酯化成胆固醇酯，胆固醇酯是胆固醇转运的主要形式，但不同部位催化胆固醇酯化的酶不同。

（一）细胞内胆固醇的酯化

细胞内游离胆固醇在脂酰 CoA－胆固醇脂酰转移酶（ACAT）的催化下，接受脂酰 CoA 中脂酰基生成胆固醇酯及 HSCoA。

（二）血浆内胆固醇酯化

血浆脂蛋白中的胆固醇，经卵磷脂胆固醇脂酰转移酶（LCAT）催化，将卵磷脂中第 2 位的脂肪酸（大多为不饱和脂肪酸）转移到胆固醇的 3－位羟基上，生成胆固醇酯和溶血卵磷脂。

卵磷脂-胆固醇脂酰转移酶在维持血浆中胆固醇与胆固醇酯的比例中起重要作用。当肝实质病变或肝细胞损害时，可使 LCAT 合成量减少，导致血浆胆固醇酯含量下降。

三、胆固醇的转化与排泄

胆固醇在体内不能氧化分解，只能经氧化、还原转变为其他具有重要生理功能的生物活性物质或直接从粪便排泄。

（一）胆固醇的转化

1. 转化成胆汁酸　在肝中转化成胆汁酸是胆固醇在体内代谢的主要去路。正常人每天合成 1～1.5 g 胆固醇，其中 0.4～0.6 g 转变成胆汁酸，随胆汁排入肠道发挥作用。肝还能将部分胆固醇直接排入肠中，故胆管阻塞的患者血液中胆固醇含量升高。

2. 转化成类固醇激素　胆固醇是肾上腺皮质、睾丸、卵巢等内分泌腺合成及分泌类固醇激素的原料。胆固醇在肾上腺皮质内能转变成肾上腺皮质激素；在卵巢生成黄体酮和雌激素；在睾丸生成睾酮等雄激素。

3. 转化成维生素 D_3　胆固醇在肝、小肠黏膜及皮下组织被氧化成 7－脱氢胆固醇，然后贮存于皮下，经日光（紫外线）照射转化成维生素 D_3，有调节机体钙、磷代谢的作用。

（二）胆固醇的排泄

排入肠道的胆固醇，部分随胆汁酸被肠黏膜细胞重吸收，另一部分被肠道细菌作用转变成粪固醇随粪便排出。

学与问：胆固醇转化的产物有哪些？

第五节　血脂与血浆脂蛋白

一、血脂的组成及含量

血浆中的脂类称为血脂，包括甘油三酯、磷脂、胆固醇、胆固醇酯及游离脂肪酸等。这些脂类物质既可由脂类食物经消化吸收入血，又可由肝、脂肪组织等合成后释放入血。

血脂的含量受年龄、性别、膳食、运动及代谢等多种因素的影响，波动范围比较大。为了避免食物中脂类的干扰，临床上做血脂测定时要在空腹12～14小时后采血。血脂含量的测定，可以反映体内脂类代谢的情况，临床上可作为高脂血症、动脉硬化及冠心病等的辅助诊断。

血脂参考范围见表8-4。

表8-4 正常成人空腹血脂的组成及含量

组成	含量(mmol/L)
甘油三酯	0.11～1.69
总胆固醇	2.59～6.47
胆固醇酯	1.81～5.17
游离胆固醇	1.03～1.81
磷脂	48.44～80.73
游离脂肪酸	0.195～0.805

二、血浆脂蛋白的结构、分类及组成

脂类不溶于水，但含有较多脂类的正常人血浆却仍然清澈透明，是因为血脂在血浆中是与蛋白质结合成血浆脂蛋白(lipoprotein，LP)的形式运输的。血浆脂蛋白是血浆脂类的主要存在形式、运输形式和代谢形式。

(一) 血浆脂蛋白的结构

不同的脂蛋白具有相似的球形结构，疏水性较强的甘油三酯、胆固醇酯处于脂蛋白的内核，而极性较强的载脂蛋白、磷脂、胆固醇则覆盖在脂蛋白的表面(图8-6)。

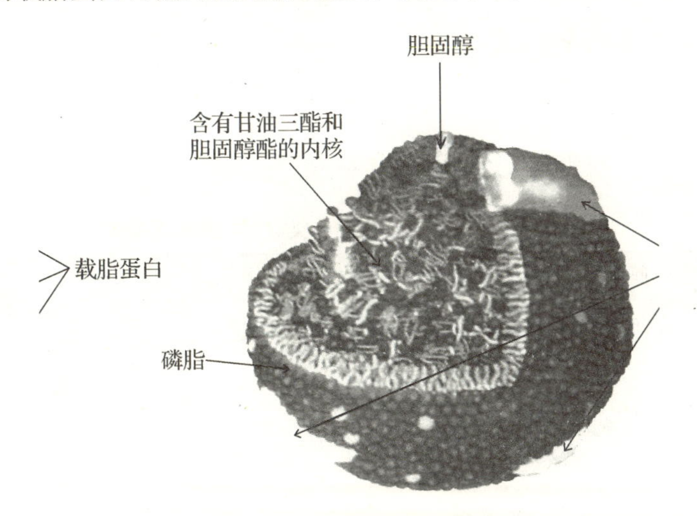

图8-6 血浆脂蛋白结构

(二) 血浆脂蛋白的分类

不同的脂蛋白所含脂类和蛋白质的量不同，在密度、颗粒大小、表面电荷量、电泳迁移率以及免疫学特性等方面均有差异性，因此可用电泳法或超速离心法对血浆脂蛋白进行分类。

1. 电泳法　电泳法是分离血浆脂蛋白最常用的一种方法。利用颗粒大小及表面所带的电荷量不同，在电场中具有不同的电泳迁移率，可将血浆脂蛋白分成四条区带，按移动快慢，由正极到负极依次为α-脂蛋白(α-LP)、前β-脂蛋白(preβ-LP)、β-脂蛋白(β-LP)及乳糜微粒(CM)。如图8-7所示。

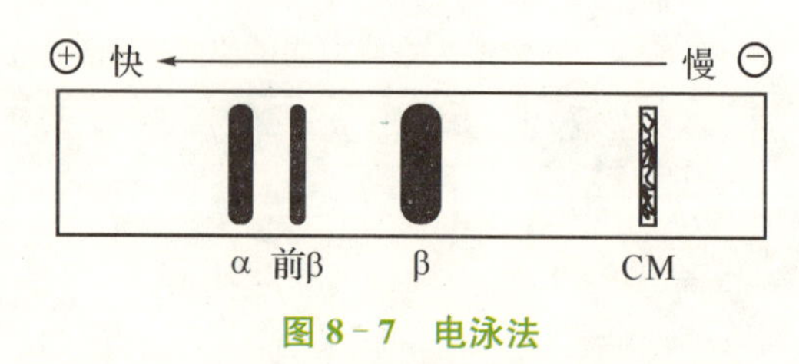

图8-7　电泳法

2. 超速离心法(密度分离法)　利用不同脂蛋白的密度差异，把血浆置于一定密度的盐溶液中进行超速离心，表现为漂浮或沉降。血浆脂蛋白按密度从小到大可分为四类：乳糜微粒(CM)、极低密度脂蛋白(very low density lipoprotein, VLDL)、低密度脂蛋白(very low density lipoprotein, LDL)和高密度脂蛋白(high density lipoprotein, HDL)。如图8-8所示。

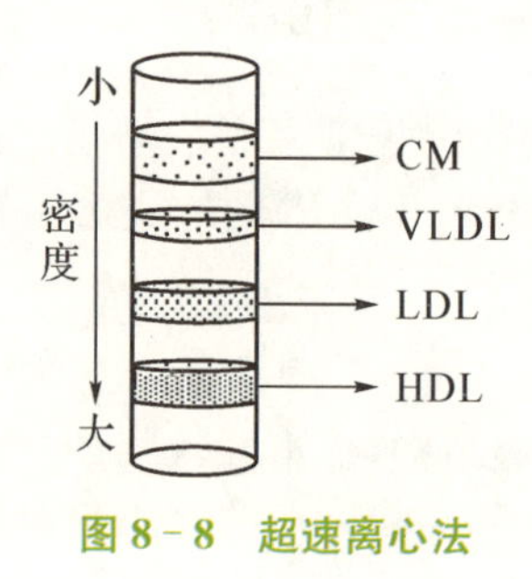

图8-8　超速离心法

(三) 血浆脂蛋白的组成

血浆脂蛋白主要由蛋白质、甘油三酯、磷脂、胆固醇及胆固醇酯组成。各种血浆脂蛋白的组成成分相同，只是各组分的比例和含量不同。各种血浆脂蛋白的性质、组成和功能见表8-5。

表8-5　血浆脂蛋白的分类、性质、组成及功能

分类	密度分离法	CM	VLDL	LDL	HDL
	电泳法	CM	preβ-LP	β-LP	α-LP
性质	密度	<0.95	0.95～1.006	1.006～1.063	1.063～1.210
	颗粒直径(nm)	80～500	25～80	20～25	5～17
组成(%)	蛋白质	0.5～2	5～10	20～25	50
	脂类	98～99	90～95	75～80	50
	甘油三酯	80～95	50～70	10	5
	磷脂	5～7	15	20	25
	总胆固醇	1～4	15	45～50	20
	游离胆固醇	1～2	5～7	8	5
	胆固醇酯	3	10～12	40～42	15～17

续表 8-5

分类	密度分离法	CM	VLDL	LDL	HDL
	电泳法	CM	preβ-LP	β-LP	α-LP
合成部位		小肠黏膜细胞	肝细胞小肠	血浆	肝、肠、血浆
功能		转运外源性甘油三酯和胆固醇	转运内源性甘油三酯和胆固醇	转运胆固醇到肝外组织	转运肝外胆固醇回肝

学与问：血浆脂蛋白如何分类？

三、载脂蛋白

血浆脂蛋中的蛋白质部分称载脂蛋白(apolipoprotein，apo)，迄今为止已从血浆中分离出 20 种左右，分为 apoA、B、C、D、E 等几大类。其中 apoA 又分为 AⅠ、AⅡ、AⅣ和 AⅤ；apoB 又分为 B_{100} 和 B_{48}；apoC 又分为 CⅠ、CⅡ、CⅢ和 CⅣ。不同脂蛋白含有不同载脂蛋白。如 HDL 主要含 apoAⅠ和 apoAⅡ；LDL 含 $apoB_{100}$ 而 CM 含 $apoB_{48}$；VLDL 含 $apoB_{100}$、apoCⅠ、apoCⅡ、apoCⅢ和 apoE。

载脂蛋白的主要功能是参与脂类物质的转运及稳定脂蛋白的结构。此外，在调节脂蛋白代谢关键酶活性、参与脂蛋白受体识别等脂蛋白代谢上也发挥着极为重要的作用。

四、血浆脂蛋白代谢

1. 乳糜微粒　CM 由小肠黏膜上皮细胞合成，经淋巴管进入血液，含甘油三酯 80%～95%。CM 的生理功能是将外源性甘油三酯转运至骨骼肌、心肌和脂肪等组织，将外源性胆固醇转运至肝。正常人 CM 在血浆中代谢迅速，半衰期为 5～15 分钟，正常人空腹 12～14 小时后血浆中不含 CM。进食大量脂肪后，血浆因 CM 大量增多而呈混浊状，但在脂蛋白脂肪酶(LPL)的催化下，CM 被逐渐分解消失，故数小时后血浆便变澄清，这种现象称为脂肪的廓清。

2. 极低密度脂蛋白　VLDL 主要由肝细胞合成，肝细胞将自身合成的甘油三酯，加上磷脂、胆固醇及载脂蛋白结合成 VLDL，经血液运送到肝外组织。故 VLDL 的主要功能是运输内源性的甘油三酯到肝外组织。VLDL 在血浆中的半衰期为 6～12 小时。正常成人空腹血浆中含量较低。

3. 低密度脂蛋白　LDL 是在血浆中由 VLDL 转变而来，是正常成人空腹血浆中的主要脂蛋白，约占血浆脂蛋白总量的 2/3。其颗粒中富含胆固醇，且其中 2/3 为胆固醇酯。故 LDL 的主要功能是将肝脏合成的胆固醇转运至肝外。LDL 在血浆中的半衰期为 2～4 天。如 LDL 过高，可使血浆胆固醇水平升高，不仅可造成血管内皮细胞损伤，而且还刺激血管平滑肌细胞内胆固醇酯堆积而转变成泡沫细胞，从而促进动脉粥样硬化的形成。

4. 高密度脂蛋白　HDL 主要由肝脏合成，小肠黏膜上皮细胞也能合成少部分。正常人空腹血浆中 HDL 含量约占脂蛋白总量的 1/3。HDL 在血浆中的半衰期为 3～5 天，主要生理功能是将肝外组织的胆固醇转运到肝内进行代谢，这种过程称胆固醇的逆向转运。机体通过这种机制将肝外组织的胆固醇转运至肝内代谢并清除，有效降低血浆胆固醇水平，从而防止胆固醇积聚在动脉管壁和其他组织中，故血浆中 HDL 浓度与动脉粥样硬化的发生率呈负相关。

知识链接

脂类是人体重要的营养物质，在促进生长发育及维持人体正常生理功能方面发挥着重要作用，但高脂血症又是动脉粥样硬化的重要危险因素。

动物油脂如猪油、牛油等，主要含胆固醇、棕榈酸等饱和脂肪酸，可增加血浆胆固醇的含量。而植物油如橄榄油、菜籽油，主要含单不饱和脂肪酸，不会增加血浆胆固醇含量。玉米油、鱼油主要含多不饱和脂肪酸，可降低血浆胆固醇的含量。植物油被称为“健康脂肪酸”。

合理选择健康脂类食物，一方面可保证脂类的摄取，满足生命需要；另一方面又可有效控制血脂水平，对于预防心血管疾病具有重要作用。

五、高脂蛋白血症和动脉粥样硬化

由于脂肪代谢或运转异常而使血浆中一种或多种脂质水平高于正常范围称为高脂血症(hyperlipidemia)。临床常见为血浆甘油三酯或胆固醇升高。脂蛋白是血脂的存在和运输形式，因此也可称为高脂蛋白血症。其诊断标准一般为成人空腹 12～14 小时血浆甘油三酯超过 2.26 mmol/L，胆固醇超过 6.21 mmol/L，儿童胆固醇超过 4.14 mmol/L。1970 年世界卫生组织(WHO)建议将高脂蛋白血症分为六型，即Ⅰ、Ⅱa、Ⅱb、Ⅲ、Ⅳ和Ⅴ六型，其血浆脂蛋白和血脂改变见表 8－6。

表 8－6　高脂蛋白血症分型

分型	脂蛋白变化	血脂变化	
Ⅰ	CM 增高	TG↑↑↑	TC↑
Ⅱa	LDL 增高		TC↑↑
Ⅱb	LDL 和 VLDL 都增高	TG↑↑	TC↑↑
Ⅲ	IDL 增高	TG↑↑	TC↑↑
Ⅳ	VLDL 增高	TG↑↑	
Ⅴ	VLDL 和 CM 都增高	TG↑↑↑	TC↑

高脂血症是动脉粥样硬化(atherosclerosis，AS)的危险因素。据统计，血浆胆固醇含量超过 6.7 mmol/L 者，比低于 5.7 mmol/L 者的冠状动脉粥样硬化发病率高 7 倍。由于 LDL 增高可使血浆胆固醇水平升高，因此与动脉粥样硬化的关系最为密切。除高胆固醇外，高甘油三酯也可促进动脉粥样硬化的形成。

由于 HDL 将肝外组织的胆固醇转运至肝内代谢并清除，因此具有抗动脉粥样硬化的作用。糖尿病患者及肥胖者血浆中的 HDL 均比较低，因此容易患冠心病。高血压、家族性糖尿和高血糖症及长期吸烟者均可致动脉内皮细胞损伤，有利于胆固醇沉积，可导致动脉粥样硬化。

学与问：血脂代谢紊乱的危害有哪些？

知识点归纳

脂类包括脂肪和类脂，其中脂肪由甘油和脂肪酸组成，脂肪是机体内主要的储能物质。脂肪在体内经脂肪酶催化生成甘油和脂肪酸，运送到全身各组织氧化利用。甘油转变成磷酸二羟丙酮，循糖代谢途径进行代谢。脂肪酸主要经β-氧化途径代谢，其反应过程包括脱氢、加水、再脱氢和硫解，生成1分子乙酰CoA和2个碳原子的脂酰CoA。再重复进行β-氧化过程，使得脂肪酸完全分解成乙酰辅酶A，乙酰辅酶A再进入三羧酸循环彻底氧化。酮体是脂肪酸在肝脏中产生的乙酰辅酶A合成的，因肝脏中缺乏利用酮体的酶类，所以肝脏本身不能利用酮体，酮体需经血液转运到肝外组织进行氧化，为肝外组织提供能源。

磷脂根据其核心结构和主链的不同分为甘油磷脂和鞘磷脂，在体内细胞的组成和其他方面发挥重要作用。胆固醇是胆汁酸和类固醇激素的前体物质，胆固醇的生物合成、转运和利用都受到调控。血浆中的胆固醇大部分存在于LDL，LDL是转运胆固醇的主要形式，胆固醇一部分从肝脏直接排泄，大部分是转变成胆汁酸后分泌排出的。

血浆脂蛋白是血脂在体内存在的主要形式，用超速离心法和电泳法都可分为四类，通过脂蛋白的生成、代谢和消亡，实现了对脂类物质（主要是甘油三酯和胆固醇）代谢的调节和运输。

一、名词解释

脂肪动员　载脂蛋白　高脂血症

二、填空题

1. 脂肪酸β-氧化、酮体的生成和胆固醇合成过程中共同的中间产物是________。

2. 脂肪动员的关键酶是________；脂肪酸进入线粒体进行β氧化分解的限速步骤是________，限速酶是________。

3. 脂酰CoA是________的活性形式，其进一步氧化分解是在________内，经β-氧化途径，产物是________、________和________，然后经________和________途径彻底氧化分解成________和________以及产生大量能量。

4. 甘油三酯是机体________的主要形式，其合成能力最强的脏器是________，合成所需的________及________主要由________代谢提供。

三、选择题

1. 脂肪酸在血中与下列哪个物质结合运输（　　）

A. 载脂蛋白　　B. 清蛋白
C. 球蛋白　　D. 脂蛋白
E. 以上都不是

2. 含$2n$个碳原子的饱和脂酸需要经多少次β-氧化才能完全分解为乙酰CoA（　　）

A. $2n$次　　B. n次　　C. $n-1$次　　D. 8次　　E. $n+1$次

3. 激素敏感脂肪酶是 ( )
A. 脂蛋白脂肪酶 B. 甘油三酯脂肪酶
C. 甘油一酯脂肪酶 D. 胰脂酶
E. 甘油二酯脂肪酶
4. 关于酮体的叙述正确的是 ( )
A. 是脂酸在肝中大量分解产生的异常中间产物,可造成酮症酸中毒
B. 各组织细胞均可利用乙酰 CoA 合成酮体,但以肝为主
C. 酮体只能在肝内生成,肝外利用
D. 酮体氧化的关键酶是乙酰乙酸转硫酶
E. 合成酮体的关键酶是 HMGCoA 还原酶
5. 脂肪酸 β-氧化、酮体生成及胆固醇合成的共同中间产物是 ( )
A. 乙酰 CoA B. 乙酰乙酰 CoA
C. HMG-CoA D. 乙酰乙酸
E. 甲基二羟戊酸
6. 体内胆固醇和脂肪酸合成所需的氢来自 ( )
A. $NADH+H^+$ B. $NADPH+H^+$
C. $FMNH_2$ D. $FADH_2$
E. 以上都是
7. 脂肪酸合成的关键酶是 ( )
A. 丙酮酸羧化酶 B. 硫解酶
C. 乙酰 CoA 羧化酶 D. 丙酮酸脱氢酶
E. 乙酰转移酶
8. 要真实反映血脂的情况,常在饭后 ( )
A. 3~6 小时采血 B. 8~10 小时采血
C. 12~14 小时采血 D. 24 小时后采血
E. 饭后 2 小时采血
9. 脂酰 CoA β-氧化的反应顺序是 ( )
A. 脱氢、加水、硫解、再脱氢 B. 硫解、再脱氢、脱氢、加水
C. 脱氢、加水、再脱氢、硫解 D. 脱氢、硫解、加水、再脱氢
E. 脱氢、硫解、再脱氢、加水
10. 胆固醇不能转化为 ( )
A. 胆汁酸 B. 肾上腺皮质激素
C. 胆红素 D. 维生素 D_3
E. 性激素
11. 下列何种物质是脂肪酸氧化过程中不需要的 ( )
A. HSCoA B. NAD^+ C. $NADP^+$ D. FAD E. 以上都是
12. 不能利用甘油的组织是 ( )
A. 肝 B. 小肠 C. 肾 D. 脂肪组织 E. 以上都不是
13. 血浆脂蛋白按密度由大到小的正确顺序是 ( )
A. CM、VLDL、LDL、HDL B. VLDL、LDL、HDL、CM
C. LDL、VLDL、HDL、CM D. HDL、LDL、VLDL、CM
E. LDL、CM、HDL、VLDL
14. 乙酰辅酶 A 的去路不包括 ( )
A. 合成脂肪酸 B. 氧化供能

C. 合成胆固醇　　D. 合成酮体

E. 转变为葡萄糖

15. 某物质体内不能合成，必须由食物供给，在体内可转变为前列腺素、血栓素及白三烯等，该物质最有可能是　（　）

A. 维生素 A　B. 亮氨酸　C. 软脂酸　D. 花生四烯酸　E. 甘氨酸

四、简答题

1. 血浆脂蛋白如何分类？分哪几类？各有何生理功能？
2. 简述脂酸在肝中β-氧化生成的乙酰辅酶 A 的去路。
3. 试述 1 分子硬脂酸在体内彻底氧化分解的过程，并计算其产生的 ATP 数。
4. 试述糖尿病、酮症、酸中毒的关系。

选择题答案：1. A　2. C　3. B　4. C　5. A　6. B　7. C　8. C　9. C　10. C　11. C　12. D　13. D　14. E　15. D

（闫　波）

第九章 蛋白质代谢

学 习 目 标

掌握氨基酸的脱氨基作用、一碳单位代谢；理解体内氨基酸的来源和去路、氨的代谢、三大营养物质在代谢上的相互联系；了解蛋白质的消化、吸收与腐败作用，了解氨基酸的脱羧基作用。

课 前 准 备

预习全章内容，初步了解蛋白质的消化、吸收与腐败作用，初步理解体内氨基酸的来源和去路。

蛋白质是生命活动中发挥着重要作用的生物大分子。它不仅能维持组织细胞的生长、更新和修补，而且在催化、运输、免疫及代谢调节等方面具有重要作用，这些作用是糖或脂肪所不能取代的。蛋白质还可作为能源物质，每克蛋白质氧化分解约释放 17 kJ(4 kcal)的能量。由此可见，提供足够的食物蛋白是维持各种生命活动所必需的。

实验证明，人体每天约分解 20 g 左右的蛋白质，为补充这些损耗，正常成人每天至少应从食物中摄取 30～50 g 蛋白质才能保障各类代谢的正常进行。国家营养学会推荐正常成人每日蛋白质的需要量为 80 g。

第一节 蛋白质的消化吸收与腐败

一、蛋白质的消化

食物蛋白质是体内氨基酸的主要来源。食物蛋白质在胃、小肠及小肠黏膜细胞内经多种蛋白酶及肽酶协同作用下水解为寡肽及氨基酸的过程称为蛋白质的消化。食物蛋白质经过消化，一方面消除了蛋白质的特异性和抗原性防止过敏、中毒反应；另一方面使蛋白质水解为氨基酸，有利于机体吸收利用。由于唾液中不含蛋白质水解酶，故蛋白质的消化从胃内开始，主要在小肠进行。

（一）胃内的消化

胃黏膜主细胞分泌的胃蛋白酶原在胃内经胃酸或胃蛋白酶自身的激活下生成胃蛋白酶，同时胃酸为胃蛋白酶提供了 pH 1.5～2.5 的最适环境。由于食物在胃内停留时间短，所以在胃内对蛋白质消化不完全，产物主要为短肽及少量氨基酸。此外，胃蛋白酶对乳汁中的酪蛋白有凝乳作用，这对乳儿尤其重要，因为乳汁凝成乳块后在胃内停留时间延长，有利于充分消化。

（二）小肠内的消化

胃液中未完全消化的蛋白质产物及未被消化的蛋白质进入肠道后，在胰腺和肠黏膜细胞分泌的多种蛋白水解酶和肽酶的催化作用下，进一步水解为氨基酸。

来自胰腺的多种蛋白酶原经肠激酶激活，这些酶的最适 pH 为 7.0 左右。胰液中的蛋白酶可以分为两大类，即内肽酶和外肽酶。内肽酶主要水解蛋白质肽链内部的肽键，对不同氨基酸形成的肽键有一定的选择性，主要包括胰蛋白酶、糜蛋白酶、弹性蛋白酶等。外肽酶主要有氨基肽酶和羧基肽酶，可分别从肽链的氨基末端和羧基末端逐个水解肽键释放氨基酸。外肽酶对不同氨基酸组成的肽键也有一定专一性。经过以上蛋白酶的作用，蛋白质被进一步分解为氨基酸和一些寡肽。因此，小肠是蛋白质消化的主要部位。

二、蛋白质的消化与吸收

蛋白质在蛋白酶作用下分解为氨基酸，氨基酸的吸收主要在小肠内进行。氨基酸的吸收是需要载体介导和消耗能量的主动吸收过程，主要有两种氨基酸吸收方式。

（一）通过氨基酸转运蛋白吸收

小肠黏膜细胞膜上具有多种转运氨基酸的载体，肠腔中的氨基酸和 Na^+ 与载体结合，结合后载体构象发生改变，从而使氨基酸与 Na^+ 转入肠黏膜上皮细胞内。为了维持细胞内外 Na^+ 的平衡，再由钠泵（Na^+-K^+-ATP 酶）将 Na^+ 泵出细胞，此过程需 ATP 供能。

（二）通过 γ-谷氨酰基循环吸收

小肠黏膜细胞还可经 γ-谷氨酰基循环将肠腔中的氨基酸转运进入细胞。γ-谷氨酰基循环是一个特殊的转运体系，位于细胞膜上的 γ-谷氨酰基转移酶是关键酶，该酶催化氨基酸与谷胱甘肽结合而转运，是耗能转运过程。γ-谷氨酰基转移酶缺陷时，尿中排出过量谷胱甘肽。

三、蛋白质在肠内的腐败作用

肠道细菌对肠道内未被消化的蛋白质（约占食物蛋白质的 5%）、多肽及未被吸收的氨基酸所发生的分解作用过程，称为蛋白质的腐败作用。腐败作用是细菌本身对氨基酸及蛋白质的代谢作用过程，腐败作用的产物包括胺（RNH_2）、氨（NH_3）、苯酚、吲哚、硫化氢（H_2S）甲烷（CH_4）、CO_2 等物质，其中大多数对人体有害。它们大部分通过粪便一起排出体外，只有少量被吸收，吸收后被转运至肝脏内经生物转化作用而解毒。

学与问：什么是蛋白质的腐败？

第二节　氨基酸的动态平衡

人体中的蛋白质总是处在不断降解与合成的动态平衡，即蛋白质的转换更新。成人体内每天有1%～2%的蛋白质被降解(主要是肌肉蛋白)产生氨基酸，这些氨基酸与肠道吸收的氨基酸混合在一起参与代谢，形成氨基酸代谢库。

一、体内氨基酸的来源

氨基酸代谢库中氨基酸主要有三个来源：①食物蛋白质经过消化生成的氨基酸在小肠内吸收入血，这是氨基酸主要的外源性来源；②组织蛋白质分解产生的氨基酸，这是氨基酸主要的内源性来源；③组织细胞合成的氨基酸，也是氨基酸的内源性来源之一。

二、体内氨基酸的去路

体内氨基酸的去路也主要有三个方面的去路：①用于合成蛋白质和多肽，这是主要的代谢去路，正常成人体内75%的氨基酸用于合成组织蛋白质。②氨基酸可以转变成多种有特殊功能的其他含氮化合物，如肾上腺素、黑色素、嘌呤、嘧啶等。③氧化分解。氨基酸的主要分解代谢途径是通过脱氨基作用生成酮酸和氨。二者还可以继续进行代谢。小部分氨基酸也可以通过脱羧基作用产生CO_2和胺，或者产生一碳单位。

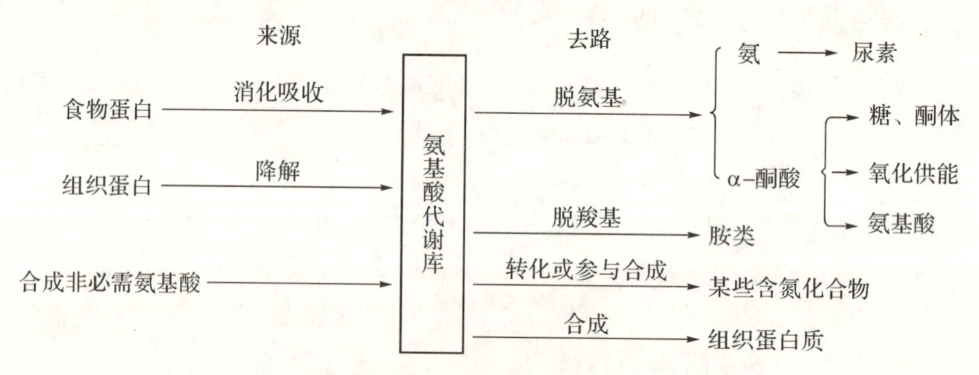

图9-1　氨基酸代谢的概况

学与问：体内氨基酸有哪些来源和去路？

第三节　氨基酸的分解代谢

一、氨基酸的脱氨基作用

氨基酸在体内分解代谢最主要的方式是进行脱氨基作用，大多数组织都可以进行。体内氨基酸主要通过以下三种方式脱去氨基：①氧化脱氨基作用；②转氨基作用；③联合脱氨基作用。在以上三种脱氨基作用中，联合脱氨基作用最为重要。

(一) 氧化脱氨基作用

氧化脱氨基作用是在氨基酸脱氢酶催化下，氨基酸氧化脱氢并同时脱去氨基的过程。

体内催化氧化脱氨基作用的酶有多种，其中以L-谷氨酸脱氢酶在人体内分布最广，活性最高。该酶的辅酶为NAD^+（或$NADP^+$），能催化L-谷氨酸氧化脱氨基，生成α-酮戊二酸和氨。L-谷氨酸脱氢酶在肝、骨和脑组织中活性高，但心肌和骨骼肌中活性较低。氧化脱氨基作用反应如图9-2所示：

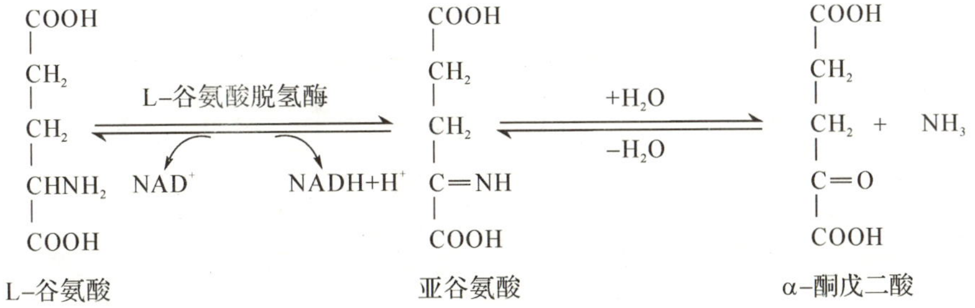

$$\underset{\text{L-谷氨酸}}{HOOC-CH_2-CH_2-CHNH_2-COOH} \xrightleftharpoons[NAD^+ \rightarrow NADH+H^+]{\text{L-谷氨酸脱氢酶}} \underset{\text{亚谷氨酸}}{HOOC-CH_2-CH_2-C(=NH)-COOH} \xrightleftharpoons[-H_2O]{+H_2O} \underset{\alpha\text{-酮戊二酸}}{HOOC-CH_2-CH_2-C(=O)-COOH} + NH_3$$

图9-2　氧化脱氨基作用

（二）转氨基作用

转氨基作用也称为氨基移换作用，是指在氨基转移酶（转氨酶）的催化下，α-氨基酸的氨基转移到α-酮酸上，产生相应的α-酮酸和α-氨基酸的过程。此过程可逆，是体内合成非必需氨基酸的重要途径。转氨酶的辅酶是磷酸吡哆醛/磷酸吡哆胺。转氨基反应只是氨基的转移，并未把氨基真正的脱掉。转氨基反应如图9-3所示：

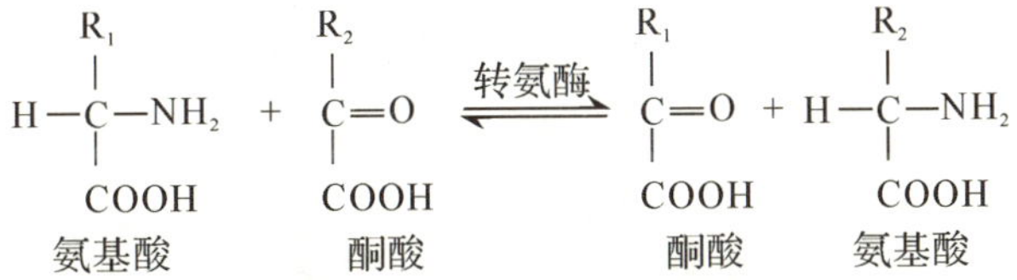

$$\underset{\text{氨基酸}}{R_1-CH(NH_2)-COOH} + \underset{\text{酮酸}}{R_2-C(=O)-COOH} \xrightleftharpoons{\text{转氨酶}} \underset{\text{酮酸}}{R_1-C(=O)-COOH} + \underset{\text{氨基酸}}{R_2-CH(NH_2)-COOH}$$

图9-3　氨基酸转氨基作用

体内大多数氨基酸可以在转氨酶的催化下参与转氨基作用。体内转氨酶种类多，分布广泛，以肝内丙氨酸氨基转移酶（ALT）与心肌细胞中天冬氨酸氨基转移酶（AST）最为重要，它们参与的催化反应如图9-4所示：

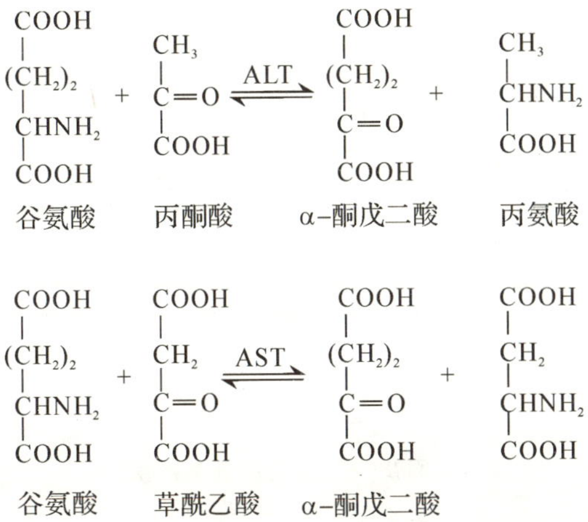

$$\underset{\text{谷氨酸}}{HOOC-(CH_2)_2-CHNH_2-COOH} + \underset{\text{丙酮酸}}{CH_3-C(=O)-COOH} \xrightleftharpoons{ALT} \underset{\alpha\text{-酮戊二酸}}{HOOC-(CH_2)_2-C(=O)-COOH} + \underset{\text{丙氨酸}}{CH_3-CHNH_2-COOH}$$

$$\underset{\text{谷氨酸}}{HOOC-(CH_2)_2-CHNH_2-COOH} + \underset{\text{草酰乙酸}}{HOOC-CH_2-C(=O)-COOH} \xrightleftharpoons{AST} \underset{\alpha\text{-酮戊二酸}}{HOOC-(CH_2)_2-C(=O)-COOH} + HOOC-CH_2-CHNH_2-COOH$$

图9-4　ALT和AST参与的氨基酸转氨基作用

正常情况下转氨酶主要分布于细胞内，而血清中活性很低。当某些原因导致细胞膜通透性增强或组织损坏时，会导致转氨酶大量释放进入血液，造成血清转氨酶活性明显升高。例如，急性肝炎患者血清 ALT 活性显著升高，心肌梗死患者血清中 AST 明显升高。故临床上测定血清中 ALT 与 AST 活性既有助于疾病的诊断，也能作为观察疗效及预后的生化检查项目。表 9-1 显示正常成人不同组织中 ALT 与 AST 的活性。

表 9-1　ALT 与 AST 在不同组织中的活性

组织	ALT(U/g 组织)	AST(U/g 组织)
心	7 100	156 000
肝	44 000	142 000
肾	10 000	91 000
脾	1 200	14 000
肺	700	10 000
骨骼肌	4 800	99 000
胰腺	2 000	28 000
红细胞	100	300
血清	16	20

（三）联合脱氨基作用

在两种或两种以上的酶联合作用下使氨基酸的转氨基作用和谷氨酸的氧化脱氨基作用联合进行，将氨基酸上氨基脱下产生游离氨的过程称为联合脱氨基作用。联合脱氨基作用是在体内氨基酸脱氨基的最重要方式，它可以加速体内氨的转变和运输。

1. L-谷氨酸脱氢酶和转氨酶联合脱氨作用　氨基酸在转氨酶作用下，先将 α-氨基酸氨基转移给 α-酮戊二酸生成谷氨酸，然后再由 L-谷氨酸脱氢酶催化重新生成 α-酮戊二酸，同时产生氨(图 9-5)。

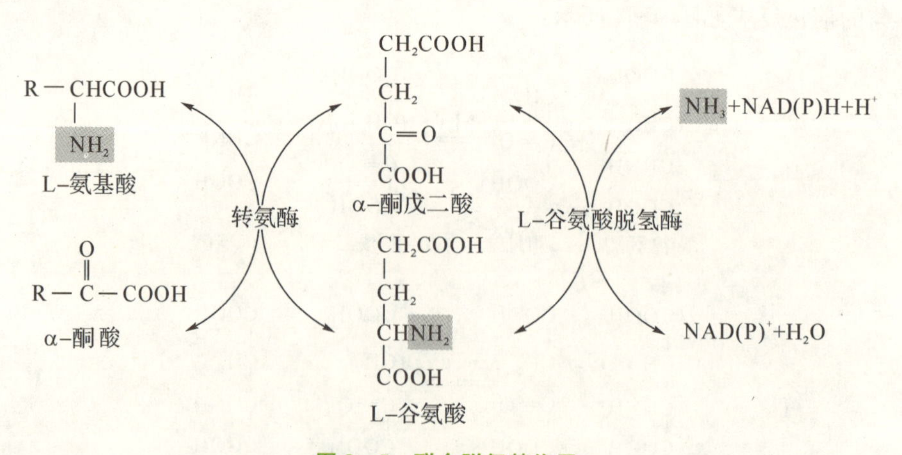

图 9-5　联合脱氨基作用

2. 嘌呤核苷酸循环　由于 L-谷氨酸脱氢酶在心肌和骨骼肌中的活性很低，该途径不能作为心肌和骨骼肌中氨基酸脱氨基的主要方式。在肌肉组织细胞内存在另一种特殊的联合脱氨基方式，即嘌呤核苷酸循环。这种脱氨基作用是氨基酸通过连续的转氨基作用将氨基转移给草酰乙酸，生成天冬氨酸，然后天冬氨酸再与次黄嘌呤核苷酸（IMP）结合生成腺苷酸代琥珀酸，后者经裂解酶催化裂解后，释放出延胡索酸和腺嘌呤核苷酸（AMP），AMP 在腺苷酸脱氨酶催化下脱去氨基生成氨和 IMP（图 9-6）。

嘌呤核苷酸循环是心肌和骨骼肌中氨基酸脱氨基的主要方式。同时此循环在肌肉组织代谢中也具有重要作用，主要表现在其可满足肌肉活动时能量需要的增加。腺苷酸脱氨酶遗传缺陷者易疲劳，而且运动后常常出现痛性痉挛。

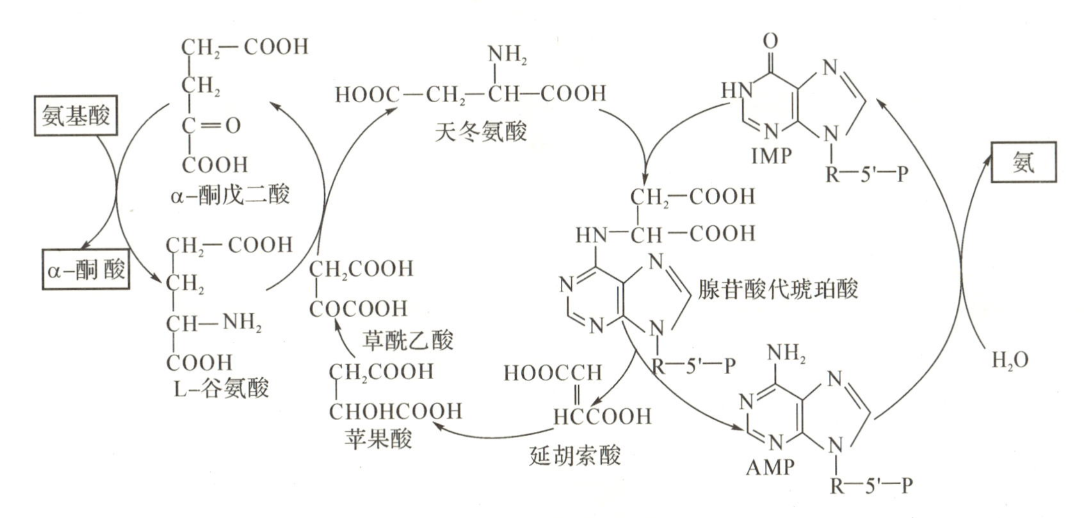

图 9-6　嘌呤核苷酸循环

学与问：氨基酸脱氨基作用有哪几种方式？

二、氨的代谢

体内氨基酸代谢产生的氨和肠道吸收的氨进入血液形成血氨。氨（NH_3）是一种具有神经毒性的物质，脑组织对氨尤其敏感，所以，体内氨生成后将迅速参加有关代谢被转化，从而使血氨维持在较低水平，正常人血氨浓度一般不超过 60 μmol/L（1 mg/L）。氨的来源和去路见图 9-7。

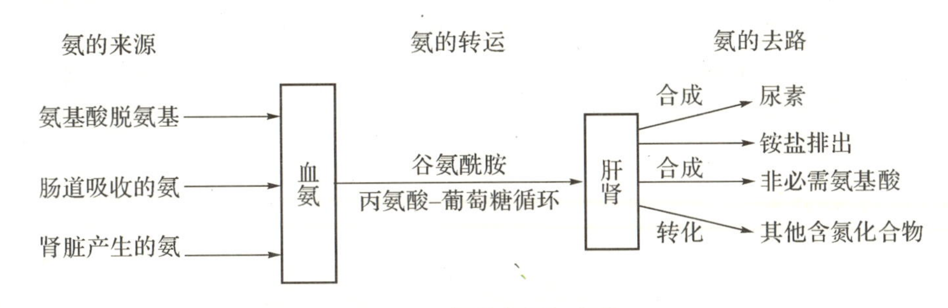

图 9-7　氨的来源与去路

（一）氨的来源

1. 氨基酸脱氨基作用产生的氨　氨基酸的脱氨基作用产生的氨是体内氨的主要来源，

另少量氨由胺类及嘌呤、嘧啶分解产生。

2. 肠道吸收的氨　肠道内的氨经两个途径产生：①主要来自肠道细菌对蛋白质或氨基酸的腐败作用产生的氨；②血中尿素透过肠黏膜细胞扩散入肠道，在肠道细菌作用下，尿素水解产生的氨。肠道每日产氨约 4 g。肠内腐败作用增强时，氨的产生量增多。氨易于透过细胞膜而被吸收入血，NH_3 与 NH_4^+ 的互变与肠内 pH 有关。在碱性条件下，NH_4^+ 转变为 NH_3，氨的吸收增多；酸性条件下，NH_3 与 H^+ 结合生成 NH_4^+，以铵盐的形式排出体外，氨的吸收减少。故肠液 pH>6 时，NH_3 大量扩散入血；肠液 pH<6 时，NH_3 扩散入肠腔。临床上对高血氨患者采用弱酸性透析，而禁止用碱性肥皂水灌肠，就是为了减少氨的吸收。

3. 肾脏产生的氨　肾小管上皮细胞中的谷氨酰胺在谷氨酰胺酶催化下水解，生成谷氨酸和氨。这部分氨被分泌到肾小管管腔中，与原尿中的 H^+ 结合生成 NH_4^+，以铵盐的形式随尿液排出。酸性尿有利于肾小管上皮细胞中的氨进入尿液，而碱性尿则不利于肾小管上皮细胞中 NH_3 的分泌，此时氨被吸收入血，成为血氨的另一个来源。因此，临床上对肝硬化伴有腹水的患者不能使用碱性利尿药，防止碱性利尿药引起血氨升高。

（二）氨的转运

机体产生的氨入血后均以无毒的谷氨酰胺和丙氨酸运输，然后在肝脏合成尿素或以铵盐形式随尿排出。氨在血液中主要有以下两种运输形式。

1. 谷氨酰胺的作用　脑和肌肉等组织产生的氨在谷氨酰胺合成酶催化下，与谷氨酸结合生成谷氨酰胺，后者经血液循环运送到肝和肾进行代谢，此反应消耗 ATP。

$$\underset{\text{L-谷氨酸}}{\begin{array}{c}COOH\\|\\(CH_2)_2\\|\\CHNH_2\\|\\COOH\end{array}} \underset{\text{谷氨酰胺酶}\ \searrow NH_3 \qquad H_2O \nwarrow}{\overset{NH_3+ATP \searrow \quad \text{谷氨酰胺合成酶} \quad \nearrow ADP+Pi}{\rightleftharpoons}} \underset{\text{谷氨酰胺}}{\begin{array}{c}CONH_2\\|\\(CH_2)_2\\|\\CHNH_2\\|\\COOH\end{array}}$$

谷氨酰胺既是氨的解毒产物，又是氨的存储和运输形式。氨对脑组织的毒性大，谷氨酰胺在脑中固定和转运氨的过程中起着主要作用。临床上对氨中毒患者可服用或输入谷氨酸盐，以降低氨的浓度。

2. 丙氨酸-葡萄糖循环　肌肉组织中的氨基酸通过转氨基作用，将其氨基转移给丙酮酸生成丙氨酸，丙氨酸经血液运送至肝脏。在肝内，丙氨酸脱去氨基生成丙酮酸，然后经糖异生途径生成葡萄糖，葡糖糖又可经血液运送到肌肉组织被利用。此过程称为丙氨酸-葡萄糖循环（图 9-8）。通过该循环，肌肉中的氨便以无毒的丙氨酸形成运送到肝进行代谢，同时又为肌肉提供了糖异生的原料。

（三）氨的去路

氨在体内的代谢去路主要有四个去路：

1. 生成尿素　体内氨的最主要去路是在肝脏内合成尿素随尿液排出。尿素合成的过程称为鸟氨酸循环。鸟氨酸循环在肝细胞的线粒体和胞液中进行，可分四个阶段。

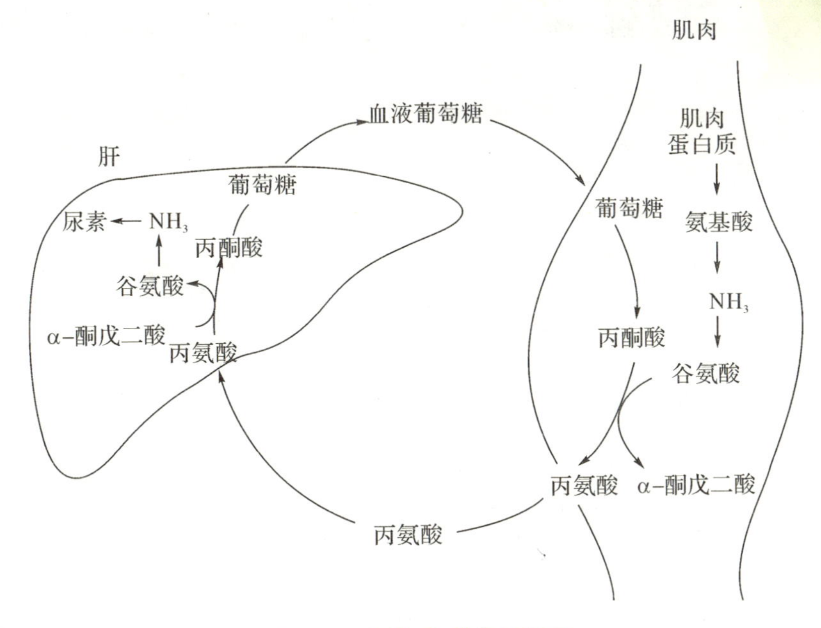

图 9-8　丙氨酸-葡萄糖循环

(1) 氨基甲酰磷酸的合成：在肝细胞线粒体内，1 分子 NH_3 和 2 分子 CO_2 由氨基甲酰磷酸合成酶Ⅰ催化生成氨基甲酰磷酸。此反应为不可逆反应，消耗 2 个 ATP。

$$NH_3+CO_2+H_2O+2ATP\xrightarrow[Mg^{2+},N\text{-乙酰谷氨酸}]{\text{氨基甲酰磷酸合成酶Ⅰ}}H_2N—COO\sim PO_3H_2+2ADP+Pi$$

(2) 瓜氨酸的合成：在鸟氨酸氨基甲酰转移酶催化下，氨基甲酰磷酸与鸟氨酸缩合生成瓜氨酸，该反应不可逆，在线粒体中进行。

$$\begin{array}{c}NH_2\\ |\\ (CH_2)_3\\ |\\ CHNH_2\\ |\\ COOH\\ \text{鸟氨酸}\end{array}+H_2N-COO\sim(P)\xrightarrow{\text{鸟氨酸氨基甲酰转移酶}}\begin{array}{c}NH_2\\ |\\ C=O\\ |\\ NH\\ |\\ (CH_2)_3\\ |\\ CHNH_2\\ |\\ COOH\\ \text{瓜氨酸}\end{array}+H_3PO_4$$

(3) 精氨酸的合成：瓜氨酸生成后，被转运到胞液，在精氨酸代琥珀酸合成酶催化下，由 ATP 供能，与天冬氨酸作用生成精氨酸代琥珀酸。精氨酸代琥珀酸再经精氨酸代琥珀酸裂解酶催化，生成精氨酸和延胡索酸。通过此反应，天冬氨酸分子中的氨基转移至精氨酸分子内。精氨酸代琥珀酸合成酶为尿素合成的限速酶。

$$\begin{array}{c}NH_2\\ |\\ C=O\\ |\\ NH\\ |\\ (CH_2)_3\\ |\\ CHNH_2\\ |\\ COOH\\ \text{瓜氨酸}\end{array}+\begin{array}{c}COOH\\ |\\ CHNH_2\\ |\\ CH_2\\ |\\ COOH\\ \text{天冬氨酸}\end{array}\xrightarrow[ATP\ \to\ AMP+PPi\quad H_2O]{\text{精氨酸代琥珀酸合成酶}\ Mg^{2+}}\begin{array}{c}NH_2\quad COOH\\ |\qquad\ \ |\\ C=N-CH\\ |\qquad\ \ |\\ NH\qquad CH_2\\ |\qquad\ \ |\\ (CH_2)_3\quad COOH\\ |\\ CHNH_2\\ |\\ COOH\\ \text{精氨酸代琥珀酸}\end{array}\xrightarrow{\text{精氨酸代琥珀酸裂解酶}}\begin{array}{c}NH_2\\ |\\ C=NH\\ |\\ NH\\ |\\ (CH_2)_3\\ |\\ CHNH_2\\ |\\ COOH\\ \text{精氨酸}\end{array}+\begin{array}{c}COOH\\ |\\ CH\\ \|\\ CH\\ |\\ COOH\\ \text{延胡索酸}\end{array}$$

(4) 精氨酸水解生成尿素：精氨酸在胞液中精氨酸酶催化下，水解为尿素与乌氨酸。

$$\underset{\text{精氨酸}}{NH_2-C(=NH)-NH-(CH_2)_3-CHNH_2-COOH} \xrightarrow[H_2O]{\text{精氨酸酶}} \underset{\text{尿素}}{NH_2-C(=O)-NH_2} + \underset{\text{乌氨酸}}{NH_2-(CH_2)_3-CHNH_2-COOH}$$

尿素生成的总过程总结如图 9－9 所示。

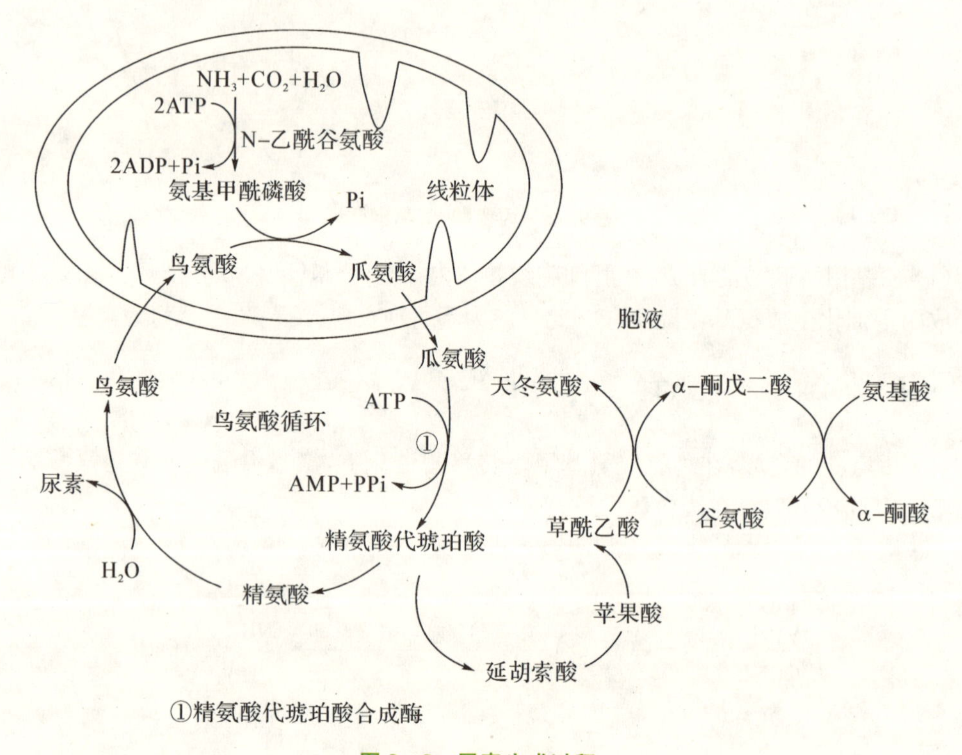

图 9－9 尿素生成过程

尿素生成的总反应如下：

$$2NH_3+CO_2+3H_2O+3ATP \longrightarrow \underset{\text{尿素}}{CO(NH_2)_2}+2ADP+AMP+2Pi+PPi$$

从尿素生成的总反应可以看出，每合成 1 分子尿素清除 2 分子氨，其中 1 分子氨是由氨基酸脱氨基产生，另 1 分子氨来自天冬氨酸的氨基，而天冬氨酸的氨基由其他氨基酸通过转氨基作用提供。尿素合成是耗能的过程，每合成 1 分子尿素消耗 3 分子 ATP(4 个高能磷酸键)。

2. 合成谷氨酰胺　在谷氨酰胺合成酶的催化下，氨与谷氨酰胺合成无毒性的谷氨酰胺。谷氨酰胺既是解除氨毒的一种方式，又是氨的储存及运输形式。一部分谷氨酰胺运至肾脏后，水解释放出的氨与原尿中的 H^+ 结合，以铵盐的形式随尿排出。

3. 合成非必需氨基酸　NH_3 与 α-酮酸结合生成非必需氨基酸。

4. 参与嘌呤和嘧啶等含氮化合物的合成。

学与问：人体氨最主要的去路是什么？

（四）高血氨和氨中毒

正常情况下，人体血氨的来源与去路保持动态平衡，肝合成尿素是维持这个平衡的关键。肝功能严重受损时，尿素合成会出现障碍，血氨浓度增高，称为高血氨。血氨增高时氨进入大脑与 α-酮戊二酸结合生成谷氨酸，氨又可进一步与谷氨酸结合生成谷氨酰胺，使脑细胞内 α-酮戊二酸消耗过多，导致三羧酸循环减弱，从而使脑组织 ATP 生成减少，引起大脑功能障碍，导致昏迷。上述为肝性脑病的"氨中毒学说"。严重肝病患者控制食物蛋白质的摄入，是防治肝性脑病的重要措施之一。

知　识　链　接

高血氨与肝性脑病

肝性脑病是严重肝病引起的、以代谢紊乱为基础的中枢神经系统的综合病征，以意识障碍和昏迷为主要表现。在肝功能不全情况下，血氨的来源增多或去路减少，引起血氨升高，脑组织对氨毒性极为敏感，氨对脑组织的毒性作用在于氨主要是干扰了脑的能量代谢，使 ATP 浓度降低。因而出现脑功能障碍而导致昏迷。由于肝严重病变导致肝功能不全，清除氨的能力大为降低，造成高氨血症与肝性脑病。

患者饮食蛋白过多、摄入铵盐、放腹水以及应用利尿剂等均能诱发肝性脑病。由血氨增高引起肝性脑病者应用谷氨酸类、乙酰谷酰胺等有一定疗效，乙酰谷酰胺通过血脑屏障，分解为谷氨酸及-氨基正丁酸，有降低脑内氨的作用。

三、α-酮酸的代谢

氨基酸脱氨基生成的 α-酮酸主要有以下三条代谢途径。

（一）合成非必需氨基酸

α-酮酸经联合脱氨基反应和转氨基作用的逆过程就可再氨基化合成非必需氨基酸。

（二）转变成糖及脂肪酸

有些氨基酸脱氨基后生成的 α-酮酸可通过糖异生转变为葡萄糖或糖原，这类氨基酸称为生糖氨基酸，种类最多；有些 α-酮酸能转变成乙酰辅酶 A 或者乙酰乙酸，进而转变成脂肪酸或酮体，这类氨基酸称为生酮氨基酸；还有些 α-酮酸，既可转变成糖，也能生成酮体，称为生糖兼生酮氨基酸。

（三）氧化功能

α-酮酸在体内能够通过三羧酸循环彻底氧化生成 CO_2 和 H_2O，同时释放出能量供机体利用。

第四节　个别氨基酸的代谢

一、一碳单位的代谢

（一）一碳单位的概念

一碳单位是指某些氨基酸分解代谢过程中产生的只含有一个碳原子的基团，也称为一碳基团。例如：甲基（$-CH_3$）、甲烯基（$-CH_2-$，亚甲基）、甲炔基（$=CH-$，次甲基）、甲酰基（$-CHO$）及亚氨甲基（$-CH=NH$）等。一碳单位不能独立存在，必须由载体携带、转运才能参与代谢。

（二）一碳单位的来源

一碳单位来源于某些氨基酸的分解代谢，如丝氨酸、甘氨酸、组氨酸和色氨酸等在代谢过程中均可产生一碳单位。不同形式的一碳单位在一定条件下可以相互转化（图 9－10）。

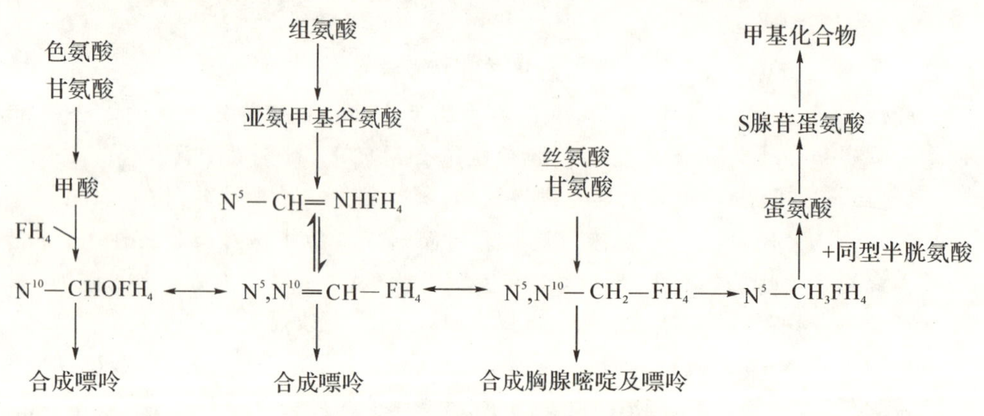

图 9－10　一碳单位的来源及相互转化

（三）一碳单位的载体

一碳单位在体内不能单独存在，需要以四氢叶酸（FH_4）为载体进行转运和代谢。FH_4 由叶酸加氢还原而成。结构式如下：

（四）一碳单位的生理功能

1. 一碳单位是嘌呤和嘧啶核苷酸合成的原料，在核酸生物合成中有重要作用，与细胞的增殖、生长发育等过程密切相关。若人体缺乏叶酸，一碳单位无法正常转运，核苷酸合成障碍，导致红细胞 DNA 及蛋白质合成受阻，产生巨幼红细胞性贫血。

2. 一碳单位将氨基酸代谢与核酸代谢联系在一起。一碳单位来自蛋白质的分解代谢，又可作为核苷酸合成的原料，因此连接了蛋白质与核苷酸的代谢。

学与问：什么是一碳单位？

二、氨基酸的脱羧基作用

某些氨基酸在体内可以通过脱羧基作用生成相应的胺类。催化氨基酸脱羧基作用的酶称氨基酸脱羧酶。氨基酸脱羧酶的辅酶是磷酸吡哆醛。氨基酸经脱羧基作用生成的胺类正常情况下在体内含量不高，却具有重要的生理功能。

（一）γ-氨基丁酸的生成

γ-氨基丁酸（GABA）是由谷氨酸脱羧生成的，催化此反应的酶是谷氨酸脱羧酶，该酶在脑及肾组织中活性强。γ-氨基丁酸是抑制性神经递质，对中枢神经有抑制作用。临床上用维生素 B_6 治疗妊娠性呕吐、运动病和小儿惊厥，就是因为维生素 B_6 可以提高谷氨酸脱羧酶的活性，从而促进 GABA 的生成，使某些过度兴奋的神经受到抑制，起到治疗作用的。

$$\underset{\text{L-谷氨酸}}{HOOC-(CH_2)_2-CHNH_2-COOH} \xrightarrow{\text{L-谷氨酸脱羧酶}} \underset{\text{γ-氨基丁酸}}{HOOC-(CH_2)_2-CH_2NH_2} + CO_2$$

（二）组胺的生成

组胺由组氨酸脱羧生成。组胺在体内分布广泛，乳腺、肺、肝、肌肉及胃黏膜中含量较高。肥大细胞及嗜碱性粒细胞在过敏反应、创伤等情况下可产生过量的组胺。组胺是一种强烈的血管扩张剂，并能使毛细血管的通透性增加，引起血压下降，甚至休克；组胺还可使平滑肌收缩，引起支气管痉挛而发生哮喘；组胺还可刺激胃蛋白酶及胃酸的分泌。

$$\underset{\text{组氨酸}}{\text{咪唑基}-CH_2-CH(NH_2)-COOH} \xrightarrow{\text{组氨酸脱羧酶}} \underset{\text{组氨}}{\text{咪唑基}-CH_2-CH_2-NH_2} + CO_2$$

（三）5-羟色胺的生成

5-羟色胺（5-HT）是色氨酸的代谢产物。色氨酸通过色氨酸羟化酶的作用首先生成5-羟色氨酸，再经脱羧酶作用生成5-羟色胺。5-羟色胺广泛存在于体内各种组织中，特别是脑组织中含量较高，胃、肠、血小板及乳腺细胞中也有5-羟色胺。脑中的5-羟色胺是一种重要的血管收缩剂，在外周组织，5-羟色胺具有收缩血管、升高血压的作用。由于组胺过多引起的血压下降，可用5-羟色胺纠正。

$$\underset{\text{色氨酸}}{\text{吲哚基}-CH_2CH(NH_2)COOH} \xrightarrow{\text{色氨酸羟化酶}} \underset{\text{5-羟色氨酸}}{HO-\text{吲哚基}-CH_2CH(NH_2)COOH}$$

$$\underset{\text{5-羟色氨酸}}{HO-\text{吲哚基}-CH_2CH(NH_2)COOH} \xrightarrow[-CO_2]{\text{5-羟色氨酸脱羧酶}} \underset{\text{5-羟色胺}}{HO-\text{吲哚基}-CH_2CH_2NH_2}$$

三、含硫氨基酸代谢

体内含硫氨基酸有甲硫氨酸、半胱氨酸和胱氨酸，其在体内代谢对机体正常生理活动具有重要的意义。

（一）甲硫氨酸代谢

1. 甲硫氨酸与转甲基作用　甲硫氨酸在体内首先与 ATP 反应生成 S-腺苷甲硫氨酸(SAM)，才能参与转甲基反应。SAM 中的甲基为活性甲基，所以 S-腺苷甲硫氨酸又称为活性甲硫氨酸，是体内甲基的直接供体。体内多种含甲基的生理性活性物质，如肌酸、胆碱、肾上腺素等，合成时所需的甲基都直接来自 S-腺苷甲硫氨酸。

2. 甲硫氨酸循环　转甲基酶催化 SAM 为体内甲基化反应提供甲基，同时 SAM 在裂解酶催化下脱去腺苷生成同型半胱氨酸。后者在转甲基酶催化下，接受 $N^5-CH_3-FH_4$ 的甲基再次合成甲硫氨酸，构成甲硫氨酸循环(图 9-11)。

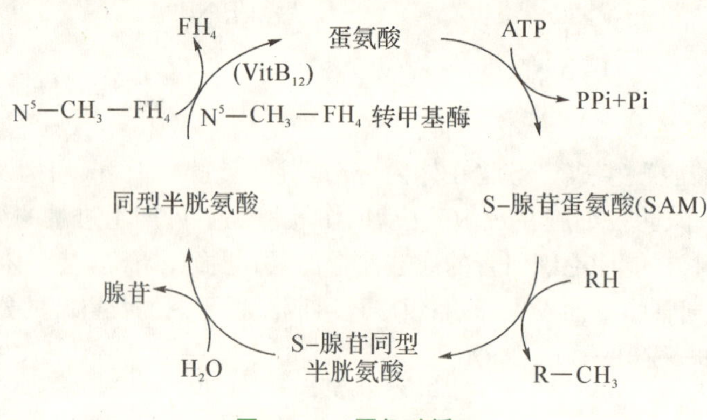

图 9-11　蛋氨酸循环

甲硫氨酸循环能够提供人体代谢所需要的甲基，进行甲基化反应。此循环中甲基转移酶的辅酶是维生素 B_{12}，当体内维生素 B_{12} 缺乏时，$N^5-CH_3-FH_4$ 上的甲基不能转移，不利于甲硫氨酸的合成，同时也影响四氢叶酸的再生，使得一碳单位代谢出现障碍，从而导致核酸合成受到抑制，影响细胞分裂而引发巨幼红细胞性贫血。

（二）半胱氨酸与胱氨酸代谢

半胱氨酸与胱氨酸可以互变。两分子半胱氨酸可被氧化成一分子胱氨酸，胱氨酸亦可还原成 2 分子半胱氨酸。

$$\begin{array}{l}\;\;CH_2SH\\\;\;|\\2CHNH_2\\\;\;|\\\;\;COOH\end{array}\;\underset{-2H}{\overset{+2H}{\rightleftharpoons}}\;\begin{array}{lcl}CH_2-S-S-CH_2\\|\qquad\qquad\quad\;|\\CHNH_2\qquad CHNH_2\\|\qquad\qquad\quad\;|\\COOH\qquad\;\, COOH\end{array}$$

1. 生成牛磺酸　牛磺酸是胆汁中结合胆汁酸的组成成分，其由半胱氨酸代谢产生。半胱氨酸首先氧化成磺酸丙氨酸，再经磺酸丙氨酸脱羧酶催化生成牛磺酸。含有牛磺酸的胆汁酸在促进脂类物质消化吸收中有重要作用。

$$\underset{\text{L-半胱氨酸}}{\begin{array}{c}CH_2SH\\|\\CH-NH_2\\|\\COOH\end{array}} \xrightarrow{3[O]} \underset{\text{磺酸丙氨酸}}{\begin{array}{c}CH_2SO_3H\\|\\CH-NH_2\\|\\COOH\end{array}} \xrightarrow[\searrow CO_2]{\text{磺酸丙氨酸脱羧酶}} \underset{\text{牛磺酸}}{\begin{array}{c}CH_2SO_3H\\|\\CH_2NH_2\end{array}}$$

2. 硫酸根的产生　半胱氨酸在体内氧化分解产生硫酸根。体内生成的硫酸根，一部分以无机盐的形式随尿排出体外，另一部分经 ATP 活化生成活性硫酸根，即 3－磷酸腺苷－5－磷酸硫酸（PAPS）。

$$ATP+SO_4^{2-} \xrightarrow{\nearrow PPi} \underset{\text{腺苷-5'-磷酸硫酸}}{AMP-SO_3^-} \xrightarrow{ATP \to ADP} SO_3^- -O-\overset{O}{\overset{\|}{P}}-O-CH_2\text{(腺嘌呤核糖, 3'-}H_2O_3PO\text{, 2'-OH)}$$

PAPS

PAPS 的化学性质活泼，在肝生物转化中作为硫酸供体参与结合反应。另外，PAPS 参与硫酸角质素及硫酸软骨素等化合物中硫酸化氨基糖的合成。

四、芳香族氨基酸的代谢

芳香族氨基酸是含有苯环的一类氨基酸，包括苯丙氨酸、酪氨酸和色氨酸。

（一）苯丙氨酸代谢

正常情况下，苯丙氨酸在苯丙氨酸羟化酶催化下生成酪氨酸，这是苯丙氨酸在体内的主要代谢途径。当苯丙氨酸羟化酶先天性缺乏时，苯丙氨酸转化为酪氨酸受阻，此时苯丙氨酸经转氨基作用生成苯丙酮酸，尿中出现大量苯丙酮酸等代谢产物，称为苯丙酮尿症。苯丙酮酸对神经系统有毒性，导致儿童神经系统发育障碍。

知 识 链 接

苯丙酮尿症

苯丙酮尿症是一种氨基酸代谢病，是由于苯丙氨酸代谢途径中的酶缺陷，使得苯丙氨酸不能转变成为酪氨酸，导致苯丙氨酸及其酮酸蓄积，并从尿中大量排出。本病在遗传性氨基酸代谢缺陷疾病中比较常见，其遗传方式为常染色体隐性遗传。主要临床特征为智力低下、精神神经症状、湿疹、皮肤抓痕征及色素脱失和鼠气味等，脑电图异常。诊断一旦明确，应尽早给予积极治疗，开始治疗的年龄愈小，效果愈好，主要采用饮食疗法，饮食过程中坚持低苯丙氨酸饮食。如果能得到早期诊断和早期治疗，则前述临床表现可不发生，智力正常，脑电图异常也可得到恢复。

（二）酪氨酸代谢

酪氨酸在体内可以转变为多种物质。

1. 转变为儿茶酚胺类激素　酪氨酸在酪氨酸羟化酶催化下，生成3,4-二羟苯丙氨酸，简称多巴。多巴经脱羧转变成多巴胺。多巴胺是一种神经递质。帕金森病患者体内多巴胺生成减少，发生震颤麻痹，临床上常用多巴胺类药物给予治疗。多巴胺、去甲肾上腺素、肾上腺素都含有儿茶酚(对苯酚)的结构，故将它们统称为儿茶酚胺。

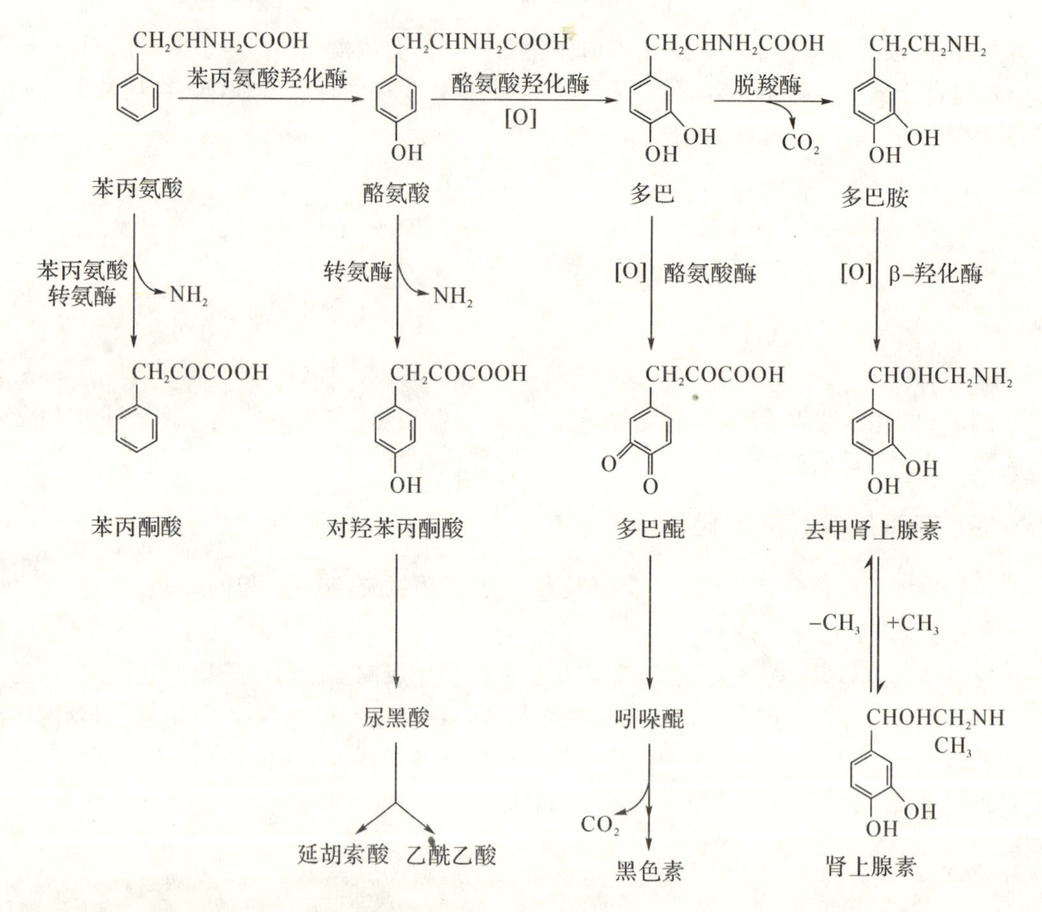

2. 转变为黑色素　在皮肤黑色素细胞中的酪氨酸，经酪氨酸酶的催化，生成多巴，多巴经氧化变成多巴醌，最终转化为黑色素，成为毛发、皮肤及眼球的色素。先天性酪氨酸酶缺乏的患者，因不能合成黑色素，导致白化病。

知识链接

白化病

白化病是由于酪氨酸酶缺乏或功能减退引起的一种皮肤及附属器官黑色素缺乏或合成障碍所导致的遗传性白斑病。患者视网膜无色素，虹膜和瞳孔呈现淡粉色，怕光；皮肤、眉毛、头发及其他体毛都呈白色或黄白色。白化病属于家族遗传性疾病，为常染色体隐性遗传，常发生于近亲结婚的人群中。

3. 生成尿黑酸 酪氨酸在酪氨酸转氨酶催化下生成对羟苯丙酮酸，再氧化脱羧生成尿黑酸。尿黑酸再转化为乙酰乙酸和延胡索酸。尿黑酸尿症患者先天缺乏2,5-二羟苯乙酸-1,2-二氧化酶，使尿黑酸的氧化受阻，出现尿黑酸尿症。

4. 转变为甲状腺激素 甲状腺激素是酪氨酸的衍生物，包括甲状腺激素 T_3 和 T_4 两种，合成 T_3 和 T_4 需要碘为原料。人体甲状腺分泌的 T_3 和 T_4 量约为4∶1，但 T_3 的生理效应比 T_4 强3～4倍。临床上通过检测 T_3 和 T_4 的含量了解甲状腺功能的状态。

（三）色氨酸代谢

色氨酸是生糖兼生酮氨基酸，其在体内代谢可以生成5-羟色胺、一碳单位、丙酮酸和乙酰辅酶A。除此以外，色氨酸分解还可以产生烟酸，但生成量少，不能满足机体的需要，需由食物补充。

第五节 糖、脂肪、氨基酸在代谢上的联系

物质代谢是生物体实现与外界环境进行物质交换、自我更新以及内环境相对稳定，保证各项生命现象和生理功能的化学基础，是生命的基本特征。糖、脂肪、蛋白质是人体的三大营养物质，它们通过共同的中间代谢物，即三种代谢途径汇合时的中间产物（乙酰辅酶A）及三羧酸循环等联成一个整体。因而糖、脂类、蛋白质三类物质的代谢间既可以互相转变，又可以相互制约。

一、糖、脂肪、氨基酸在体内的相互转变

（一）糖与脂肪在体内的相互转变

如机体摄入的糖超过体内能量消耗所需，富余的糖除合成糖原储存在肝及肌肉中外，糖代谢中三羧酸循环产生的中间物可以合成脂肪酸及脂肪储存在脂肪组织中，即糖可以转变为脂肪。这就是机体摄取不含脂肪的高糖膳食可使人肥胖及血中甘油三酯升高的原因。

然而，脂肪绝大部分不能在体内转变为糖。因为脂肪酸经β-氧化产生的乙酰辅酶A不能转变为丙酮酸，即糖代谢中丙酮酸转变成乙酰辅酶A这步反应是不可逆的。尽管脂肪的分解产物中的甘油可以在肝、肾、肠等组织中转变成3-磷酸甘油，进而经糖异生途径形成葡萄糖，但脂肪分解中产生的甘油量和脂肪中大量脂酸分解生成的乙酰辅酶A相比是微不足道的。

另外，脂肪分解代谢的顺利进行，还要依赖于糖代谢的正常进行来补充三羧酸循环的中间产物。当饥饿或糖供给不足或糖代谢障碍时，引起脂肪动员，脂肪酸进入肝脏进行β-氧化导致酮体生成量增加；同时由于糖的不足，导致三羧酸循环的重要中间产物草酰乙酸相对不足引起三羧酸循环障碍，由脂酸分解生成的过量酮体不能及时通过三羧酸循环氧化分解，造成血中酮体升高，产生高酮血症。

（二）糖与氨基酸在体内的相互转变

组成机体蛋白质的20种氨基酸，除生酮氨基酸（亮氨酸、赖氨酸）外，其他氨基酸都可通过脱氨作用生成相应的α-酮酸。这些α-酮酸一部分通过三羧酸循环氧化分解生成 CO_2 及 H_2O 并释放出能量生成ATP；另一部分转变成某些中间代谢物如丙酮酸，又经糖异生途径转变为糖，如精氨酸、组氨酸及脯氨酸均可转变成谷氨酸进一步脱氨生成α-酮戊二酸，经草酰乙酸转变成磷酸烯醇式丙酮酸，再沿糖异生途径形成葡萄糖。

糖代谢的一些中间代谢物，如丙酮酸、α-酮戊二酸、草酰乙酸等也可经氨基化作用生成非必需氨基酸。但必需氨基酸如苏氨酸、甲硫氨酸、赖氨酸、亮氨酸、异亮氨酸、缬氨酸、苯丙氨酸及色氨酸等8种氨基酸不能由糖代谢中间物转变而来。由此可见，20种氨基酸中除亮氨酸及赖氨酸外均可转变为糖，而糖代谢中间代谢物仅能在体内转变成12种非必需氨基酸，其余8种必需氨基酸必须从食物摄取。因此食物中的蛋白质不能为糖、脂类所替代，而蛋白质却能替代糖和脂肪供能。

（三）脂肪与氨基酸在体内的相互转变

无论生糖、生酮或生酮兼生糖氨基酸分解后均生成乙酰辅酶A，乙酰辅酶A是脂肪酸合成的原料，可合成脂肪酸进而合成为脂肪，即蛋白质可转变为脂肪。乙酰辅酶A也可合成胆固醇。此外，氨基酸也可作为合成磷脂的原料，如丝氨酸脱羧可变为胆胺，胆氨可转变为胆碱。丝氨酸、胆氨及胆碱分别是合成丝氨酸磷脂、脑磷脂及卵磷脂的原料。但脂类基本不能转变为氨基酸，仅脂肪水解产生的甘油可通过生成磷酸甘油醛、糖异生途径生成糖，再由糖的中间代谢物间接转变为某些非必需氨基酸。

二、糖、脂肪、氨基酸在代谢上的相互制约

糖、脂肪及蛋白质均可在机体内氧化供能。乙酰辅酶A是上述三大营养物质氧化分解共同的中间代谢物，而三羧酸循环是它们最后氧化分解的共同途径。

从能量供应的角度看，机体内糖、脂肪及蛋白质这三大营养物质可以互相代替，并互相制约。这三类营养物质中任一类的氧化分解占优势则抑制和节约其他两类产能物质的降解。一般情况下，供能以糖及脂肪特别是糖为主，蛋白质是次要能源物。这不仅因为机体摄取的食物中一般以糖类为最多，占总热量的50%～70%；脂肪摄入量在10%～40%内变动，是机体储能的主要形式；而蛋白质是机体内细胞最重要的组成成分，通常并无多余储存。由于糖、脂肪、蛋白质分解代谢有共同的最终分解途径，脂肪分解增强、生成的ATP增多，ATP/ADP比值增高，可变构抑制糖分解代谢中的关键酶——6-磷酸果糖激酶活性，从而抑制糖氧化分解。相反，若供能物质不足，体内能量匮乏，ADP积存增多，则可变构激活6-磷酸果糖激酶，加速体内糖的氧化分解。又如由于疾病不能进食，或无食物供给时，机体储存的肝糖原及肌糖原不够饥饿时1天的需要，为保证血糖浓度的相对恒定以满足脑组织对糖的需要，则肝中糖异生增强、相应蛋白质分解加强，以提供糖异生原料。如饥饿持续进行至3～4周，由于长期糖异生增强使蛋白质大量分解，势必威胁生命，因而机体通过调节作用来保存蛋白质。这时机体内各组织包括脑组织都以脂酸或酮体为主要能源，蛋白质的分解明显降低。

知识点归纳

蛋白质是生物体十分重要的生物大分子，基本单位是氨基酸。食物蛋白质是体内氨基酸的主要来源，体内不能合成而必须由食物供给的氨基酸称为必需氨基酸，共有8种。食物蛋白质经胃、小肠内多种蛋白酶及肽酶进行消化，吸收部位主要在小肠。肠内未被消化吸收的蛋白质、肽、氨基酸经肠道细菌通过腐败作用分解。

体内氨基酸主要用于合成组织蛋白。氨基酸的分解代谢以脱氨基方式为主。脱氨基方式有氧化脱氨基作用、转氨基作用、联合脱氨基作用，联合脱氨基作用是主要脱氨基方式。脱氨基作用产生的氨，以丙氨酸、谷氨酰胺的形式运至肝脏，通过鸟氨酸循环合成尿素随尿排出。部分氨基酸脱羧基作用生成生理活性胺。如γ-氨基丁酸、组胺、多胺、牛磺酸等在体内均有重要作用。

一碳单位是某些氨基酸在体内分解代谢中产生的仅含有一个碳原子的基团。一碳单位在体内不能单独存在，必须依赖载体，其载体是四氢叶酸。一碳单位的生理功能是参与核苷酸和重要生理活性物质的合成。

含硫氨基酸中的甲硫氨酸在体内可以生成SAM，SAM是活泼的甲基供体，参与体内多种甲基化反应；半胱氨酸在体内可以生成活性硫酸根PAPS，参与体内硫酸化反应。芳香族氨基酸中苯丙氨酸经羟化生成酪氨酸，酪氨酸可转变为儿茶酚胺、甲状腺激素、黑色素、尿黑酸等。

糖、脂肪、蛋白质是人体的三大营养物质，它们通过共同的中间代谢物，即三种代谢途径汇合时的中间产物(乙酰辅酶A)及三羧酸循环等联成一个整体。因而糖、脂类、蛋白质三类物质的代谢间既可以互相转变，又可以相互制约。

一、名词解释

转氨基作用　一碳单位　鸟氨酸循环　生糖氨基酸　生酮氨基酸

二、填空题

1. 氨基酸脱氨基的主要方式有________、________、________。
2. 氨的来源有________、________、________，其中________是氨的主要来源。
3. 氨的去路有________、________、________和________，其中________是氨的主要去路。
4. 正常情况下肝组织中活性最高的转氨酶是________，心肌组织中活性最高的转氨酶是________。

三、选择题

1. 氨基酸在体内的主要去路是　(　　)
A. 合成嘌呤碱基　B. 合成嘧啶碱基
C. 合成组织蛋白质　D. 氧化分解
E. 合成糖原

2. 心肌和骨骼肌脱氨基的主要方式为　(　　)
A. 转氨基　B. 氧化脱氨基
C. 联合脱氨基　D. 嘌呤核苷酸循环
E. 以上都不是

3. 蛋白质消化的主要部位是　(　　)
A. 口腔　B. 食管　C. 胃　D. 小肠　E. 大肠

4. 蛋白质吸收的主要部位是　(　　)
A. 口腔　B. 食管　C. 胃　D. 小肠　E. 大肠

5. 尿素合成的主要器官是　(　　)
A. 心脏　B. 肝脏　C. 肾脏　D. 胰腺　E. 肌肉

6. 白化病患者体内缺乏下列哪一种酶 （　）

A. 酪氨酸酶　　B. 天冬氨酸脱羧酶

C. 酪氨酸脱羧酶　　D. 谷氨酸脱羧酶

E. 苯丙氨酸羟化酶

7. 一碳单位的载体是 （　）

A. 叶酸　　B. 二氢叶酸　　C. 四氢叶酸　　D. 磷酸吡哆醛　　E. 儿茶酚

8. 血氨增高与下列哪个器官损伤有关 （　）

A. 心脏　　B. 肝脏　　C. 肾脏　　D. 脾　　E. 大脑

四、简答题

1. 氨基酸代谢库中氨基酸的来源和去路有哪些？

2. 血氨的来源和去路有哪些？

3. 简述高血氨和氨中毒。

选择题答案：1. C　2. D　3. D　4. D　5. B　6. A　7. C　8. B

（李道远）

第十章　核酸代谢和蛋白质的生物合成

学习目标

掌握核酸的消化吸收过程，核苷酸的生理功能，核酸的分解代谢产物，参与蛋白质生物合成的物质；了解核苷酸分解代谢，合成代谢及蛋白质生物合成的过程。

课前准备

预习全章内容，初步了解核酸的化学组成，蛋白质生物合成的过程。

第一节　核酸的消化与吸收

一、核酸的消化

食物中的核酸多以核蛋白的形式存在。在胃中，核蛋白受胃酸的作用分解为核酸与蛋白质。核酸进入小肠后，首先在胰核酸酶的作用下水解为单核苷酸，后者进一步在胰液和肠液的各种水解酶的作用下逐步水解为磷酸、碱基和戊糖。食物中的 DNA 和 RNA 在小肠内分别被胰脱氧核糖核酸酶(DNase)和核糖核酸酶(RNase)水解为寡核苷酸(低级多核苷酸)和部分单核苷酸。

$$\text{DNA} \longrightarrow \text{d NMP} \longrightarrow \text{磷酸}+\text{脱氧核苷}$$
$$\text{RNA} \longrightarrow \text{NMP} \longrightarrow \text{磷酸}+\text{核苷}$$

学与问：核酸的主要消化过程是如何的?

二、核酸的吸收

核苷酸及其水解产物均可被细胞吸收，它们被吸收后，核苷酸及核苷在肠黏膜细胞中可被继续降解。分解产物戊糖或磷酸戊糖可被机体重吸收而参与体内的戊糖代谢；碱基(嘌呤碱和嘧啶碱)则主要被继续分解而最终排出体外。由此可见，食物来源的核酸很少能被机体重新利用。构成体内组织核酸的核苷酸只有少量是来自食物核酸的消化吸收，大部分主要由机体自身合成。因此，核苷酸不属于必需营养物质。

核苷可以通过被动扩散方式吸收。但嘧啶核苷亦被肠黏膜细胞生成的嘧啶核苷酶所水解，生成嘧啶碱基，由扩散方式或经特殊的运输方式吸收。次黄嘌呤和黄嘌呤则被黏膜细胞的黄嘌呤氧化酶氧化为尿酸，尿酸通过扩散或经载体转运被吸收。嘌呤分解的终产物是尿酸，经肾脏而随尿液排出。

学与问：核酸分解后被人体吸收的主要物质是什么？

第二节　核酸的分解代谢

一、核酸的分解

体内核苷酸的分解代谢过程与食物中核苷酸的消化过程相类似。首先，细胞中的核苷酸在核苷酸酶的作用下水解为核苷和磷酸，核苷经核苷磷酸化酶的作用，磷酸解成游离的碱基(嘌呤碱或嘧啶碱)和1-磷酸核糖，后者可在磷酸核糖变位酶的作用下转变为5-磷酸核糖。5-磷酸核糖既可重新用于新核苷酸的合成，也可以进入磷酸戊糖途径进行代谢；而嘌呤碱和嘧啶碱则可进一步水解排出体外，部分也可参与核苷酸的补救合成途径。核酸分解图解见图10-1。

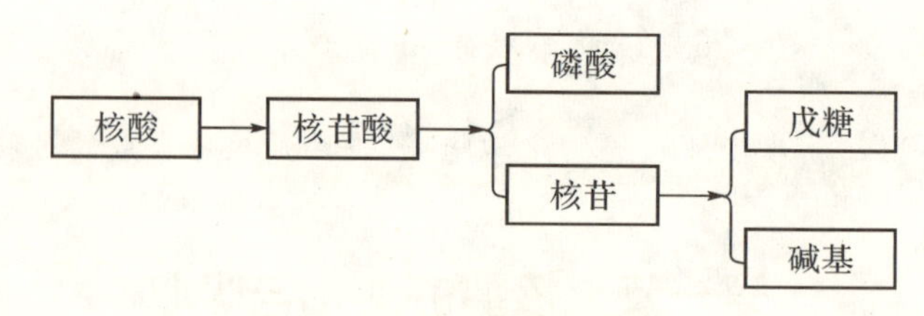

图10-1　核酸的分解

学与问：核苷酸分解的主要产物有哪些？

二、单核苷酸的分解

(一) 嘌呤核苷酸的分解代谢

嘌呤核苷酸的分解代谢主要是在肝、小肠及肾中进行。嘌呤核苷酸经核苷酸酶及核苷磷酸化酶的作用逐步脱去磷酸和核糖，生成嘌呤碱。在人体内，嘌呤碱最终分解生成尿酸(uric acid)，由尿排出体外。AMP分解产生次黄嘌呤，后者在黄嘌呤氧化酶的作用下氧化成黄嘌呤，黄嘌呤继续在黄嘌呤氧化酶的催化下氧化生成尿酸。GMP分解产生鸟嘌呤，鸟嘌呤在鸟嘌呤脱氨酶的催化下转变成黄嘌呤，最终生成尿酸(图10-2)。黄嘌呤氧化酶是尿酸生成的关键酶。遗传性缺陷或严重肝损伤可导致该酶的缺乏，患者可表现为黄嘌呤尿、黄嘌呤肾结石、低尿酸血症等症状。

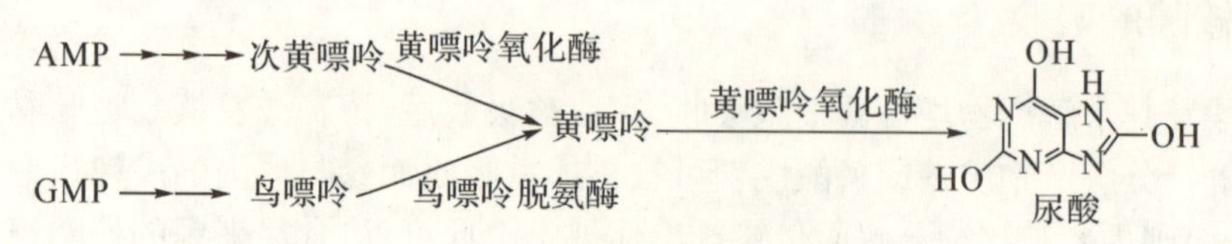

图10-2　嘌呤核苷酸的分解代谢

尿酸呈酸性，且水溶性较差。正常人血浆中尿酸含量为 0.12～0.36 mmol/L(2～6 mg/dL)，男性略高于女性。当血中尿酸含量超过 0.48 mmol/L(8 mg/dL)时，尿酸盐结晶可沉积于关节、软组织、软骨及肾等处，最终引起关节炎，尿路结石及肾疾病等，临床上称为痛风症。痛风症多见于成年男性，其发病机制尚未完全阐明。已知嘌呤核苷酸代谢酶的遗传缺陷可导致痛风。此外，当体内核酸大量分解(如恶性肿瘤、白血病等)、进食高嘌呤膳食以及由于某些药物或肾疾病等影响肾脏排泄尿酸时，均可致血中尿酸升高。

临床上常用别嘌呤醇(allopurinol)来治疗痛风症。别嘌呤醇的结构与次黄嘌呤类似，只是分子中的 N_7 与 C_8 互换了位置，故可竞争性抑制黄嘌呤氧化酶，进而抑制尿酸的生成。此外，别嘌呤醇还可以与 PRPP 反应生成别嘌呤醇核苷酸，这样不仅消耗了核苷酸合成所必需的 PRPP，使其含量减少，同时由于别嘌呤醇核苷酸与 IMP 的结构类似，还可以反馈抑制 PRPP 酰胺转移酶，从而减少嘌呤核苷酸的从头合成。

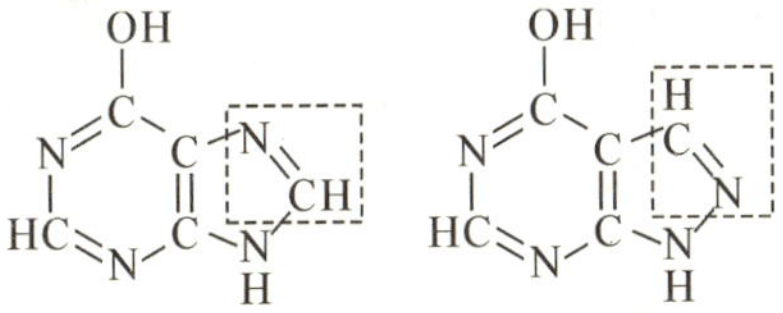

次黄嘌呤　　别嘌呤醇

知识链接

痛风症的病因

痛风症是一种常见的代谢紊乱疾病，分为原发性和继发性两种。继发性痛风症是由于肾功能障碍导致血中尿酸增高，临床上的痛风患者多以此种情况居多。原发性痛风症则是由于嘌呤代谢相关酶的缺陷所致。例如 HGPRT 先天缺乏的患者，嘌呤核苷酸的补救合成发生障碍，体内游离的嘌呤碱增多，导致过量产生尿酸，引起痛风症。另外缺少补救合成途径则会引起嘌呤核苷酸从头合成速度的增加，同时。缺乏补救合成途径还会造成神经疾病症状等更严重的后果，如自毁容貌症(Lesch－Nyhan 综合征)，别嘌呤醇对此症状无效。

学与问：嘌呤的代谢产物是什么？其产物堆积过多引起什么疾病？

(二) 嘧啶核苷酸的分解代谢

嘧啶核苷酸的分解代谢主要在肝中进行。嘧啶核苷酸的分解产物嘧啶碱在机体内进一步分解。胞嘧啶脱氨基转化为尿嘧啶，尿嘧啶经还原生成二氢尿嘧啶，后者水解开环，然后再水解，最终生成 NH_3、CO_2 及 β－丙氨酸；β－丙氨酸可转变为乙酰 CoA 并进入三羧酸循环彻底氧化分解。胸腺嘧啶经还原、水解反应最终生成 NH_3、CO_2 和 β－氨基异丁酸。β－氨基异丁酸可直接随尿排出体外，也可转变成琥珀酰 CoA 进入三羧酸循环彻底氧化分解或经糖异生途径异生成糖。NH_3 和 CO_2 可用于合成尿素，随尿排出体外(图 10－3)。

与嘌呤碱的代谢产物不同，嘧啶碱的降解产物均易溶于水。当食入含核酸丰富的膳食、经放射线治疗或化学治疗的肿瘤患者，由于 DNA 破坏过多，导致尿中 β-氨基异丁酸的排泄量增多。

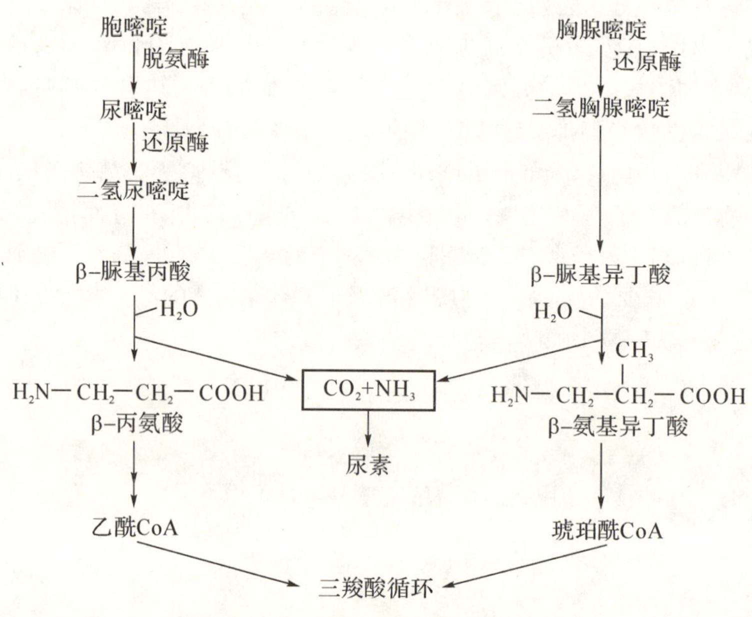

图 10-3　嘧啶核苷酸的分解代谢

学与问：嘧啶的主要代谢产物是什么？

第三节　核酸的合成代谢

一、嘌呤核苷酸的合成代谢

哺乳类动物细胞中的嘌呤核苷酸的合成有两条途径：一是"从头合成"途径（denovo synthesis），是指利用氨基酸、二氧化碳、一碳单位和磷酸核糖等简单化合物为原料，经过一系列酶促反应，逐步合成嘌呤核苷酸的过程，其过程较为复杂。二是"补救合成"途径（salvage pathway），是指利用细胞内已有的嘌呤或嘧啶核苷为原料，经酶促反应合成嘌呤核苷酸的过程，其过程较为简单。两条合成途径在不同组织中的重要性各不相同，肝细胞及多数组织以从头合成途径为主，而脑组织和骨髓则进行补救合成。因此，前者是合成的主要途径。核苷酸经还原酶催化，可生成脱氧核糖核苷酸。

（一）嘌呤核苷酸的从头合成途径

1. 从头合成途径的原料　同位素示踪实验证明，嘌呤核苷酸从头合成需要以 5-磷酸核糖、谷氨酰胺、一碳单位、甘氨酸、二氧化碳和天冬氨酸为原料。嘌呤环从头合成的元素来源见图 10-4。5-磷酸核糖来自磷酸戊糖途径，当活化为 5-磷酸核糖-1-焦磷酸（phosphoribosyl pyrophosphate，PRPP）后，可以接受碱基形成核苷酸。

2. 从头合成途径的过程　嘌呤核苷酸的从头合成过程在细胞液中进行，可分为两个阶段：首先合成次黄嘌呤核苷酸（inosine monophosphate，IMP），然后以 IMP 作为共同前体，再分别转变成腺嘌呤核苷酸（adenosine monophosphate，AMP）与鸟嘌呤核苷酸（guanosine

monophosphate,GMP)。合成过程需要 Mg^{2+} 存在，所需要的能量由 ATP 提供。

(1) IMP 的合成：首先合成 5-磷酸核糖-1-焦磷酸(PRPP)，在 PRPP 的基础上，经多步酶促反应，依次加入谷氨酰胺、甘氨酸、一碳单位、二氧化碳、天冬氨酸等原料合成 IMP。

IMP 的合成由前体分子经 11 步酶促反应所完成：

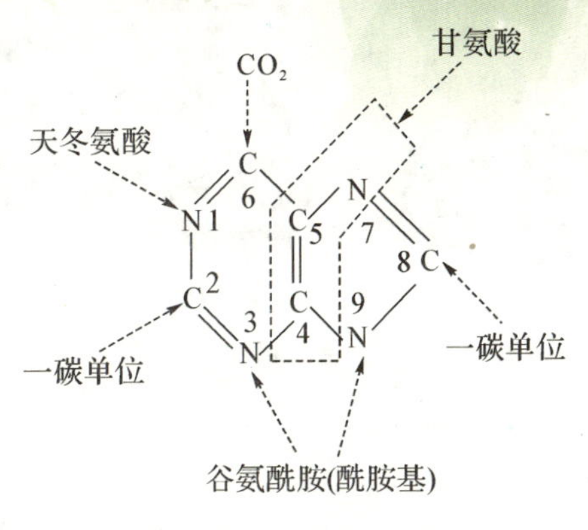

图 10-4　嘌呤碱从头合成的元素来源

①由磷酸戊糖途径产生的 5-磷酸核糖经磷酸核糖焦磷酸合成酶(PRPP 合成酶)催化，与 ATP 的焦磷酸合成 5-磷酸核糖-1-焦磷酸(PRPP)；PRPP 合成酶受嘌呤核苷酸的变构调节，PRPP 浓度是合成过程中最主要的决定因素。

②在 PRPP 酰胺转移酶催化下，将谷氨酰胺的氨基转移给 PRPP 的磷酸核糖并取代焦磷酸基团，形成 5-磷酸核糖胺(PRA)，催化此反应的酰胺转移酶也是一种变构酶，在嘌呤核苷酸从头合成中起重要的调节作用。

③由 ATP 供能，PRA 和甘氨酸缩合生成甘氨酰胺核苷酸(GAR)。

④N^5,N^{10}-甲炔四氢叶酸供给甲酰基，使 GAR 甲酰化，生成甲酰甘氨酰胺核苷酸(FGAR)。

⑤谷氨酰胺提供酰胺氮，使 FGAR 生成甲酰甘氨咪核苷酸(FGAM)，此反应消耗 1 分子 ATP。

⑥消耗 ATP，使 FGAM 脱水环化形成 5-氨基咪唑核苷酸(AIR)，该反应是在 AIR 合成酶催化下完成；至此，嘌呤环中的咪唑环部分合成完毕。

⑦在羧化酶的作用下，催化 CO_2 连接到咪唑环上，生成 5-氨基咪唑-4-羧酸核苷酸(CAIR)。

⑧在合成酶的作用下，消耗 ATP，天冬氨酸与 CAIR 缩合成 5-氨基咪唑-4(N-琥珀酸)-甲酰胺核苷酸。

⑨在裂解酶的作用下，5-氨基咪唑-4(N-琥珀酸)-甲酰胺核苷酸裂解出延胡索酸，生成 5-氨基咪唑-4-甲酰胺核苷酸(AICAR)。

⑩在转甲酰酶的作用下，由 N^{10}-甲酰四氢叶酸提供第二个一碳单位，使 AICAR 甲酰化生成 5-甲酰胺基咪唑-4-甲酰胺核苷酸(FAICAR)。

⑪最终的一步反应是：FAICAR 经脱水环化，生成 IMP。

以上系列酶促反应见图 10-5。

(2) AMP 和 GMP 的生成：IMP 是合成 AMP 和 GMP 的共同前体。AMP 合成时由天冬氨酸提供氨基，取代了 IMP 的 C-6 上的氧而形成 AMP，GTP 提供能量。GMP 合成时，IMP 先氧化为黄嘌呤核苷酸(XMP)，后者与谷氨酰胺反应接受 NH_3 转变为 GMP，ATP 提供能量。AMP 和 GMP 在激酶的催化下经磷酸化生成 ADP 和 GDP 以及 ATP 和 GTP。由 IMP 分别转变生成 AMP 和 GMP 的过程见图 10-6。

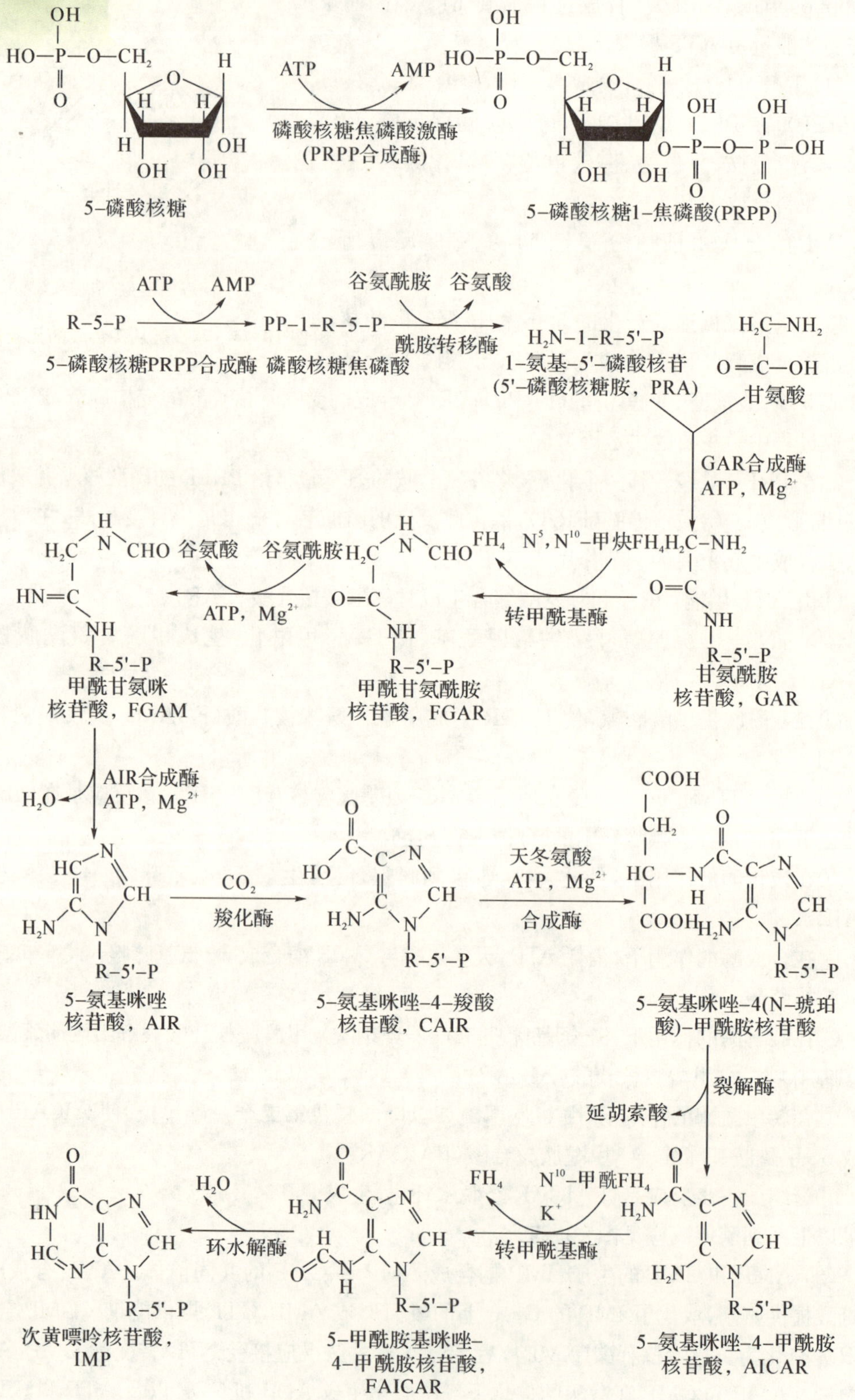

ATP → AMP
磷酸核糖焦磷酸激酶
(PRPP合成酶)

5-磷酸核糖 → 5-磷酸核糖1-焦磷酸(PRPP)

R-5-P —(ATP → AMP; PRPP合成酶)→ PP-1-R-5-P —(谷氨酰胺 → 谷氨酸; 酰胺转移酶)→ H_2N-1-R-5'-P

5-磷酸核糖 PRPP合成酶 磷酸核糖焦磷酸

1-氨基-5'-磷酸核苷
(5'-磷酸核糖胺，PRA)

甘氨酸（$H_2C—NH_2$，O=C—OH）

GAR合成酶
ATP，Mg^{2+}

甘氨酰胺核苷酸，GAR

N^5,N^{10}-甲炔FH_4 → FH_4
转甲酰基酶

甲酰甘氨酰胺核苷酸，FGAR

谷氨酰胺 → 谷氨酸
ATP，Mg^{2+}

甲酰甘氨咪核苷酸，FGAM

AIR合成酶
ATP，Mg^{2+}
H_2O

5-氨基咪唑核苷酸，AIR

CO_2
羧化酶

5-氨基咪唑-4-羧酸核苷酸，CAIR

天冬氨酸
ATP，Mg^{2+}
合成酶

5-氨基咪唑-4(N-琥珀酸)-甲酰胺核苷酸

裂解酶
延胡索酸

5-氨基咪唑-4-甲酰胺核苷酸，AICAR

N^{10}-甲酰FH_4 → FH_4
K^+
转甲酰基酶

5-甲酰胺基咪唑-4-甲酰胺核苷酸，FAICAR

H_2O
环水解酶

次黄嘌呤核苷酸，IMP

图 10-5 IMP的从头合成途径

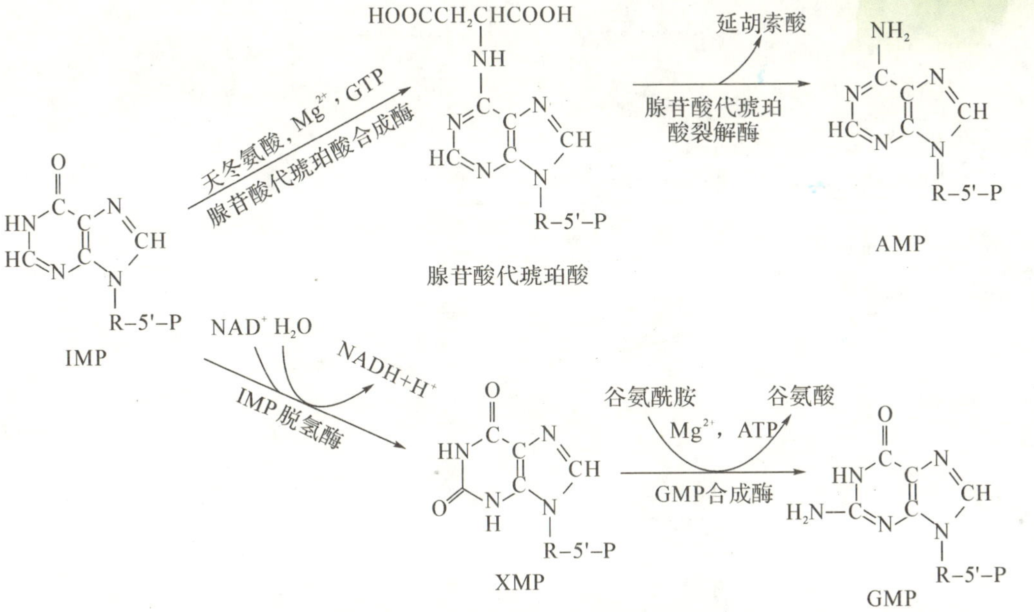

图 10－6　由 IMP 生成 AMP 和 GMP

3. 从头合成途径的特点　嘌呤核苷酸从头合成途径的特点如下：

(1) 在 5－磷酸核糖的基础上逐步合成，而不是先合成嘌呤环后再与磷酸核糖进行结合。

(2) 合成原料均为小分子简单物质，如甘氨酸、天冬氨酸、谷氨酰胺、一碳单位及 CO_2 等。

(3) 肝是从头合成的主要器官，其次是小肠黏膜和胸腺。体内并不是所有细胞都具有从头合成嘌呤核苷酸的能力。

4. 从头合成途径的调节　嘌呤核苷酸从头合成主要受终产物 AMP 和 GMP 的反馈抑制(feedback inhibition)调节。通过对 AMP 和 GMP 合成速度的精确调节，既可以满足核酸合成对嘌呤核苷酸的需要，又减少了前体分子及能量的多余消耗。反馈调节的抑制物及作用位点见图 10－7。

主要的调节位点是两个关键酶：一是 PRPP 合成酶，二是 PRPP 酰胺转移酶。PRPP 合成酶受嘌呤核苷酸的变构调节，IMP、AMP 和 GMP 均可反馈抑制 PRPP 合成酶的活性，以此来调节 PRPP 的浓度。PRPP 酰胺转移酶也是一种变构酶，有活性单体及无活性二聚体两种形式，AMP 及 GMP 促进其转变成无活性状态，在嘌呤核苷酸的从头合成中起重要的调节作用。

在 IMP 转变为 AMP 和 GMP 的过程中，过量 AMP 可抑制 IMP 向 AMP 的转变，而不影响 GMP 的合成。同样，过量的 GMP 也只反馈抑制 GMP 的生成。此外，IMP 转变成 GMP 需要 ATP，而 IMP 转变成 AMP 时需要 GTP。因此，ATP 可以促进 GMP 的生成，GTP 可以促进 AMP 的生成。这种交叉调节作用，使腺嘌呤核苷酸和鸟嘌呤核苷酸的合成得以保持平衡。

IMP 是人体内嘌呤核苷酸代谢中的重要中间体，但 IMP 磷酸化产生的 ITP(三磷酸次黄嘌呤核苷)过量会导致基因突变，引发肿瘤疾病，造成脑组织损伤，诱发精神疾病。

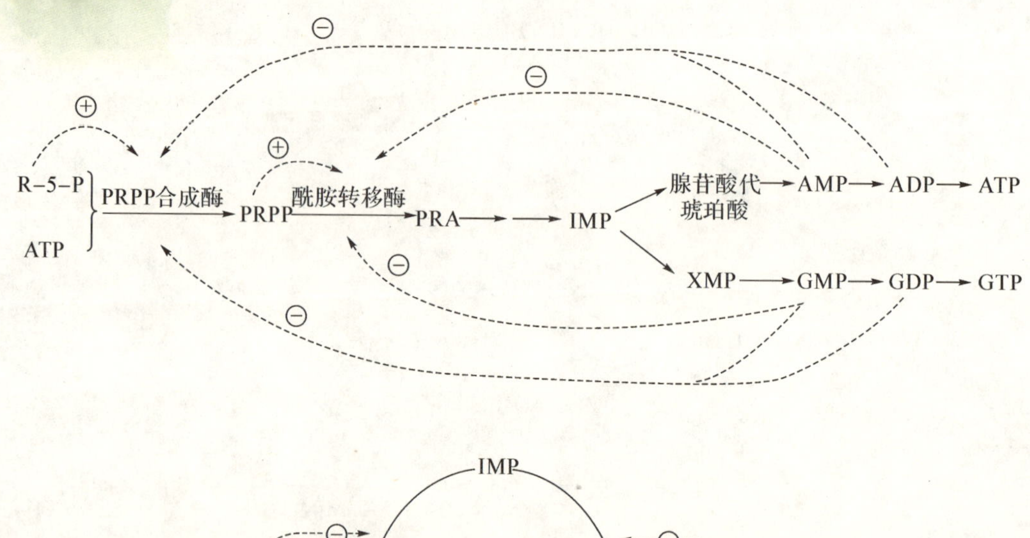

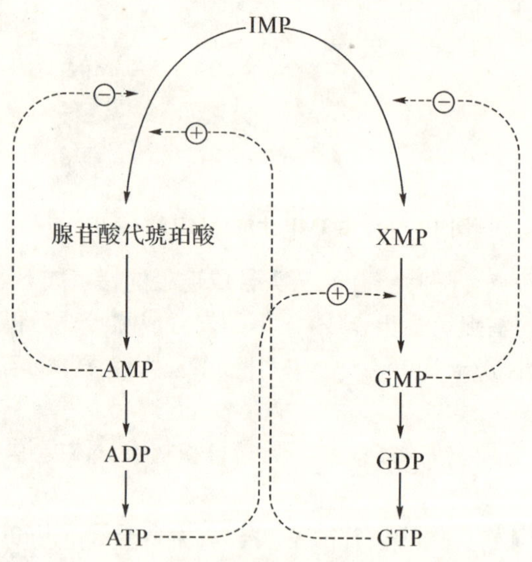

图 10-7 嘌呤核苷酸从头合成的调节

(二) 嘌呤核苷酸的补救合成途径

哺乳类动物的脑、骨髓等组织细胞中缺乏嘌呤核苷酸从头合成的酶系，因此，这些细胞只能通过补救合成途径合成嘌呤核苷酸，以满足需要。这一途径比较简单，且能量和氨基酸等的消耗也比从头合成途径少得多。合成原料是来自消化道吸收和体内核酸分解产生的现存嘌呤或嘌呤核苷；磷酸核糖供体也是 PRPP。需要腺嘌呤磷酸核糖转移酶（adenine phosphoribosyl transferase，APRT）和次黄嘌呤-鸟嘌呤磷酸核糖转移酶（hypoxanthine-guanine phosphoribosyl transferase，HGPRT）酶参与，补救合成 IMP、GMP 和 AMP。相应产物 AMP、IMP 和 GMP 可反馈抑制 APRT 和 HGPRT，调节其补救合成。

$$\text{次黄嘌呤}+\text{PRPP}\xrightarrow{\text{HGPRT}}\text{IMP}+\text{PPi}$$

$$\text{鸟嘌呤}+\text{PRPP}\xrightarrow{\text{HGPRT}}\text{GMP}+\text{PPi}$$

$$\text{腺嘌呤}+\text{PRPP}\xrightarrow{\text{APRT}}\text{AMP}+\text{PPi}$$

另外，人体内的腺嘌呤核苷在腺苷激酶催化下，通过磷酸化生成 AMP。类似的其他核苷也可由对应的激酶磷酸化生成相应的核苷酸。其反应如下：

腺嘌呤核苷 —(腺苷激酶; ATP → ADP)→ AMP

嘌呤核苷酸的补救合成的生理意义，不仅在于利用现有的嘌呤或嘧啶核苷，可减少能量和一些氨基酸前体的消耗；更重要的是脑、骨髓等组织细胞只能进行嘌呤核苷酸的补救合成。例如某些遗传性基因缺陷导致 HGPRT 严重不足或完全缺失，患儿表现为智力减退、共济失调、有自残行为，并伴有高尿酸血症，称为自毁容貌征或 Lesch - Nyhan 综合征。这是一种 X 染色体连锁的隐性遗传病。可见，补救合成途径对这些组织细胞具有非常重要的意义。

核苷酸类化合物也有作为药物用于临床治疗者，例如肿瘤化学治疗中常用的 5 -氟尿嘧啶及 6 -巯基嘌呤等。

学与问：核苷酸的功能及合成原料是什么？

二、DNA 的生物合成

DNA 是遗传信息的携带者。DNA 分子以基因(gene)为单位贮存着生物体所有的遗传信息。基因是编码生物活性物质的 DNA 功能片段，这些活性物质主要是蛋白质或是各种 RNA。

生物机体的遗传信息通过 DNA 的复制由亲代传递给子代。在后代的生长发育过程中，遗传信息自 DNA 转录给 RNA，然后翻译成特异的蛋白质，以执行各种生命功能，使后代表现出与亲代相似的遗传性状。1958 年 DNA 双螺旋的发现人之一 F. Crick 把上述遗传信息的传递归纳为中心法则。

1970 年，Temin 等从致癌 RNA 病毒中发现反转录酶，在此酶的催化下，遗传信息的流向是从 RNA 到 DNA，与转录相反，故称之为反转录或逆传录。后来还发现某些 RNA 病毒中的 RNA 也可自身复制。这样就使中心法则的内容得到扩充(图 10 - 8)。

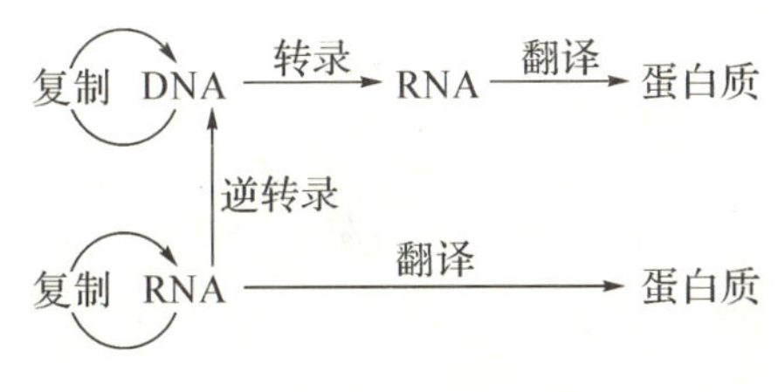

图 10 - 8 遗传信息传递的中心法则

DNA 的生物合成包括 DNA 的复制和反转录合成 DNA，其中 DNA 的复制是 DNA 生物合成的主要方式。

(一) DNA 的复制

1. DNA 复制的概念 复制(replication)是指以亲代 DNA 为模板合成子代 DNA，将遗传信息准确地传递到子代 DNA 分子上的过程。

2. DNA 复制的方式 DNA 复制方式是半保留复制。在 DNA 复制时，以亲代 DNA 解开的两条单链为模板，按照碱基互补配对原则，各自合成一条与之互补的 DNA 单链，成为两个与亲代 DNA 分子完全相同的子代 DNA 分子。在子代 DNA 分子中有一条链来自亲代，另一条链则是新合成的，这种方式称为半保留复制。

半保留复制已于 1958 年经 Meselson 和 Stahl 的实验证实。他们将大肠埃希菌(E. coil)放在含$^{15}NH_4Cl$的培养基中培养若干代,使 DNA 中的氮原子完全被^{15}N所取代,并分离出 DNA 进行密度梯度离心法测定其致密带在离心管内的沉降位置,然后,他们将这些细菌转移到轻氮(^{14}N)介质中,并提取子一代 E. *coli* DNA,发现其密度介于轻、重 DNA 之间。继续提取子二代 DNA,发现一半为中间密度 DNA,另一半为轻 DNA,这一结果符合半保留复制的特点(图 10-9)。随着 E. *coli* 在轻氮介质中培养代数的增加,轻 DNA 区带所占的比例越来越大,而中间密度区带越来越少,证明 DNA 复制确实是半保留式的。

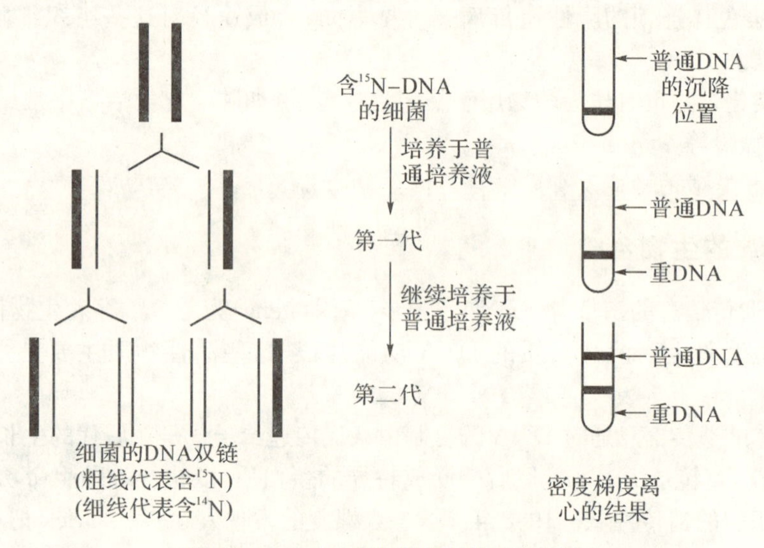

图 10-9　DNA 半保留复制的实验证明

3. 参与 DNA 复制的物质　DNA 复制是复杂的酶促反应过程,需要模板、底物、引物、多种酶等共同参与,并由 ATP 和 GTP 提供能量。

(1) 复制的原料:DNA 复制的原料是四种脱氧核苷三磷酸(dATP、dGTP、dCTP 和 dTTP,统称 dNTP)。

(2) 复制的模板:亲代 DNA 分子的两条单链均可作为复制的模板,指导 dNTP 与模板碱基配对,合成新的互补链。

(3) RNA 引物:RNA 引物是以 NTP 为原料,由引物酶催化聚合形成的一小段寡核苷酸链。在复制时可以提供 3′-OH 末端供 dNTP 加入,延长子链之用。

(4) 解螺旋和解链酶类:DNA 分子是双螺旋结构,在双螺旋链中,碱基皆在两链之间,如果不解开复杂的螺旋和双链,碱基就不能外露,无法进行复制。解螺旋和解链主要由拓扑异构酶和解链酶来完成。

①拓扑异构酶(topoisomerase):拓扑异构酶的主要作用是既能水解又能连接磷酸二酯键,从而使 DNA 超螺旋结构松弛,克服扭结现象,理顺 DNA 链。

②DNA 解链酶(DNA unwinding enzyme):DNA 解链酶的作用是利用 ATP 提供的能量,将 DNA 双螺旋内部碱基互补形成的氢键解开成单链。在复制过程中该酶可沿着模板复制方向而移动。

③DNA 结合酶(DNA binding enzyme):又称单链结合蛋白(single-strand binding protein,SSB),作用是与单链 DNA 紧密结合,防止它们重新形成碱基对,起稳定 DNA 单链作用,还可防止核酸酶对单链 DNA 的水解作用,有利于复制顺利进行。

(5) DNA 聚合酶：以 DNA 为模板催化 DNA 合成的酶，称为 DNA 聚合酶，也称依赖 DNA 的 DNA 聚合酶(DNA dependent DNA polymerase, DDDP)，简称 DNA－pol。此酶只能在 RNA 引物的 3′－OH 末端或正在合成的 DNA 链的 3′－OH 末端以母链为模板，按碱基配对规律，以 5′→3′方向延伸 DNA 子链。目前已发现原核生物，如大肠埃希菌中有三种 DNA 聚合酶，即 DNA 聚合酶Ⅰ、DNA 聚合酶Ⅱ和 DNA 聚合酶Ⅲ。它们均具有 3′→5′外切酶活性和 5′→3′延长脱氧核苷酸链的聚合活性。所不同的是 DNA 聚合酶Ⅰ只能催化延长约 20 个核苷酸，其主要功能是识别并切除复制中的错误配对碱基，切除引物并在引物切除后的空缺延长 DNA 片段；DNA 聚合酶Ⅱ是损伤修复酶；而 DNA 聚合酶Ⅲ则在复制过程中起主要作用，催化 DNA 子链的合成。在真核细胞中已发现 α、β、γ、δ、ε 5 种 DNA 聚合酶，其中 α、和 δ 在复制延长中起催化作用。目前认为 α 参与随从链的引物的合成，δ 参与子链的延长。β 是损伤修复酶，γ 是线粒体 DNA 复制的酶，ε 在复制过程中起填补缺口、校读、修复的作用。

(6) 引物酶(primase)：是一种以 DNA 为模板的 RNA 聚合酶。在模板链复制起始部位从 5′→3′方向通过碱基配对催化游离的 NTP 聚合，形成短片段 RNA 引物。该 RNA 片段的 3′－OH 末端是 DNA 聚合酶催化的基础。

(7) DNA 连接酶(DNA ligase)：可催化两个 DNA 片段通过磷酸二酯键连接起来(图 10－10)。反应需 ATP 供能。

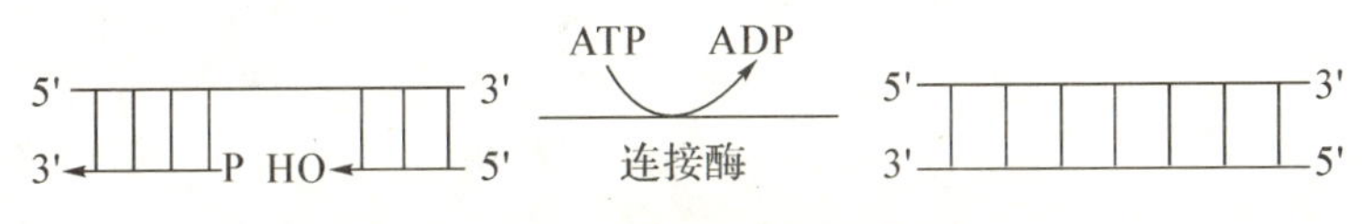

图 10－10　DNA 连接酶的作用方式

4. DNA 复制的过程　真核生物与原核生物的 DNA 复制过程不同，但都包括起始、延伸、终止三个阶段。本节介绍原核生物的 DNA 复制过程。

(1) 起始阶段：DNA 复制有固定的起始部位，一般均为双向复制。即从一个复制起始点(replication origin)向两端移动，即每个复制单位可形成两个复制叉。原核细胞 DNA 只有一个复制起始点，真核细胞 DNA 具有多个复制起始点。复制起始时，在拓扑异构酶和解链酶作用下，从复制起始点开始，向两端同时打开 DNA 局部双链，此时单链结合蛋白结合在单链上以稳定其单链结构。接着在引物酶的作用下，以解开的 DNA 单链作为引物合成的模板，利用 ATP、GTP、CTP、UTP 作为原料，按碱基配对规律以 5′→3′方向合成一小段 RNA 引物，引物链的 3′－OH 末端将作为 DNA 链合成的起始部位。

(2) 延长阶段：在 RNA 引物 3′－OH 的基础上，DNA 聚合酶以不断解开的 DNA 单链为模板，以四种 dNTP 为原料，通过严格的碱基配对，与引物或延长中子链的 3′－OH 端连接，形成 3′，5′－磷酸二酯键，dNTP 上脱落一个焦磷酸。由于模板 DNA 双链的方向相反，而 DNA 聚合酶只能按 5′→3′方向催化合成 DNA 链，因此新合成的两条子链走向相反。以 3′→5′方向为模板的子链延长方向与解链方向相同，可连续合成，称为前导链。而以 5′→3′方向为模板的子链，其合成方向与解链方向相反，必须等待模板链解开至足够长度，才能按 5′→3′方向生成引物然后复制，故需要多次的生成引物及延长，是不连续合成的，形成数个片段(又称冈崎片段)，此链称为随从链。

在 DNA 聚合酶的作用下，子链 DNA 不断延长，当后一个冈崎片段延长至前一个冈崎片段的引物 RNA 处时，引物被 DNA 聚合酶Ⅰ按 5′→3′方向切除，空缺处由 DNA 聚合酶Ⅰ催化，以 dNTP 为原料，按 5′→3′方向延伸填补碱基，最后的切口需要由 DNA 连接酶催化完成连接。复制的不连续性如图 10－11 所示。

(3) 终止阶段：当复制延长至具有特定碱基序列的复制终止区时，在 DNA 聚合酶Ⅰ的作用下，切除前导链最开始的一个引物和随从链的最后一个引物，并以 5′→3′方向延伸 DNA 子链填补空隙，留下的缺口由 DNA 连接酶催化连接生成完整的子代 DNA。这个过程是一个需要 ATP 供能的过程。

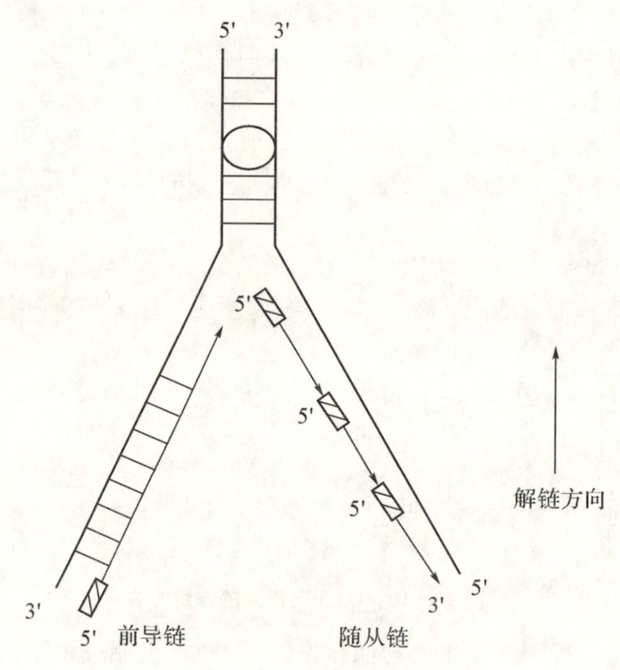

图 10－11　DNA 复制的不连续性

注：○表示解链酶　▨表示引物

5. DNA 复制的意义　生物体生长发育需要细胞分裂再生，细胞分裂前需先进行 DNA 复制，再进行有丝分裂。生物体要繁殖子代，生殖细胞首先必须进行 DNA 复制，才能进行有丝分裂和减数分裂，最终形成配子。配子再结合成受精卵，受精卵再进行 DNA 复制以及细胞有丝分裂，最后完成个体发育过程。总之，DNA 复制是生物生长、繁殖和遗传的基础。

（二）反转录

1. 反转录的概念　反转录(reverse transcription)是以 RNA 为模板、以 dNTP 为原料，合成 DNA 的过程，又称逆转录。催化反转录过程的酶称为反转录酶(reverse transcriptase)，又称依赖 RNA 的 DNA 聚合酶(RNA dependent DNA polymerase，RDDP)。该酶不仅存在于致癌 RNA 病毒中，也存在于其他 RNA 病毒以及人的正常细胞和胚胎细胞中。

2. 反转录的基本过程　含有反转录酶的 RNA 病毒进入宿主细胞后，脱去外壳，然后在此酶的催化下，以病毒的 RNA 为模板，以 4 种 dNTP 为原料，按模板的碱基序列，通过碱基配对聚合成 DNA 链，此链称为互补 DNA(complementary DNA，cDNA)，产物为 RNA－DNA 杂交体。在该酶的进一步作用下，除去 RNA，以剩下的 cDNA 作为模板，再合成双链 DNA。双链 DNA 再整合到宿主细胞 DNA 中(图 10－12)。

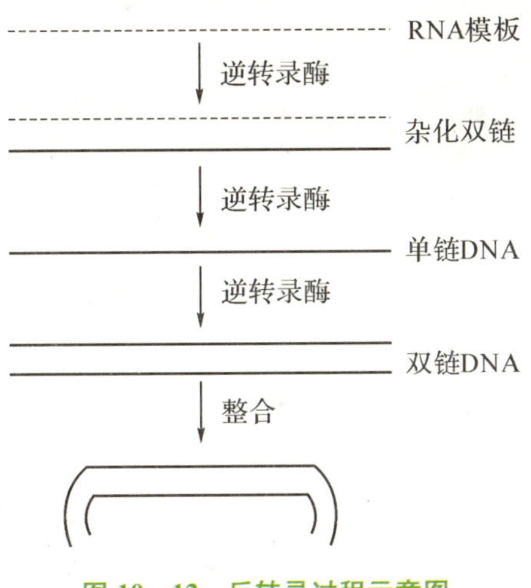

图 10-12 反转录过程示意图

3. 反转录的意义 反转录机制是分子生物学研究中的重大发现，并有着十分重要的意义：①进一步扩充了遗传信息传递的中心法则，即在 Crick 提出的中心法则的基础增添了 RNA 反转录成 DNA、RNA 自身复制及其表达；②阐明了某些病毒致癌的机制；③在基因工程操作上，将 mRNA 经反转录形成 DNA 成为获取目的基因的重要方法之一，称 cDNA 法。

学与问：遗传信息传递的中心法则是什么？

三、RNA 的生物合成

生物界中绝大多数生物是以 DNA 为模板，在 RNA 聚合酶催化下，通过转录(transcription)合成 RNA。转录是基因表达关键的第一步，也是体内 RNA 合成的最主要方式。

(一) 转录的概念

以一段 DNA(基因)单链为模板，按碱基配对原则，合成相应的 RNA，从而将 DNA 携带的遗传信息传递给 RNA，此过程称为转录。

(二) 参与转录的物质

1. 转录的原料 RNA 合成需要 4 种核苷三磷酸(ATP、GTP、CTP、UTP，统称 NTP)作为原料。

2. 转录的模板 由于 DNA 是双链结构，而 RNA 是单链分子，在某一具体基因转录进行时，DNA 双链中只有一股链起模板作用，指导合成出一条 RNA 单链，此即不对称转录(asymmetrical transcription)。并非 DNA 分子的所有区段都可以转录，通常把能够转录出 RNA 的 DNA 区段称为结构基因(structure gene)；把结构基因中指导 RNA 合成的一股 DNA 链称为模板链(template strand)，而将与之相对的另一股 DNA 链称编码链(coding strand)。必须指出的是，不对称转录包括两点含义：一是对某一特定基因来说，转录只以基因的一股链为模板，另一股链不转录；二是对多个不同的基因来说，这些基因的模板链并不固定于一条 DNA 单链上。

3. RNA 聚合酶 RNA 聚合酶又称依赖 DNA 的 RNA 聚合酶(DNA-dependent RNA polymerase，DDRP)，该酶以 DNA 为模板，催化四种 NTP 合成与 DNA 模板互补的 RNA。RNA 聚合酶广泛存在于原核及真核生物中，但二者有所不同。

4. 终止因子 终止因子 ρ 为一种协助转录终止的蛋白质，能与转录生成的 RNA 结合，使转录终止。

（三）转录的过程

转录过程大致分为起始、延伸和终止三个阶段。真核生物和原核生物基因的转录在延长阶段有很多相似之处，但在起始和终止上有很多不同。这里主要介绍原核生物的转录过程。

1. 起始阶段　在DNA模板链转录起始点的上游，有个特殊部位称为启动子，它是基因表达不可缺少的重要调控序列，当转录开始时，RNA聚合酶借助于σ因子独特的识别作用，结合到这个部位上来，并使该部位DNA双螺旋解开，形成局部双链区。转录不需要引物，按模板链3′→5′方向，根据碱基配对规律，当进入第一、第二个NTP后，在RNA聚合酶催化下，使二者之间形成3′，5′-磷酸二酯键，同时释放出焦磷酸。

2. 延伸阶段　当第一个磷酸二酯键在起始阶段形成后，σ因子脱离DNA模板和RNA聚合酶。核心酶在模板链上由3′→5′端滑动，每移动一个核苷酸距离，即由一个与DNA模板链碱基互补的NTP进入，并与前一个核苷酸的3′-OH末端生成3′，5′-磷酸二酯键。转录时碱基互补的原则是A—U，T—A，G—C。核心酶不断滑动，新合成的RNA链按5′→3′方向不断延伸。已合成的部分RNA链从5′端逐渐与模板链脱离，被转录过的DNA区域又恢复双螺旋结构（图10-13）。

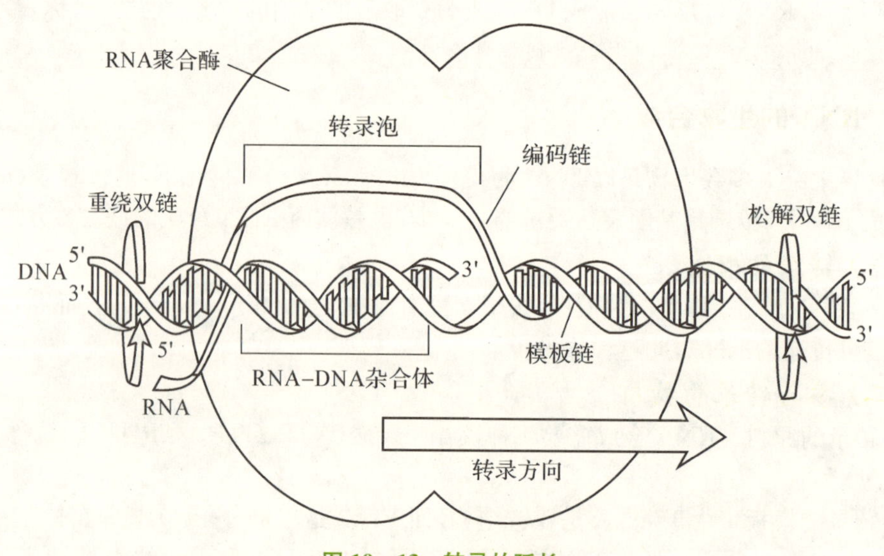

图10-13　转录的延长

3. 终止阶段　当核心酶沿着DNA模板链不断地向前移动到转录的终止部位时，核心酶不再向前移动，转录即终止。在原核生物中，转录终止分为依赖ρ因子和不依赖ρ因子两种类型。前者是当转录终止部位时ρ因子进入，与合成的RNA结合，使RNA释放出来；而后者是由于终止区域富含G—C配对区或A—T配对区。这一区段合成的RNA可形成发夹结构，这种发夹结构可改变核心酶的构象，使转录终止。依赖ρ因子转录终止的整个转录过程见图10-14。

从化学反应机制上看，转录与复制有相似之处：①都以DNA为模板；②新链合成方向都是5′→3′；③都以磷酸二酯键连接核苷酸；④都遵守碱基配对规律。但相似中仍有区别，见表10-1。

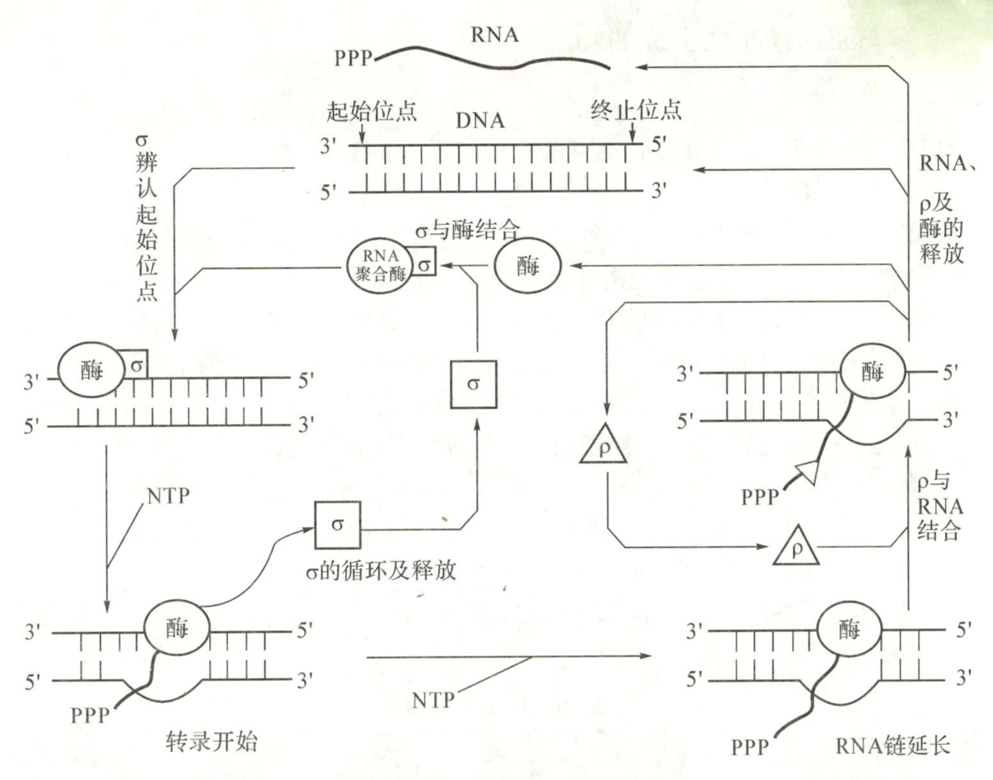

图 10-14 RNA 合成示意图

表 10-1 复制和转录的区别

	复制	转录
模板	DNA 的两条链	DNA 的一条链(模板链)
原料	dNTP	NTP
聚合酶	DNA 聚合酶	RNA 聚合酶
终产物	子代双链 DNA	mRNA,tRNA,rRNA
碱基配对	A—T,T—A,G—C,C—G	A—U,T—A,G—C,C—G
引物	需 RNA 引物	不需 RNA 引物

学与问:转录的概念及意义是什么?

第四节 蛋白质的生物合成

蛋白质的生物合成是基因表达的重要步骤之一,在遗传信息传递过程中,DNA 将其遗传信息转录给 mRNA,mRNA 再指导蛋白质的合成,mRNA 上的核苷酸序列就决定了多肽链中氨基酸的排列顺序。这种将 mRNA 上的核苷酸序列转变为蛋白质中氨基酸序列的过程称为翻译。

一、参与蛋白质生物合成的物质

(一) 合成原料

蛋白质生物合成的原料是编码氨基酸。编码氨基酸有 20 种。

(二) 三类 RNA

1. mRNA　mRNA 是蛋白质生物合成的直接模板，携带有来自 DNA 的遗传信息，所以称信使 RNA，每一种 RNA 至少能指导合成一条多肽链。

已知参与蛋白质合成的氨基酸有 20 种，而组成 mRNA 的核苷酸有四种。简单推算，如果一个核苷酸表示一组密码，则有 4 组密码，一个密码代表一种氨基酸，能编码 $4(4^1)$ 种氨基酸；如果 2 个核苷酸表示一组密码，则有 $16(4^2)$ 组密码，也只能编码 16 种氨基酸；如果 3 个核苷酸表示一组密码，就能有 $64(4^3)$ 组密码。已经证明在 mRNA 链上以 $5' \rightarrow 3'$ 方向，每 3 个相邻核苷酸(碱基)组成一个三联体代表一种氨基酸，称遗传密码(又称密码子，codon)。故可排列成 $4^3=64$ 个密码子，其中 61 个分别代表 20 种编码氨基酸，UAA、UAG、UGA 不代表任何氨基酸，而代表翻译过程的终止，是肽链合成的终止密码。另外还有 AUG，如果是在翻译的起始阶段，既代表起始密码子，同时又代表蛋氨酸的密码子；如果在延长阶段，只代表蛋氨酸的密码子(表 10－2)。

表 10－2　遗传密码表

第一个核苷酸	第二个核苷酸				第三个核苷酸
(5′-端)	U	C	A	G	(3′-端)
U	UUU 苯丙	UCU 丝	UAU 酪	UGU 半胱	U
	UUC 苯丙	UCC 丝	UAC 酪	UGC 半胱	C
	UUA 亮	UCA 丝	UAA 终止	UGA 终止	A
	UUG 亮	UCG 丝	UAG 终止	UGG 色	G
C	CUU 亮	CCU 脯	CAU 组	CGU 精	U
	CUC 亮	CCC 脯	CAC 组	CGC 精	C
	CUA 亮	CCA 脯	CAA 谷胺	CGA 精	A
	CUG 亮	CCG 脯	CAG 谷胺	CGG 精	G
A	AUU 异亮	ACU 苏	AAU 天胺	AGU 丝	U
	AUC 异亮	ACC 苏	AAC 天胺	AGC 丝	C
	AUA 异亮	ACA 苏	AAA 赖	AGA 精	A
	AUG 蛋	ACG 苏	AAG 赖	AGG 精	G
G	GUU 缬	GCU 丙	GAU 天	GGU 甘	U
	GUC 缬	GCC 丙	GAC 天	GGC 甘	C
	GUA 缬	GCA 丙	GAA 谷	GGA 甘	A
	GUG 缬	GCG 丙	GAG 谷	GGG 甘	G

* AUG 若在 mRNA 翻译起始部位，为起始密码；不在起始部位，则为蛋氨酸的密码。

遗传密码有如下特点：

(1) 密码的方向性：mRNA 分子中密码子的排列有一定的方向性。起始密码子位于 mRNA 链的 5′端，终止密码子位于 3′端，翻译时从起始密码子开始，沿 5′→3′方向进行，直到终止密码子为止，与此相应多肽链的合成从 N 端向 C 端延伸。

(2) 密码的简并性：一种氨基酸具有两种或两种以上的密码子称为密码的简并性。20 种氨基酸除蛋氨酸和色氨酸分别只有一组密码子外，其他氨基酸均有两组或两组以上的密码子。决定同一种氨基酸的不同密码子的前 2 个碱基是相同的，第 3 个碱基可以不同，其结果是，如果第 3 位碱基发生点突变时仍能翻译出正常的氨基酸，遗传密码的简并性对于减少有害突变，保证遗传的稳定性具有一定意义。

(3) 密码阅读的连续性：密码之间不隔开，翻译方向是从 5′端向 3′端一个一个连续不断地进行，直至终止密码。如在 mRNA 分子插入或缺失一个碱基，就会引起阅读框(被翻译的碱基顺序)移位，称移码。移码可引起突变。

(4) 密码的通用性：从最简单的病毒原核生物到最复杂的人类，这套遗传密码基本上都适用。但近年来也发现，在线粒体和叶绿体的密码与通用密码有一些差别。

2. tRNA 与氨基酸的转运　tRNA 具有两方面的功能，一是携带氨基酸，二是识别遗传密码。在 tRNA 分子的 3′-末端的 CCA—OH(氨基酸臂)是携带氨基酸的部位，可结合氨基酸形成氨基酰- tRNA。tRNA 分子通过反密码子准确地按碱基配对原则与 mRNA 上的密码子结合。因此在蛋白质生物合成时，携带着不同氨基酸的 tRNA 能准确地在 mRNA 分子上“对号入座”，从而保证各种氨基酸能按照 mRNA 的密码排列顺序合成多肽链。

3. rRNA 与蛋白质构成核蛋白体　rRNA 与多种蛋白质结合共同构成核蛋白体，作为蛋白质生物合成的场所。核蛋白体由大亚基和小亚基组成。大亚基上有两个酰基- tRNA 结合位点：一个是结合肽酰- tRNA 的位点(P 位)，另一个是结合氨基酰- tRNA 的位点(A 位)。大亚基上还有转肽酶，能催化肽键的形成。小亚基上有 mRNA 结合的部位，使 mRNA 能附着于核蛋白体上，发挥 mRNA 在翻译中的模板作用。

(三) 蛋白质合成的酶类

1. 氨基酰- tRNA 合成酶　胞质中存在 20 种以上的氨基酰- tRNA 合成酶，该酶又称氨基酸活化酶。此酶在 ATP 参与下，可特异地识别氨基酸及 tRNA，并催化特定的氨基酸与其相应的 tRNA 结合，生成特异的氨基酰- tRNA，使氨基酸活化。

2. 转肽酶　存在于核糖体大亚基上，催化 P 位上的肽酰基转到 A 位上氨基酰- tRNA 的氨基上，结合成肽键，使肽链延长。

3. 转位酶　催化核糖体朝 mRNA3′端移动一个密码子的距离，使下一组新的密码子进入 A 位。

二、蛋白质生物合成的过程

蛋白质生物合成过程包括氨基酸活化与转运、肽链合成(核蛋白体循环)、多肽链合成后的加工修饰等三个阶段。此过程原核生物与真核生物不全相同，以原核生物为例介绍。

（一）氨基酸的活化与转运

氨基酸与特异 tRNA 结合形成氨基酰- tRNA 的过程称为氨基酸的活化。存在于细胞质中的各种氨基酸在特异的氨基酰- tRNA 合成酶催化下，由 ATP 供能，将氨基酰基转移到 tRNA 分子上，形成氨基酰- tRNA，即可参与核蛋白体循环。氨基酰- tRNA 既是氨基酸的活化分子形式，又是氨基酸的转运形式。反应如下：

$$\text{氨基酸}+\text{tRNA}+\text{ATP}\xrightarrow[\text{Mg}^{2+}]{\text{氨基酰- tRNA 合成酶}}\text{氨基酰- tRNA}+\text{AMP}+\text{PPi}$$

从反应中可以看出，一分子的 ATP 生成了一分子的 AMP，消耗两个高能键，相当于活化一分子的氨基酸，消耗两分子的能量。

（二）肽链的合成（核蛋白体循环）

核蛋白体循环是指活化的氨基酸，由 tRNA 携带至核蛋白体上，以 mRNA 为模板合成多肽链的过程。这一阶段为蛋白质合成的中心环节，包括肽链合成的起始、延伸和终止三个阶段。

1. 肽链合成的起始　起始阶段指核蛋白体大亚基、小亚基、模板 mRNA 及具有启动作用的氨基酰- tRNA 共同构成起始复合物。具有启动作用的氨基酰- tRNA，在原核细胞是甲酰蛋氨酰- tRNA（fMet - tRNA），在真核细胞是蛋氨酰- tRNA（Met - tRNA）。这一过程需要 Mg^{2+}、GTP 及多种起始因子参与。

2. 肽链的延长　在起始复合体的基础上，各种氨基酰- tRNA 按 mRNA 的密码子顺序在核蛋白体上依次一一对号入座，其携带的氨基酸依次以肽键缩合形成新生的多肽链。这一过程由氨基酰- tRNA 与核蛋白体的结合（注册），肽键的形成（成肽）和核蛋白体与 mRNA 的相对移动（移位）三个步骤重复进行来完成。每重复一次，新生肽链就延长一个氨基酸残基。这一阶段需要延长因子 EF、GTP、Mg^{2+} 和 K^+ 等参与。

3. 肽链合成的终止　指已经合成完毕的多肽链从核蛋白体上水解释放，以及原来结合在一起的核蛋白体大、小亚基，mRNA 模板及 tRNA 相互分离的过程。当多肽链合成至 A 位上出现终止密码子（UAG、UAA 或 UGA）时，各种氨基酰- tRNA 都不能进位，只有释放因子（RF）能够识别终止密码并进入 A 位，作用于转肽酶，使该酶的构象改变成酯酶，催化 P 位上肽酰- tRNA 的水解，使新生多肽链从 tRNA 上释放出来，反应需要 GTP 分解供能。肽链释放后，tRNA 也从 P 位上脱落，核蛋白体解聚为大、小亚基，并与 mRNA 分离，起始复合物解体。至此，多肽链的合成过程即完成。解体后的各成分又可重新聚合成起始复合物，进行新一条肽链的合成，故此过程称为核蛋白体循环。

以上是单个核蛋白体循环。实际上，在细胞内进行蛋白质合成时，是多个核蛋白体相隔一定距离结合在同一条 mRNA 模板上，每条 mRNA 结合的核蛋白体数目与生物的种类和 mRNA 的长度有关，形成多聚核蛋白体（图 10 - 15）。这不仅提高了蛋白质的合成速度，也使 mRNA 得到充分利用。

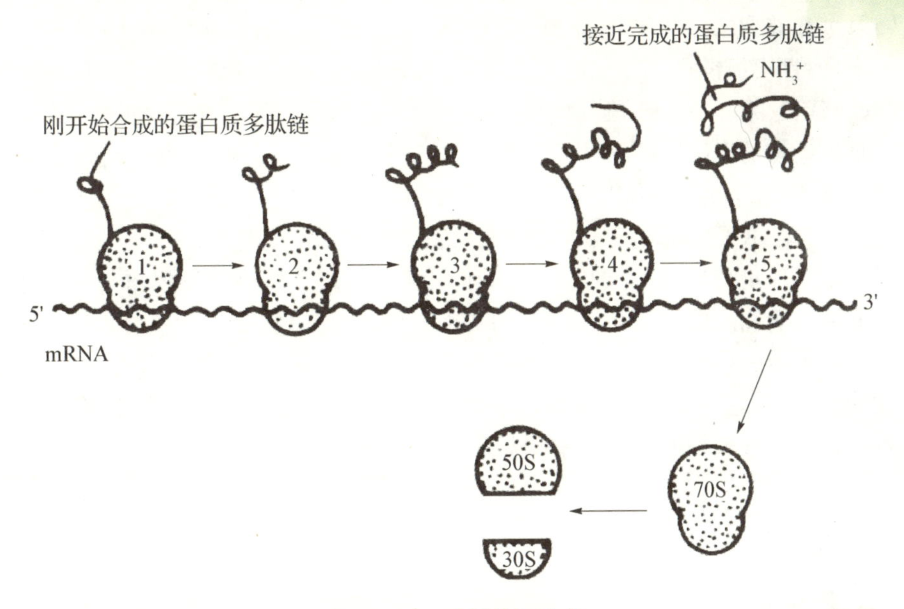

图 10-15　多聚核蛋白体

知识点归纳

以小分子物质为原料逐步合成核苷酸的途径称为从头合成途径。嘌呤核苷酸从头合成以二氧化碳、天冬氨酸、一碳单位、谷氨酰胺、甘氨酸和 5-磷酸核糖为原料，首先合成 IMP，然后分别转变为 AMP 和 GMP。嘧啶核苷酸的从头合成以氨基甲酰磷酸（谷氨酰胺、二氧化碳）、天冬氨酸和 5-磷酸核糖为原料，首先合成 UMP，然后再由 UMP 转变为其他嘧啶核苷酸。脱氧核苷酸是核苷二磷酸（NDP）水平上还原的产物。利用现有的碱基合成核苷酸的途径称为补救合成途径。嘌呤、嘧啶、叶酸和氨基酸等的类似物，能降低核苷酸合成中的一些酶的活性，从而抑制了核苷酸的合成。嘌呤分解的特征性终产物是尿酸，而嘧啶分解的特征性终产物是 β-丙氨酸和 β-氨基异丁酸。

遗传信息的复制包括 DNA 复制、反转录等。DNA 的复制是以 DNA 为模板，以 RNA 为引物，以 4 种 dNTP 为原料，由 DNA 聚合酶催化，按碱基配对原则，逐个将 dNTP 加到引物或新合成链 3′-OH 端上，合成 5′→3′互补链的过程。DNA 复制过程包括起始点的识别、DNA 超螺旋的松弛和解链、脱氧核糖核苷酸的聚合、引物的切除、冈崎片段的连接等步骤。该过程是在 DNA 聚合酶、引物酶、解链酶、拓扑异构酶、DNA 连接酶以及 DNA 结合蛋白等多种酶和蛋白质的共同参与下完成的。DNA 的损伤可通过光修复、切除修复、重组修复以及 SOS 修复等修复机制进行纠正和修复。反转录是 RNA 病毒的复制形式。

以 DNA 为模板互补合成 RNA 的过程称为转录。转录和复制的机制有相似之处，即都以 DNA 为模板，按照碱基互补原则，把单核苷酸通过 3′,5′-磷酸二酯键连成多核苷酸链，但两者也有区别。

转录过程需RNA聚合酶、原料NTP和DNA模板。DNA两条链中只有一条链可作为模板，而且模板链也不是固定不变的，这种转录称为不对称转录。RNA的合成过程分为起始、延长、终止三个阶段。原核生物只有一种RNA聚合酶完成所有RNA转录的任务。真核生物的RNA聚合酶有3种。RNA聚合酶与转录起始点的结合需转录因子的参与才能完成。原核生物和真核生物延长阶段的机制类似，RNA聚合酶沿模板链的3′→5′方向移动，RNA链以5′→3′方向按模板链的指引不断延伸。

蛋白质的生物合成过程又称为蛋白质的翻译。该过程需要氨基酸作为原料，同时也需要RNA、酶和蛋白因子的共同作用。mRNA是蛋白质合成的模板，它的三联体遗传密码决定了蛋白质各种氨基酸的组成和排列顺序。tRNA是蛋白质生物合成过程中氨基酸的转运工具。核蛋白体是蛋白质生物合成的场所，由大小两个亚基组成。蛋白质的生物合成过程包括肽链合成的起始阶段、延长阶段和终止阶段。

一、名称解释

核苷酸抗代谢物　一碳单位

二、选择题

1. dTMP合成直接前体是　　(　　)

A. dUMP　　B. dUDP　　C. TMP　　D. TDP

2. 嘌呤核苷酸及其衍生物代谢终产物是　　(　　)

A. NH_3　　B. CO_2　　C. 尿素　　D. 尿酸

3. 嘌呤核苷酸从头合成途径的主要器官　　(　　)

A. 脑组织　　B. 小肠黏膜　　C. 肝脏　　D. 胸腺

4. 下列哪种物质增多可以产生痛风　　(　　)

A. 尿酸　　B. 尿素　　C. 肌酐　　D. 肌酸

5. 氟尿嘧啶(5-Fu)治疗肿瘤的原理是　　(　　)

A. 本身有直接杀伤作用　　B. 抑制胞嘧啶的合成

C. 抑制四氢叶酸的合成　　D. 抑制胸苷酸的合成

E. 抑制尿嘧啶的合成

三、简答题

1. 试述核酸的分类、分布于生理功能。

2. 核苷酸合成代谢的方式有哪些?

3. 简述嘌呤、嘧啶核苷酸的合成原料是什么？分解的终产物是什么?

选择题答案:1. C　2. C　3. C　4. A　5. E

(蔡玉华　杜　江)

第十一章　水和无机盐代谢

学习目标

掌握体液、电解质的概念，水的来源与去路以及钠、钾、钙等主要功能；理解钠、钾、钙、磷等代谢的特点；了解体液中组成特点，电解质平衡的调节。

课前准备

复习第11章的内容，重点复习生理学的酸碱平衡；预习全章内容，初步理解体液的组成、水的来源与去路，电解质的代谢概况，各电解质的主要功能。

水和无机盐是一切生物体的重要组成部分，也是人类食物中维持健康所不可缺少的重要成分。

水及溶解在水中的无机盐和有机物共同构成了人体的体液。物质代谢的各种化学反应都在体液中进行，因此保持体液容量、组成、分布、pH和渗透压的相对平衡是保证细胞正常代谢和维持人体正常生命活动的必要条件。某些疾病和内外环境的剧烈变化往往导致水、无机盐代谢异常，如果得不到及时的纠正，则可引起严重的后果，甚至危及生命。因此，掌握水和无机盐代谢对疾病的诊断、治疗有着重要意义。

第一节　体　液

体液(body fluid)是指体内的水及溶解在水中的无机盐和有机物构成的液体。体液是细胞生活的内环境，也是细胞代谢的主要场所。保持体液的容量、分布和组成的动态平衡，是维持生命活动的必要条件。

学与问：什么是体液？

一、体液的组成和分布

(一) 体液的含量与分布

成人的体液总量约占体重的 60%。通常把体液分为两大部分:分布于细胞内的体液称为细胞内液(intracellular fluid),分布于细胞外的体液称为细胞外液(extracellular fluid)。细胞外液又可分为血浆和细胞间液(interstitial fluid)两部分,其中细胞间液包括淋巴液、渗出液、关节滑液、脑脊液和胸、腹膜腔液等。

体液(占体重的 60%)
- 细胞外液(占体重的 20%)
  - 血浆(占体重的 5%)
  - 细胞间液(占体重的 15%)
- 细胞内液(占体重的 40%)

(二) 影响体液含量和分布的因素

体液的含量和分布随年龄、性别和身体胖瘦程度的不同而异。新生儿、婴儿和儿童的体液总量分别占体重的 80%、70%和 65%,而老年人的体液总量占其体重的 55%以下,可见年龄愈小,体液所占体重的百分比愈大(表 11-1)。这种差别的主要原因在于年龄小者其细胞间液占体液总量的比例较大,而细胞内液和血浆含量则差异较小。

表 11-1 不同年龄者的体液分布(占体重的%)

年龄	体液总量	细胞内液	细胞外液		
			总量	细胞间液	血浆
新生儿	80	35	45	40	5
婴儿	70	40	30	25	5
儿童(2~14 岁)	65	40	25	20	5
成年人	60	40	20	15	5
老年人	55	30	25	18	7

不同的组织,含水量也各不相同:脂肪组织含水量为 15%~30%,而肌肉组织含水量达 75%~80%。故女性和肥胖者因脂肪组织较多,体液含量占体重的百分比较小,对失水性疾病的耐受力较差;肌肉发达而脂肪较少的男性体液含量占体重的百分比较大,对失水性疾病的忍耐力较好。

学与问:体液有什么分布特点?影响其含量和分布主要因素是什么?

二、体液电解质的组成、含量及其分布特点

体液中的溶质如无机盐、蛋白质和有机酸等,常以离子状态存在,故称其为电解质。

1. 体液电解质的含量 体液电解质主要包括 K^{+}、Na^{+}、Ca^{2+}、Mg^{2+}、Cl^{-}、HCO_3^{-}、HPO_4^{2-}、有机酸根和蛋白质负离子等(表 11-2)。另有少量的微量元素,如铁、铜、锌、硒、碘、钴、锰、钼、氟、硅等。

表 11-2　体液中主要电解质的含量

电解质	血浆 mmol/L	细胞间液 mmol/L	细胞内液 mmol/L
阳离子			
Na^{+}	142	147	15
K^{+}	5	4	150
Ca^{2+}	2.5	10.25	1
Mg^{2+}	1.5	1	13.5
阳离子总量	151	162.25	179.5
阴离子			
HCO_3^-	27	30	10
Cl^-	103	114	1
HPO_4^{2-}	1	1	50
SO_4^{2-}	0.5	0.5	10
有机酸	6	7.5	
蛋白质	2	0.125	7.88
阴离子总量	139.5	153.125	78.88

2. 体液电解质的分布特点

(1) 体液各部分的阴离子与阳离子平衡。从表 11-2 可以看出，血浆、细胞间液及细胞内液中，阴、阳离子的摩尔电荷浓度是相等的。无论细胞外液或细胞内液，电解质均呈电中性。

(2) 细胞内外液中各种电解质的含量差异很大。细胞外液的阳离子以 Na^+ 为主，阴离子以 Cl^- 和 HCO_3^- 为主；细胞内液的阳离子以 K^+ 为主，阴离子以 HPO_4^{2-} 和蛋白质负离子为主。K^+、Na^+ 在细胞内、外分布的显著差异是由于细胞膜上存在的 Na^+、K^+-ATP(又称钠泵或钠-钾泵)所致。

(3) 细胞内外液的渗透压相等。细胞内液的电解质总量较细胞外液高，但细胞内液与细胞外液的渗透压基本相等。这是因为细胞内液含大分子蛋白质和二价离子较多，而这些电解质产生的渗透压较小。

(4) 血浆与细胞间液之间的电解质组成及含量相近，但血浆中蛋白质的含量远远大于细胞间液。这种差别有利于血浆与细胞间液之间水的交换。因血浆标本易采取，故临床上常通过测定血浆电解质含量来推测整个细胞外液的电解质含量。

学与问：细胞内外的主要离子有哪些?

三、体液的交换

各种体液间的水和无机盐始终在不停地流动，所以各种体液之间互相不断地交换流通，保持着动态平衡。细胞间液则是血浆和细胞内液进行物质交换的中转站。人体与外界的物质交换包括两个主要过程：一是摄取营养物质，二是向外排泄废物。这两个过程是依靠体液在血浆、细胞内液及细胞间液三者之间的交换来完成并维持动态平衡的。

(一) 血浆与细胞间液之间的交换

血浆与细胞间液之间的物质交换，主要是在毛细血管进行的，两者之间，只隔一层极薄的毛细血管壁，管壁只有一层内皮细胞，具有半透膜的特性，水、电解质和小分子有机物等（即晶体液）均可自由通过，而大分子的蛋白质则不易通过。所以除蛋白质以外的物质几乎都可以交换。

体液进出毛细血管的流向，取决于管壁两侧各种压力的对比。正常情况下，晶体液由毛细血管动脉端滤出形成细胞间液，而细胞间液又从毛细血管静脉端回流入血浆。晶体液的这种流向取决于两方面各种压力的对比：细胞间液的静水压和血浆胶体渗透压是促进胶体（晶体液）进入毛细血管的力量，而促使晶体液进入细胞间液的力量则是毛细血管血压与细胞间液的胶体渗透压。这四种压力的总和称为有效滤过压。

有效滤过压＝（毛细血管血压＋细胞间液的胶体渗透压）－（细胞间液静水压＋血浆胶体渗透压）

动脉压增高（高血压）、静脉压增高（右心衰竭）、血浆蛋白减少（肝硬化）或淋巴管阻塞（丝虫病）等，均可导致细胞间液回流障碍而发生水肿。

(二) 细胞间液与细胞内液之间的交换

细胞间液与细胞内液之间的交换是通过细胞膜进行的。细胞膜是结构和功能十分复杂的半透膜，除大分子蛋白质不能自由通过外，对 K^+、Na^+、Ca^{2+}、Mg^{2+} 等离子也有特殊的通透规律。除由高浓度向低浓度处扩散（被动转运）的趋势外，K^+、Na^+ 等离子还有逆浓度差方向的主动运转，这是一种需要由 ATP 提供能量的、由细胞膜上的“钠-钾泵”来完成的运转，结果使得细胞内液中 K^+ 的浓度远比细胞外液高，Na^+ 离子的浓度则相反。细胞间液中的水分也随着各种营养成分和代谢产物不断进出细胞的同时进行着流动和交换。水分虽然可以自由通过细胞膜，但受膜内外晶体渗透压和胶体渗透压的影响，水分总是向渗透压高处流动。正常情况下，细胞内、外液的渗透压基本相等，其水分的进出交流也处于动态平衡状态。

学与问：细胞内外离子交换的条件有哪些？

第二节 水平衡

人体每日都摄入和排出一定量的水，正常情况下，其摄入量和排出量保持相对稳定，这在保持各部分体液的正常含量和渗透压平衡中起着重要的作用。

一、水的生理作用

水是人体含量最多、也是最重要的无机物，大部分水与蛋白质、多糖等物质结合，以结合水（bound water）的形式存在。水具有很多特殊的理化性质，是维持人体正常代谢活动和生理作用的必需物质之一。

1. 调节体温　水的比热大，使 1 g 水温度升高 1 ℃比等量固体或其他液体所需的热量多，因而机体在代谢过程中产生的热能由体液吸收而体温变化却不大。水的蒸发热大，1 g 水在 37 ℃时，完全蒸发需要吸收 2 415 J（575 cal）热量，故蒸发少量汗液就能散发大量热量，这对人在较高的气温环境中活动是有重要的生理意义的。

2. 运输作用　水是一种良好的溶剂，机体所需的多种营养物质和各种代谢产物都能溶于水中，而且水黏度小、易流动，有利于运输营养物质和代谢产物。

3. 促进并参与物质代谢　体内许多代谢物都能溶解或分散于水中，从而容易进行化学反应。还有水的介电常数高，能促进各种电解质的解离，也能促进化学反应加速进行。水分子还直接参与体内物质代谢反应（水解、水化、加水脱氢等），在代谢过程中起着重要作用。

4. 润滑作用　唾液有利于咽部湿润及食物吞咽，泪液能防止眼球干燥，关节滑液有助于关节活动，胸腔与腹腔浆液、呼吸道与胃肠道黏液都有良好的润滑作用。

5. 维持组织的形态与功能　体内的水除了以自由水的形式分布在体液中，还有相当一部分水以结合水的形式存在。结合水是指与蛋白质、核酸和蛋白多糖等物质结合而存在的水。它与自由状态的水不同，无流动性，因而对保持组织、器官的形态、硬度和弹性起到一定的作用。如心肌含水量约为 79%，比血液含水量仅少约 4%（血液平均含水量为 83%），但由于心肌主要含的是结合水，故能维持一定的形态；而血液中主要含的是自由水，故能循环流动。

学与问：水的主要功能有哪些？

二、水的摄入与排出

（一）水的摄入

成人每天所需的水量为 2 000～2 500 ml，主要来源有三：

1. 饮水（包括饮料）　饮水量随个人习惯、气候条件和劳动强度的不同而有较大差别。成人一般每天饮水为 1 000～1 500 ml。

2. 食物水　各种食物含水量各不相同，成人每天随食物摄入的水量约为 1 000 ml。

3. 代谢水（内生水）　糖、脂肪和蛋白质等营养物质在氧化过程中生成的水，称为代谢水。成人每天体内生成的代谢水约 300 ml。

（二）水的排出

成人每天排出的水为 2 000～2 500 ml。体内水的去路有：

1. 肺呼出　肺呼吸时以水蒸气形式排出部分水分，肺排出量取决于呼吸的深度和频率，如高热时呼吸加深、加快，排水量增多。一般成人每天由此挥发的水约 350 mL。当高热等情况时，排出的水分可多达 2 000 ml 以上。

2. 皮肤蒸发　皮肤排水有两种方式：①非显性出汗，即体表水分的蒸发。成人每天由此蒸发水 500 ml，因其中电解质含量甚微，故可将其视为纯水。②显性出汗，为皮肤汗腺活动分泌的汗液。汗液是低渗溶液，其中[Na^+]为 40～80 mmol/L，[Cl^-]为 35～70 mmol/L，[K^+]为 3～5 mmol/L，故高温作业或强体力劳动大量出汗后，除失水外也有 Na^+、K^+、Cl^- 等电解质的丢失，此时在补充水分的基础上还应注意电解质的补充。

3. 消化道排出　各种消化腺分泌进入胃肠道的唾液、胃液、胆汁、胰液和肠液等消化液，平均每天约 8 000 ml。正常情况下，这些消化液绝大部分被肠道重吸收，只有 150 ml 左右随粪便排出。但在呕吐、腹泻、胃肠减压、肠瘘等情况下，消化液大量丢失，导致不同性质的失水、失电解质，故临床补液时应根据丢失消化液的性质决定其应补充的电解质种类。

4. 肾排出　正常成人每天尿量约为 1 500 ml，但尿量受饮水量和其他途径排水量的影响较大。成人每天约由尿排出至少 35 g 左右的固体代谢废物，1 g 固体溶质至少需要 15 ml 水才能使之溶解，故成人每天至少需排尿 500 ml 才能将代谢废物排尽，因此 500 ml 称为最低尿量（minimal urine）。尿量少于 500 ml 时则称为少尿，此时代谢废物将在体内潴留引起中毒。

综上所述，在正常情况下，体内水分有三个来源，四条去路。正常成人每天水的进出量大致相等，为 2 000～2 500 ml。而儿童、孕妇和恢复期病人，需保留部分作为组织生长、修复的需要，故他们的摄水量略大于排水量。婴幼儿新陈代谢旺盛，每天水的需要量按千克体重计算比成人高 2～4 倍，但因其神经、内分泌系统发育尚不健全，调节水、电解质平衡的能力较差，所以比成人更容易发生水、电解质平衡失调。

学与问：水的来源与去路分别有哪些？每天常规进出的水量是多少？

第三节　无机盐代谢

体内的无机盐主要阳离子为 K^+、Na^+、Ca^{2+} 和 Mg^{2+}，主要阴离子为 Cl^-、HCO_3^- 和 HPO_4^{2-} 等，这些离子在体液中须保持一定浓度以维持正常生理功能。

一、无机盐的生理功能

无机盐在人体的化学组成中含量并不多，总量占体重的 4%～5%。但种类很多，功能各异，有些无机盐含量甚微，却具有很重要的生理功能。

1. 维持体液渗透压和酸碱平衡　Na^+、Cl^- 是维持细胞外液渗透压的主要离子；K^+、HPO_4^{2-} 是维持细胞内液渗透压的主要离子。这些电解质的浓度发生改变时，体液的渗透压亦将发生变化，从而影响体内水的分布。体液电解质中的阴离子（如 HCO_3^-、HPO_4^{2-} 等）与其相应的酸类可形成缓冲对，构成维持体液酸碱平衡的重要缓冲物质。此外，K^+ 可通过细胞膜与细胞外液的 H^+ 和 Na^+ 进行交换，以维持和调节体液的酸碱平衡。

2. 维持神经肌肉的兴奋性　神经、肌肉的兴奋性需要体液中各种电解质维持一定的浓度和比例，其关系如下：

$$\text{神经、肌肉兴奋性} \propto \frac{[Na^+]+[K^+]}{[Ca^{2+}]+[Mg^{2+}]+[H^+]}$$

从上式可见，Na^+、K^+ 可提高神经肌肉的兴奋性，Ca^{2+}、Mg^{2+} 和 H^+ 可降低神经肌肉的兴奋性。低钾血症病人常出现肌肉松弛、腱反射减弱或消失，严重者可导致肌肉麻痹、胃肠蠕动减弱、腹胀，甚至肠麻痹等症状；低钙血症或低镁血症者可出现手足抽搐。正常神经、肌肉兴奋性是各种离子综合影响的结果，如低钾血症同时伴有低钙血症时，低钾血症症状和低钙血症抽搐均不出现，一旦低钾血症被纠正，则可出现低钙性抽搐。

对于心肌，Ca^{2+} 与 K^+ 的作用恰好与上式相反：

$$\text{心肌兴奋性} \propto \frac{[Na^+]+[Ca^{2+}]}{[K^+]+[Mg^{2+}]+[H^+]}$$

从上式可见，Na^+、Ca^{2+} 使心肌兴奋性增高，而 K^+、Mg^{2+} 和 H^+ 使心肌兴奋性降低，故前两者和后三者离子间有拮抗作用。据此常用钠盐或钙盐治疗高钾血症或高镁血症对心肌所致的毒性作用。

3. 构成组织细胞成分　所有组织细胞中都有电解质成分。如钙、磷和镁是骨骼、牙齿组织中的主要成分；含硫酸根的蛋白多糖参与构成软骨、皮肤和角膜等组织。

4. 维持细胞正常的新陈代谢　某些无机离子是多种酶类的激活剂或辅助因子。如细胞

色素氧化酶需要 Fe^{2+} 和 Cu^{2+}；Cl^-、Br^- 及 I^- 则可促进唾液淀粉酶对淀粉的水解；Ca^{2+} 与肌钙蛋白结合能激发心肌和骨骼肌的收缩；Ca^{2+} 还参与凝血过程等。糖类、脂类、蛋白质、核酸的合成都需要 Mg^{2+} 的参与。血红蛋白中的铁、维生素 B_{12} 中的钴、甲状腺素中的碘也均与其生物活性密切相关。

学与问：体内各主要离子与心肌、神经肌肉的兴奋性有什么关系？

二、钠代谢

1. 含量与分布　人体内钠含量约为每千克体重 1 g。其中约 45%结合于骨骼的基质，约 45%存在于细胞外液，约 10%存在于细胞内液。血清钠浓度平均为 142 mmol/L。Na^+ 是细胞外液中最主要的阳离子。

2. 吸收与排泄　人体的钠主要来自食盐饮食中的 NaCl。成人每天 NaCl 的需要量为 4.5～9.0 g(相当 500～1 000 ml 生理盐水)，其摄入量因个人饮食习惯不同而差别很大。膳食中的 NaCl 几乎全部被消化道吸收，因而一般情况下不引起钠和氯的缺乏。

Na^+、Cl^- 主要经肾脏随尿排出，其尿中的排泄量与摄入量几乎相等。肾对 Na^+ 排出有很强的调控能力，即“多吃多排、少吃少排、不吃不排”，如果数天至数十天内摄入无盐饮食，则尿钠的排出量几乎近于零。此外，汗液和粪便亦可排除极少量的 Na^+、Cl^-，但如大量出汗或腹泻，丢失的 Na^+、Cl^- 也相当可观。

学与问：钠如何代谢？肾对钠代谢有什么特点？

三、钾代谢

(一) 含量与分布

人体内钾的含量约为每千克体重 2 g。其中约 98%分布于细胞内，仅约 2%存在于细胞外液。血清钾浓度为 3.5～5.5 mmol/L，而细胞内液钾浓度则高达 150 mmol/L。

K^+ 在细胞内、外的分布悬殊，主要是由于细胞膜上的 Na^+ - K^+ - ATP 酶的作用。K^+ 在细胞内、外的分布还受物质代谢和体液酸碱平衡的影响：

1. 糖代谢的影响　每合成 1 g 糖原需要 0.15 mmol K^+ 进入细胞内；而分解 1 g 糖原又可释放等量的 K^+ 到细胞外。因此，当大量补充葡萄糖时，细胞内糖原合成作用增强，K^+ 从细胞外进入细胞内，可引起血浆 K^+ 浓度降低，故应注意适当补钾，否则可导致低钾血症。对于高钾血症患者，可采用注射葡萄糖溶液和胰岛素的方法，加速糖原合成，促使 K^+ 进入细胞内，以降低钾血症浓度。

2. 蛋白质代谢的影响　每合成 1 g 蛋白质，约需 0.45 mmol K^+ 进入细胞内；而分解 1 g 蛋白质，又可释放等量的 K^+ 到细胞外。因此，在组织生长或创伤恢复期等情况下，蛋白质合成代谢增强，可使血钾浓度降低，此时应注意钾的补充；而在严重创伤、感染、缺氧以及溶血等情况下，蛋白质分解代谢增强，细胞内 K^+ 释放到细胞外，如超过肾脏的排钾能力时，则可导致高钾血症。

3. 细胞外液 H^+ 浓度的影响　酸中毒时细胞外液 H^+ 浓度增高，部分 H^+ 由血浆进入细胞内，细胞内的 K^+ 则移出细胞外与之进行交换，从而引起高钾血症；碱中毒则可以引起低钾血症。

(二) 吸收与排泄

成人每天钾的需要量为 2～3 g。体内钾主要来自食物。蔬菜、果仁和肉类均含有丰富的钾，故一般食物即可满足钾的生理需要。来自食物的钾 90%被消化道吸收，其余未被吸收的部分则随粪便排出体外。

正常情况下，80%～90%的钾经肾脏由尿排出，肾脏对钾的排泄能力很强，特点是"多吃多排、少吃少排、不吃也排"。即使禁钾 1～2 周，肾每天排钾仍可达 5～10 mmol，故禁食或大量输液者常常出现缺钾现象，此时应注意适当补钾。约 10%的钾由粪便排出，严重腹泻时粪便中钾的丢失量可达正常时的 10～20 倍，此时也应注意钾的补充。此外，汗液也可排出少量钾。

（三）钾代谢紊乱

钾代谢紊乱主要是指细胞外液中钾离子浓度的异常变化，包括低血钾症（hypokalemia）与高血钾症（hyperkalemia）。

1. 低钾血症　血钾浓度低于 3.5 mmol/L 时，称为低钾血症。一般情况下，血清钾浓度低于 3.0 mmol/L 时即可出现全身软弱无力，腱反射减弱或消失，甚至呼吸肌麻痹而呼吸困难；低钾血症时，心肌兴奋性和自律性增高可导致心律失常，严重者心脏停搏于收缩期。

2. 高钾血症　血钾浓度高于 5.5 mmol/L 时，称为高钾血症。正常人血清钾浓度稍微升高时，肾可很快将过量的钾排出，所以一般只有在肾排钾障碍时，才容易发生高钾血症。

学与问：钾的主要功能以及代谢特点是什么？

四、氯的代谢

（一）氯的含量与分布

正常成人氯的含量约 33 mmol/kg 体重，婴儿体内含量最多达 52 mmol/kg 体重。有 70%在血浆、组织和淋巴液中，在胃肠液中主要的阴离子是 Cl^-，因而细胞外液中含量最多的阴离子是 Cl^-，因此，Cl^- 对于水的分布和体液的维持等起到一定的作用。

（二）氯的吸收与排泄

食物中的 Cl^- 大多与 Na^+ 一起被小肠吸收，主要经肾随尿液排出，小部分由汗液排出。肾小管上皮细胞可将肾小球滤过的 Cl^- 随 Na^+ 一起重吸收，过量的 Cl^- 可随 Na^+ 通过肾小管排出体外。

学与问：氯的主要功能及代谢特点是什么？

五、钙、磷代谢

（一）钙磷的含量与分布

钙和磷是体内含量最多的无机元素，体内的钙和磷主要以无机盐的形式存在于骨组织和牙齿中，其余部分以溶解状态分布于体液和软组织中。正常成人体内钙总量为 700～1 400 g，占体重的 1.5%～2.2%。磷的总量为 400～800 g，占体重的 0.8%～1.2%。体内钙磷的分布见表 11-3。

表 11-3　人体内钙磷的分布

部位	钙		磷	
	含量(g)	占总钙量的%	含量(g)	占总磷量的%
骨骼和牙齿	1 200	99.3	600	85.7
细胞内液	7	0.6	100	14.0
细胞外液	1	0.1	0.2	0.03

（二）钙和磷的生理功能

1. 参与形成骨骼和牙齿　人体内99%以上的钙和86%左右的磷以羟磷灰石的形式构成骨盐，参与骨骼、牙齿的形成。骨骼是机体的支架，又是体内钙、磷的储存库。

2. 钙离子(Ca^{2+})的生理功能　虽然在软组织和体液中钙的含量仅占全身总钙量的0.3%，但它却与体内多种生理机能和代谢过程密切相关，有着极为重要的作用：①可作为第二信使调节细胞的功能；②能够降低毛细血管及细胞膜的通透性；③能降低神经、肌肉兴奋性；④增强心肌的收缩；⑤作为凝血因子之一，参与血液凝固过程；⑥是许多酶的激活剂。

3. 磷的生理作用　磷除与钙结合成羟磷灰石作为骨的成分外，主要以磷酸根的形式在体内发挥生理作用：①磷是体内许多重要化合物的组成成分，如核苷酸、磷脂等。②在物质代谢中以有机化合物的形式参与反应，如磷酸葡萄糖、磷酸甘油和氨基甲酰磷酸等。③参与体内能量生成、储存及利用，如ATP、ADP和磷酸肌酸等。④参与物质代谢的调节，蛋白质磷酸化和去磷酸化是酶的共价修饰调节的最主要调节方式。⑤参与酸碱平衡的调节，磷酸盐参与构成缓冲对，在维持机体的酸碱平衡中起重要作用。

（三）钙磷的吸收与排泄

1. 钙和磷的吸收　成人每日需钙量为0.5～1.0 g，儿童、孕妇需钙1.0～1.5 g。食物中的钙主要在酸度较高的小肠上段，以Ca^{2+}形式吸收。影响钙吸收的因素主要有：①1,25-二羟维生素D_3可加强小肠对钙和磷的吸收；②饮食中凡能降低肠道pH的成分均可促进钙的吸收，如乳酸等，当食物中磷酸盐较多时，可与Ca^{2+}结合成不溶性钙盐阻碍钙的吸收；③钙的吸收率与年龄成反比，婴儿对食物钙吸收率达50%以上，成人约为30%，随年龄增长钙的吸收率还会下降，这是老年人缺钙导致骨质疏松的原因之一。

成人每日需磷量为1.0～1.5 g。食物中的磷以磷酸盐的形式存在，凡是能够影响钙吸收的因素也能够影响磷的吸收。磷的吸收部位也在小肠上段，磷的吸收较钙容易，吸收率约为70%。

2. 钙和磷的排泄　正常成人钙的排泄，约20%经肾脏，80%经肠道。肾小管重吸收钙的能力受到甲状旁腺素调控，血钙浓度低时，则原尿中的钙几乎全部被重吸收，尿钙接近于零；如血钙浓度高，则重吸收减少。肠道排出的钙主要为食物未吸收的钙和消化液中的钙。

磷主要通过肾排出，少量经肠道排出。由于大部分磷经肾脏由尿排出，故当肾衰竭时可引起高磷血症。

（四）钙磷与骨的关系

1. 骨的组成与骨盐　骨组织主要由骨细胞、骨基质和无机盐组成。骨细胞可合成和分泌骨基质，骨基质与无机盐以特殊方式附着在一起，使骨组织坚硬而富有韧性，构成了人体的支架组织。

(1) 骨细胞：骨细胞有成骨细胞、破骨细胞和骨细胞三种，它们都起源于未分化的间质细胞。

(2) 骨盐：骨中的无机盐称为骨盐，占骨干重的65%～70%，主要成分为磷酸钙，也有少量碳酸钙、柠檬酸钙、磷酸镁和碳酸钠等。骨盐主要以羟磷灰石形式存在。

(3) 骨基质：骨基质是骨的有机成分，其中95%为胶原，还有少量的蛋白质和蛋白多糖等。胶原和蛋白多糖使骨具有良好的韧性。

2. 成骨作用与钙化　骨的生长、修复和重建过程，称为成骨作用。新的骨组织生成，先有成骨细胞合成、分泌骨基质，然后骨盐沉积，骨盐沉积也称骨的钙化，最终形成坚实的骨组织。

3. 溶骨作用与脱钙　坚硬的骨组织也处在不断更新之中，在新骨组织不断生成的同时，原有旧骨持续溶解，达到动态平衡。

正常成人每年有1%～4%的骨组织需要更新，以改变骨骼的形态和结构，适应功能的需要。生长发育的婴幼儿和青少年成骨作用大于溶骨作用，而老年人溶骨作用显著增强，常因骨质减少导致骨质疏松症。

（五）钙磷代谢的调节

钙磷代谢主要受甲状旁腺素、降钙素和1,25－二羟维生素D_3的调节。与钙磷的吸收、排泄、储存调节相关的重要器官为肠、肾和骨组织。

1. 1,25－二羟维生素D_3的调节　①1,25－$(OH)_2$－D_3作用于小肠，促进钙磷的吸收，维持血钙和血磷的正常水平。②1,25－$(OH)_2$－D_3作用于骨组织，有溶骨和成骨的双重作用。③1,25－$(OH)_2$－D_3作用于肾组织，促进肾小管对钙、磷的重吸收，从而降低尿钙、尿磷。

2. 甲状旁腺素(parathyroid hormone,PTH)的调节　(1) PTH作用于骨组织，产生三个方面的生理效应：①使间质细胞转化成破骨细胞，并提高破骨细胞活性，发生溶骨作用；②抑制破骨细胞转变为骨细胞；③促进溶酶体释放各种水解酶，加速骨基质水解，促进骨盐溶解和吸收。(2) PTH作用于肾脏，促进肾对钙的重吸收，抑制对磷的重吸收。PTH还可激活肾中的α_1－羟化酶，促进维生素D_3的转化。

3. 降钙素(calcitonin,CT)　①CT作用于骨组织，抑制破骨细胞的生成，加速破骨细胞转化为成骨细胞，因而抑制骨盐溶解，使血钙、血磷浓度下降。②CT作用于肾，抑制钙、磷的重吸收，促进尿钙、尿磷排泄。③CT还抑制肾α_1－羟化酶的活性，使25－(OH)－D_3不能转变为1,25－$(OH)_2$－D_3，从而间接抑制肠道对钙、磷的吸收。

总之，体内钙、磷代谢在PTH、CT和1,25－$(OH)_2$－D_3三者严密调控下，维持血钙、血磷的动态平衡。其中任何一种激素分泌异常或一个器官(骨、肾、小肠)功能失衡，均可使血钙、血磷浓度升高或降低，影响骨质结构。

学与问：钙磷的分布特点、主要功能以及调节因素分别有哪些？

知识点归纳

体液是由水和溶解在水中的无机盐及有机物组成的。体液中的无机盐以及一些有机物常以离子状态存在，称之为电解质。

正常成人体液约占体重的60%，其中2/3分布在细胞内液，1/3分布在细胞外液。体液中的电解质分布不均匀，细胞外液的阳离子以Na^+为主，阴离子以Cl^-和HCO_3^-为主，细胞内液的阳离子以K^+为主，阴离子以磷酸根、蛋白质为主。体液间不断地进行交换，血浆与细胞间液、细胞内液与细胞间液的交换分别通过毛细血管和细胞膜进行。电解质含量与体液的电荷平衡、渗透压平衡、物质交换以及酸碱平衡等密切相关。

水是体内含量最多的物质，具有参加物质代谢、调节体温、运输、润滑和维持组织形态等功能。正常成人每日从饮水、食物水、代谢水中获取 2 500 ml 水，又通过肺、皮肤、肠道、肾排出等量的水以维持水的平衡。

无机盐的主要功能除维持体液渗透压平衡和酸碱平衡外，K^+、Na^+、Ca^{2+}、Mg^{2+} 等还共同维持心肌、骨骼肌和神经的正常兴奋性。调节水盐代谢的激素是醛固酮及抗利尿素。醛固酮具有保钠排钾的作用，抗利尿素可促进肾小管对水的重吸收。钙和磷除构成骨盐外，还参与各种物质代谢。$1,25-(OH)_2-D_3$，PTH 和 CT 通过作用于骨骼、肾和小肠三个靶器官来调节血钙、血磷的浓度，其中 $1,25-(OH)_2-D_3$ 则使血钙、血磷均升高；PTH 使血钙升高、血磷下降；CT 使血钙、血磷均下降。

一、名词解释

体液　电解质

二、填空题

1. 细胞外液中主要的阳离子有________、________、________，主要的阴离子有________、________。
2. 细胞内液中主要的阴阳离子有________、________、________、________、________。
3. 参与钙、磷调节的有________、________、________三种。

三、选择题

1. 体内含量最多的无机盐是　（　）

A. 钾离子，钠离子　B. 钾离子，钙离子
C. 钠离子，氯离子　D. 钾离子，磷原子
E. 钙离子，磷原子

2. 能增强心肌兴奋性，又能降低神经肌肉兴奋性的离子是　（　）

A. 钠离子　B. 钾离子
C. 钙离子　D. 镁离子
E. 氢氧根离子

3. 能降低血钙，血磷的物质是　（　）

A. 维生素 D_3　B. PTH
C. CT　D. ADH
E. 以上都不对

4. 血钙升高可引起　（　）

A. 心率减慢　B. 心率加快
C. 骨骼肌兴奋性增强　D. 抽搐
E. 以上都不对

5. 对于维生素 D_3，下列哪项是正确的　（　）

A. 升高血钙，血磷　B. 降低血钙，血磷
C. 升高血钙，降低血磷　D. 升高血磷，降低血钙

E. 以上都不是

6. 有关钙的叙述,哪项是错误的 （ ）

A. 降低神经肌肉的兴奋性

B. 降低心肌的兴奋性

C. 降低毛细血管壁的通透性

D. 参与血液凝固

E. 以上都不对

四、简答题

1. 简述水的来源与去路。

2. 体液的交换有何特点和意义?

3. 1,25-$(OH)_2$-D_3 是如何调节钙磷水平的?

选择题答案:1. E 2. C 3. C 4. B 5. A 6. B

（杜 江）

第十二章　非营养物质的代谢

学习目标

掌握生物转化的概念和生理意义，胆红素的代谢，黄疸的概念；熟悉生物转化的反应类型及影响因素、苯及含苯化合物、巴比妥酸衍生物、肾上腺素、去甲肾上腺素、乙醇的代谢；了解非营养物质的来源，生物转化的特点，黄疸的分类及生化指标的改变。

课前准备

预习全章内容，初步理解生物转化的概念，了解胆色素代谢。

第一节　生物转化作用

一、生物转化的概念

机体将一些内源性或外源性非营养物质进行化学转变，增强其极性(或水溶性)，使其易随胆汁或尿液排出体外，这种体内变化过程就称为生物转化(biotransformation)。

非营养物质是体内存在的一些既不能构成组织细胞，又不能提供能量，甚至对人体有害的物质，必须及时清除，以保证体内各种生理活动的正常进行。绝大部分非营养物质难溶于水。

非营养物质根据其来源分为内源性和外源性两类：内源性非营养物质是体内产生的，如激素、神经递质和其他胺类物质，氨、胆红素等有毒的含氮化合物等；外源性非营养物质是由外界摄入人体内的，如药物、毒物、有机农药、色素、食品添加剂等，肠道吸收的腐败产物(如苯酚、吲哚物质)。

肝脏是生物转化的主要器官，肾、肠、肺、皮肤等组织也有一定的生物转化功能。

学与问：什么是生物转化？

二、生物转化的意义

非营养物质通过生物转化的一系列的代谢转变，使其生物学活性降低或清除（灭活），或使有毒的物质毒性减小或清除（解毒），更重要的是使脂溶性较强的物质获得极性基团，水溶性增强，利于从肾脏或胆道排泄，对机体有重要的保护作用。

但要注意的是，有害物质在肝脏聚集发生生物转化，一旦药物过量，会导致肝脏本身中毒。对于必须在肝脏解毒的药物，肝病患者要遵医嘱服用，以免中毒。

学与问：生物转化最重要的生理意义是什么？

三、生物转化的反应类型

生物转化反应可分为两相：第一相反应包括氧化、还原、水解反应；第二相反应称为结合反应。许多物质通过第一相反应，即可增强极性易于排出。但有些物质通过第一相反应后其极性无明显改变，还必须进一步进行第二相反应，与某些强极性物质结合以后，使溶解度增加，才能排出体外。

（一）第一相反应

大多数非营养物质进入肝细胞后经过第一相反应可使其非极性基团转化为极性基团，增加了亲水性。

1. 氧化反应（oxidation reaction） 肝细胞的微粒体、线粒体及胞质中含有多种氧化酶系，包括加单氧酶系、单胺氧化酶系、脱氢酶系。

（1）加单氧酶系：存在于肝细胞微粒体，催化反应需细胞色素 P450 参与。反应特点是激活分子氧，使其中一个氧原子加到底物分子上形成羟基，故称为加单氧酶或羟化酶；由于在反应中一个氧原子掺入到底物中，另一个氧原子被 NADPH 还原成水分子。一个氧分子发挥了两种功能，故又称混合功能酶。其催化反应如下：

$$RH + O_2 + NADPH + H^+ \xrightarrow{\text{加单氧酶系}} ROH + NADH^+ + H_2O$$

此酶系主要催化多种脂溶性物质如药物、毒物、类固醇激素等化合物的转化与灭活，这些物质经过羟化反应后其极性和水溶性增强而易排出体外。

（2）单胺氧化酶系：属于黄素酶，存在于肝细胞线粒体内。主要清除肠道吸收的胺（组胺、酪胺、尸胺、腐胺等）和许多生理活性物质（儿茶酚胺、5-羟色胺等），催化其氧化脱氢生成相应的醛类而灭活。其催化反应如下：

$$RCH_2NH_2 + H_2O + O_2 \xrightarrow{\text{单胺氧化酶系}} RCHO + NH_3 + H_2O_2$$

（3）脱氢酶系：醇脱氢酶与醛脱氢酶存在于肝细胞微粒体和胞质，可使醇类氧化成醛，醛类氧化成酸。其催化反应如下：

$$RCH_2OH \xrightarrow{\text{醇脱氢酶}} RCHO \xrightarrow{\text{醛脱氢酶}} RCOOH$$

2. 还原反应（reduction reaction） 肝细胞微粒体含有硝基还原酶和偶氮还原酶系反应需要 $NADPH + H^+$ 供氢，产物是胺类。硝基还原酶催化硝基化合物（如硝基苯甲酸、硝基苯、氯霉素等）中的$—NO_2$ 还原成$—NH_2$，例如氯霉素可发生还原反应转化为氨基氯霉素而失效。

3. 水解反应(hydrolysis reaction)　肝细胞微粒体和胞质中含有多种水解酶，如酯酶、酰胺酶及糖苷酶，可分别水解各种酯键、酰胺键及糖苷键以清除这类化合物的生物活性，例如异烟肼经酰胺酶水解生成异烟酸和肼后作用消失。

（二）第二相反应——结合反应

结合反应(conjugation reaction)是体内最重要的生物化学反应类型。含有羟基、羧基或氨基的药物、毒物、激素与某些小分子物质或化学基团结合，以掩盖药物、毒物分子的某些功能基团，使其极性和水溶性增强，生物活性或毒性降低，利于排泄。参与结合反应的物质是强极性、没有毒性的水溶性物质，主要有葡萄糖醛酸、活性硫酸、氨基酸、谷胱甘肽、乙酰基、甲基等，其中与葡萄糖醛酸的结合反应最重要。

1. 葡萄糖醛酸结合　糖原合成过程生成的尿苷二磷酸葡萄糖(UDPG)在肝内进一步氧化，生成尿苷二磷酸葡萄糖醛酸(UDPGA)，作为葡萄糖醛酸的活性供体。肝细胞微粒体含有葡萄糖醛酸基转移酶，催化葡萄糖醛酸基转移到非营养物质的羟基(如醇、酚)、氨基或羧基上，生成葡萄糖醛酸苷，使其水溶性增强，易随胆汁或尿液排出。胆红素、类固醇激素等代谢产物，吗啡、苯巴比妥类药物等均在肝内进行葡萄糖醛酸结合反应。

$$\text{苯酚} + \text{UDPGA} \xrightarrow{\text{葡萄糖醛酸基转移酶}} \beta\text{-苯-葡萄糖醛酸苷} + \text{UDP}$$

2. 硫酸结合　活性硫酸的供体是3′-磷酸腺苷-5′-磷酸硫酸(PAPS)。由胞质内硫酸转移酶催化硫酸基转移到多种醇、酚或芳香族胺类分子上，产物是硫酸酯。如雌酮与硫酸发生结合反应生成雌酮硫酸而失活。

$$\text{雌酮} + \text{PAPS} \xrightarrow{\text{硫酸转移酶}} \text{雌酮硫酸酯} + 3'\text{-磷酸腺苷-}5'\text{-磷酸}$$

3. 酰基结合　芳香族胺类的氨基与活化的乙酰基供体——乙酰CoA，在乙酰基转移酶的催化下生成乙酰基化合物。如磺胺类药物通过乙酰化形成乙酰磺胺从尿中排出。反应如下：

$$RNH_2 + CH_3CO\sim CoA \xrightarrow{\text{乙酰基转移酶}} CoASH + CH_3CONHR$$

4. 甲基结合　含有羟基、巯基或氨基的药物、毒物和多种胺类活性物质，可在肝内甲基酶催化下，由S-腺苷蛋氨酸(SAM)提供甲基，生成甲基化衍生物而灭活，如儿茶酚胺、组胺等。

5. 谷胱甘肽结合　许多卤代物和环氧化合物在体内与巯基(—SH)结合，导致蛋白质与酶的失活，引起细胞坏死或致癌作用。肝有丰富的谷胱甘肽-S-转移酶，能催化这类化合物与谷胱甘肽结合，解除毒性。

学与问：生物转化的反应类型有哪些？

四、生物转化的特点

（一）反应类型的多样性和连续性

一种物质在体内可以进行多种生物转化反应，如水杨酸可发生羟化反应，也可与甘氨酸进行结合反应。大多数物质需经过氧化、还原、水解、结合等一系列反应才能排出体外，体现生物转化的连续性。

(二) 解毒与致毒的双重性

多数物质经过生物转化后其毒性减弱或丧失，但也有少数物质反而出现毒性或毒性增强，所以不能将肝脏的生物转化作用笼统地看做是解毒作用。许多致癌物质通过代谢转变后才出现致癌作用，如无致癌作用的 3,4 -苯并芘转化为 7,8 -二氢二醇- 9,0 环氧化物而致癌。

学与问：生物转化有哪些特点？

五、生物转化的影响因素

肝的生物转化作用受年龄、性别、疾病、诱导物、抑制物等众多体内、外因素的影响。

1. 性别　一般而言，女性对非营养物质的生物转化能力比男性稍强。

2. 疾病　有肝病时，肝血流量减少，再加上生物转化所需的酶活性下降，肝生物转化能力下降，所以肝病患者最忌烟、酒，同时还应注意避免使用对肝有损伤的药物，以免增加肝脏负担，加重病情。

3. 年龄

(1) 新生儿：因其生物转化酶系还没有发育完全，对药物、毒物的生物转化能力不强，耐受性差而容易发生中毒。如肝微粒体中的葡萄糖醛酸基转移酶在出生后才能逐渐增加，8 周才能达到成人水平，而体内 90%的氯霉素是通过与葡萄糖醛酸结合而解毒，所以新生儿服用氯霉素容易发生氯霉素中毒，因此使用时应特别慎重。

(2) 老年人：因其肝细胞萎缩，器官退化，导致肝脏代谢药物的酶难以诱导合成，从而对药物的生物转化能力下降，易出现中毒现象，故应特别注意使用剂量，谨慎用药。

此外，一些参与生物转化作用的酶系可在某些药物或毒物的诱导下合成。如苯巴比妥能诱导葡萄糖醛酸基转移酶的合成，所以临床上用苯巴比妥治疗新生儿高胆红素血症，以防发生“核黄疸”，造成终生残疾；若长期服用苯巴比妥则可诱导肝微粒体中混合功能氧化酶的合成，加速药物代谢过程，使机体对此类药产生耐药性。

学与问：生物转化的影响因素有哪些？

第二节　几种非营养物质的生物转化过程

一、苯及含苯的化合物的代谢

苯(Benzene，C_6H_6)在常温下为一种无色、有甜味的透明液体，并具有强烈的芳香气味。苯可燃，毒性较高，是一种致癌物质。可通过皮肤和呼吸道进入人体，体内极其难降解，因为其有毒，常用甲苯代替。苯是一种碳氢化合物，也是最简单的芳烃。它难溶于水，易溶于有机溶剂，本身也可作为有机溶剂。苯是一种石油化工基本原料。苯具有的环系叫苯环，是最简单的芳环。

二、巴比妥酸衍生物的代谢

巴比妥酸衍生物的代谢主要在肝脏进行，包括 5 -取代基的氧化、水解开环等。如苯巴比妥代谢产物为对羟基苯乙基巴比妥。

三、胆色素代谢

胆色素(bile pigment)是含铁卟啉化合物在体内分解代谢的产物，包括胆绿素(biliverdin)、胆红素(bilirubin)、胆素原(bilinogen)和胆素(bilin)等化合物。除胆素原无色外，其余均有一定颜色。胆红素为橙黄色，是胆汁的主要色素。

胆红素脂溶性强，易透过生物膜进入血-脑脊液屏障，与大脑神经基底核结合，干扰脑细胞的正常功能，临床上称为"核黄疸"。胆红素是一种内源性毒物，必须经过肝脏生物转化反应以降低毒性，增加极性，排出体外。胆红素的代谢包括胆红素的生成、运输、转化、排泄四个过程。

学与问：什么是胆色素？其包括哪些化合物？

(一) 胆红素的生成

体内约80%的胆红素来源于衰老的红细胞内血红蛋白分解，其余的则来源于肝内非蛋白含铁卟啉化合物的分解。正常成人每日生成的胆红素为250～350 mg。

正常红细胞寿命约为120天，衰老的红细胞在肝、脾、骨髓的单核-吞噬细胞系统的作用下释放出血红蛋白，血红蛋白再分解为珠蛋白和血红素。珠蛋白可降解为氨基酸供机体利用。血红素在微粒体受血红素加氧酶催化，消耗分子氧、NADPH，使血红素铁卟啉环上的α-次甲基桥断裂，释放CO、Fe，生成胆绿素。胆绿素呈蓝绿色，溶于水，不易透过生物膜，性质不稳定，很快受胆绿素还原酶催化，接受NADPH供氢还原成胆红素，称游离胆红素(图12-1)。

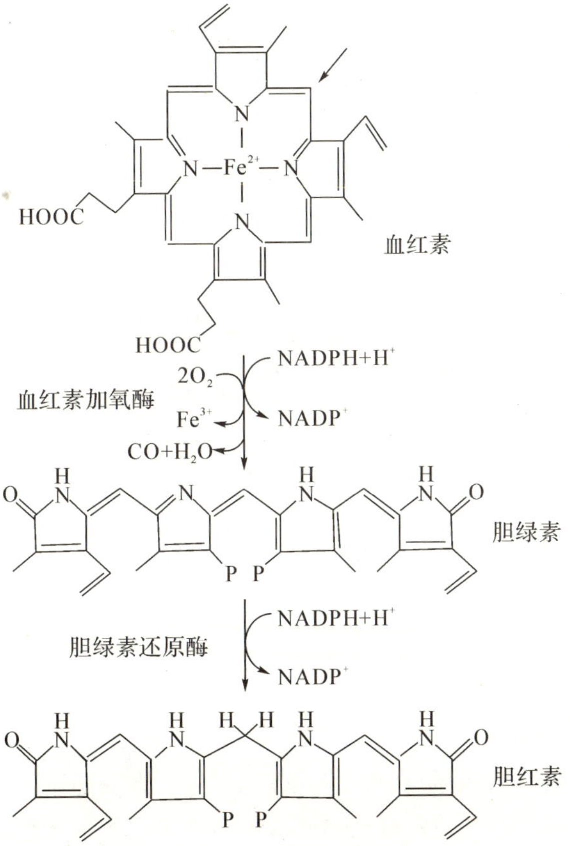

血红素

HOOC　HOOC

$2O_2$　$NADPH+H^+$

血红素加氧酶

Fe^{3+}　$NADP^+$

$CO+H_2O$

胆绿素

$NADPH+H^+$

胆绿素还原酶

$NADP^+$

胆红素

图12-1　胆红素的生成

学与问：游离胆红素的生成部位、原料分别是什么？

（二）胆红素在血液中的运输

胆红素进入血液主要与血浆清蛋白结合而运输。这种结合改变了胆红素的脂溶性，利于胆红素在血浆中运输，同时避免进入细胞膜对脑细胞产生毒性作用。血浆中的胆红素-清蛋白复合体尚未经过肝细胞的结合反应，称非结合胆红素。由于非结合胆红素必须加入乙醇或尿素破坏其氢键后，才能与重氮试剂发生反应，生成紫红色偶氮化合物，亦称间接胆红素。

正常情况下，清蛋白结合胆红素潜力很大。成人每 100 ml 血浆中清蛋白可结合胆红素 20～25 mg，而血清胆红素浓度仅有 1.7～17 μmol/L(0.1～1.0 mg/dl)。但某些阴离子药物如水杨酸、磺胺、一些利尿剂及食品添加剂，可与清蛋白竞争性结合，使胆红素游离出来。故新生儿高胆红素血症应慎用水杨酸、磺胺类药物。

学与问：胆红素在血液中如何运输？

（三）胆红素在肝脏中的转变

1. 胆红素的摄取　胆红素-清蛋白复合体随血液运输至肝，胆红素迅速脱离清蛋白，被肝细胞摄取后，与胞质中可溶性载体 Y 蛋白和 Z 蛋白结合。这种结合促使胆红素不断向肝细胞内渗入，又防止胆红素反流入血。胆红素以胆红素- Y 蛋白(或胆红素- Z 蛋白)形式运输至内质网进行代谢转化。Y 蛋白结合胆红素能力比 Z 蛋白强，Y 蛋白结合饱和后，Z 蛋白的结合才增加。甲状腺素、溴酚磺酸钠和靛青绿等有机阴离子可竞争性结合 Y 蛋白，影响胆红素的转运。苯巴比妥可诱导 Y 蛋白的合成，加速胆红素转运。一般新生儿出生 7 周后 Y 蛋白才达到正常热水平，故新生儿易发生生理性黄疸，临床上可用苯巴比妥治疗。

2. 胆红素的转化　肝细胞内质网存在特异的 UDPGA 转移酶，催化胆红素与葡萄糖醛酸以酯键结合，生成胆红素葡萄糖醛酸酯。由于胆红素分子两个丙酸基的羧基均可与葡萄糖醛酸的羟基结合，故可分别形成单、双葡萄糖醛酸胆红素。胆汁中多以双葡萄糖醛酸胆红素为主。

胆红素经上述转化后称为结合胆红素，其极性增强，水溶性增大，利于从胆道排出或透过肾小球随尿排出，但不能穿越细胞膜进入血-脑脊液屏障，毒性明显降低，这是胆红素解毒的重要方式。由于结合胆红素分子中没有氢键，能迅速与重氮试剂反应生成紫红色偶氮化合物，故称直接胆红素。

3. 胆红素的排泄　结合胆红素在胞质内经高尔基体、溶酶体作用排入毛细血管，随胆汁排出。此过程是逆浓度梯度转运，需消耗能量。一旦排泄过程发生障碍，结合胆红素可反流入血，使血中结合胆红素水平增高。

糖皮质激素、苯巴比妥能诱导葡萄糖醛酸转移酶的生成，促进胆红素与葡萄糖醛酸结合，也促进结合胆红素的排出，可用来治疗高胆红素血症。

学与问：结合胆红素如何生成？

（四）胆红素的转变

结合胆红素随胆汁排入肠道后，自回肠下段至结肠，在肠道细菌作用下，由 β-葡萄糖醛酸酶催化水解脱去葡萄糖醛酸，释放出胆红素，再被逐步还原成无色的胆素原，即中胆素原、粪胆素原及尿胆素原。粪胆素原在肠道下段或随粪便排出后经空气氧化，变成棕黄色的粪胆素，是粪便的主要色素。正常成人每日从粪便排出的胆素原为40～80 mg。当胆道完全梗阻时，因结合胆红素无法排入肠道，不能形成粪胆素原及粪胆素，粪便则呈灰白色，临床称陶土样便。

生理情况下，肠道中有10%～20%的胆素原可被重吸收入血，经门静脉进入肝，其中大部分(90%)由肝脏摄取并以原形经胆汁分泌排入肠道，此过程称胆素原的肠肝循环。少量胆素原可进入体循环，由肾小球滤过，随尿排出，即尿胆素原。正常成人每天排出尿胆素原0.5～4.0 mg，尿胆素原遇空气被氧化成黄褐色的尿胆素，是尿胆素的主要色素。尿胆素原、尿胆素及尿胆红素在临床上称为尿三胆，是黄疸类型鉴别诊断的常用指标。

胆色素的代谢示意见图12-2。

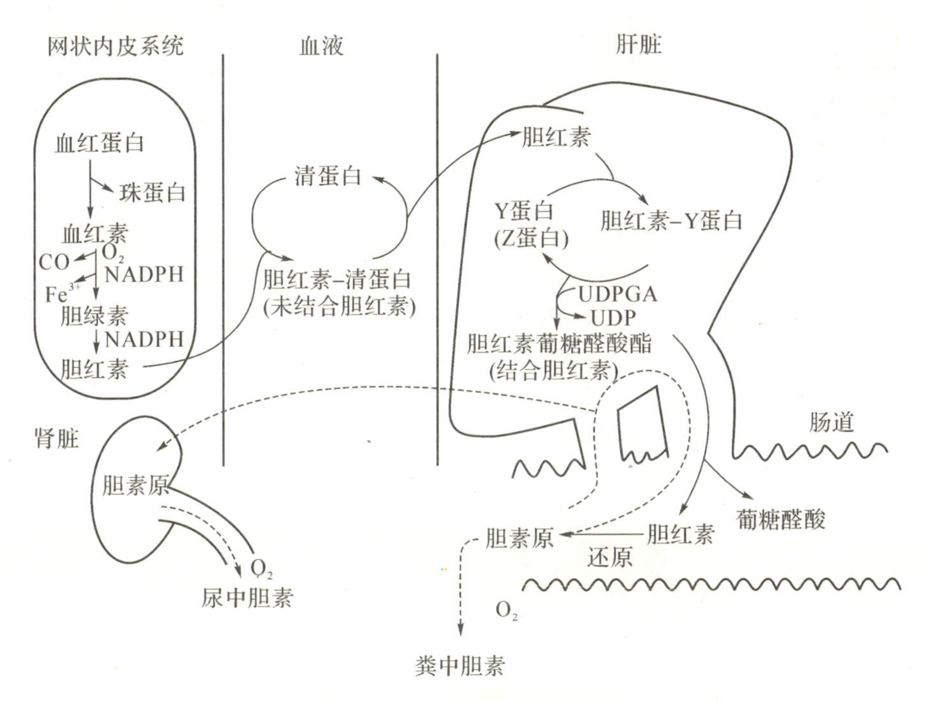

图12-2　胆色素代谢示意图

学与问：结合胆红素在肠道中如何转变？

（五）血清胆红素与黄疸

正常人血清中胆红素浓度不超过17.1 μmol/L，其中约4/5为未结合胆红素。结合胆红素和未结合胆红素的比较见表12-1。

表12-1　两类胆红素的比较

类别	未结合胆红素	结合胆红素
别名	间接胆红素、血胆红素	直接胆红素、肝胆红素
是否与葡萄糖醛酸结合	未结合	结合
与重氮试剂反应	间接反应(加乙醇或尿素后才发生反应)	直接反应
是否溶于水	难溶于水	水溶性强
经肾随尿排出	不能	能

如果胆红素生产过多或肝细胞对胆红素处理能力下降，均可使血中胆红素浓度增高，称高胆红素血症。胆红素为橙黄色，当血清浓度增高时，可扩散入组织，造成组织黄染，称为黄疸(jaundice)。巩膜和皮肤含较多弹性蛋白，与胆红素有较强亲和力，极易被染黄。一般血清中胆红素浓度超过 34.2 μmol/L 时，肉眼可见组织黄染。当血清中胆红素浓度在 17.1～34.2 μmol/L 时，肉眼不能观察到黄染现象，称为隐性黄疸。凡能引起胆红素代谢障碍的各种因素均可导致黄疸，根据成因分为以下三类：

1. 溶血性黄疸　因红细胞大量破坏，单核-吞噬细胞系统产生过多胆红素，超过肝细胞的处理能力，大量非结合胆红素进入血液引起胆红素增高，称为溶血性黄疸或肝前性黄疸。恶性疟疾、某些药物、6-磷酸葡萄糖脱氢酶缺乏及输血不当均可引起溶血性黄疸。其主要特征是血中非结合胆红素增高，肠道生成的胆素原增多，粪便颜色加深，非结合胆红素不能通过肾小球滤过，故尿中胆红素阴性。

2. 阻塞性黄疸　因胆红素排泄通道受阻，胆小管或毛细胆管压力增高而破裂，致使胆红素反流入血引起的黄疸，称阻塞性黄疸或肝后性黄疸。胆管炎症、肿瘤、结石、先天性胆道闭锁等疾病可致阻塞性黄疸。其主要特征是血中结合胆红素增高，肠道胆素原极少，粪便颜色变浅为陶土色，结合胆红素可以通过肾小球过滤，故尿中胆红素阳性。

3. 肝细胞性黄疸　由于肝功能严重损伤，肝细胞对胆红素的摄取、转化及排泄能力均下降引起的胆红素增高，称为肝细胞性或肝原性黄疸。肝炎、肝硬化、肝肿瘤等实质性病变会诱发肝细胞性黄疸。其主要特征是血中结合与非结合胆红素均增高，粪便颜色变浅，尿中胆红素阳性。三种类型黄疸异常改变比较见表 12-2。

学与问：什么是黄疸？如何分类？

表 12-2　三种类型黄疸异常改变比较

类型	血液		尿液		粪便颜色
	非结合胆红素	结合胆红素	胆红素	胆素原	
正常	有	无或极微	无	少量	黄色
溶血性黄疸	增加	不变或微增	无	显著增加	加深
阻塞性黄疸	不变或微增	增加	有	减少或无	变浅或陶土色
肝细胞性黄疸	增加	增加	有	不定	变浅

四、肾上腺素与去甲肾上腺素的代谢

肾上腺髓质组织中含有嗜铬细胞，可分泌肾上腺素(E)和去甲肾上腺素(NE)，它们来自于酪氨酸分解。

(一) 去甲肾上腺素和肾上腺素的生成

酪氨酸经酪氨酸羟化酶作用，生成 3,4-二羟苯丙氨酸(DOPA，多巴)。进一步经多巴脱羧酶作用，转变为多巴胺(DA)。在肾上腺髓质中，多巴胺的 β 碳原子羟化，生成去甲肾上腺素，后者受 N-甲基转移酶作用，由 S-腺苷蛋氨酸提供甲基转变为肾上腺素。多巴胺、肾上腺素、去甲肾上腺素统称为儿茶酚胺。

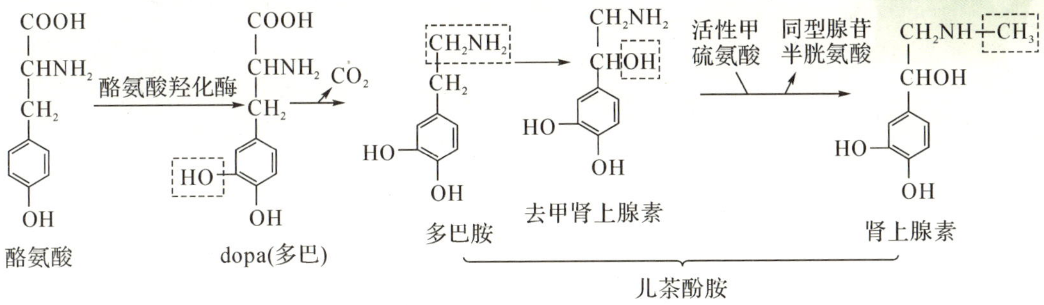

酪氨酸 —酪氨酸羟化酶→ dopa(多巴) —(CO_2)→ 多巴胺 → 去甲肾上腺素 —活性甲硫氨酸 / 同型腺苷半胱氨酸→ 肾上腺素

儿茶酚胺（多巴胺、去甲肾上腺素、肾上腺素）

（二）去甲肾上腺素的分解

单胺氧化酶（MAO）和儿茶酚-O-甲基转移酶（COMT）是催化儿茶酚胺分解的两种主要的酶，它们不仅存在于神经组织内，而且广泛地分布于非神经组织，神经元的线粒体膜上也很多。NE受MAO作用，首先氧化脱氨基生成醛，后者再变成醇或酸。3-甲氧基-4-羟基苯乙二醇（MHPG）是中枢内NE的主要降解产物。在外周则以氧化成香草基扁桃酸（VMA）为主。血液循环中的NE（主要是激素），则在肝、肾等组织经COMT作用变成甲氧基代谢产物而排泄。现在，临床上常测定尿中VMA含量，作为了解交感神经功能的指标，患嗜铬细胞瘤和神经母细胞瘤时，由于肿瘤组织也产生NE，其代谢产物VMA相应增多，故在诊断上颇有意义。

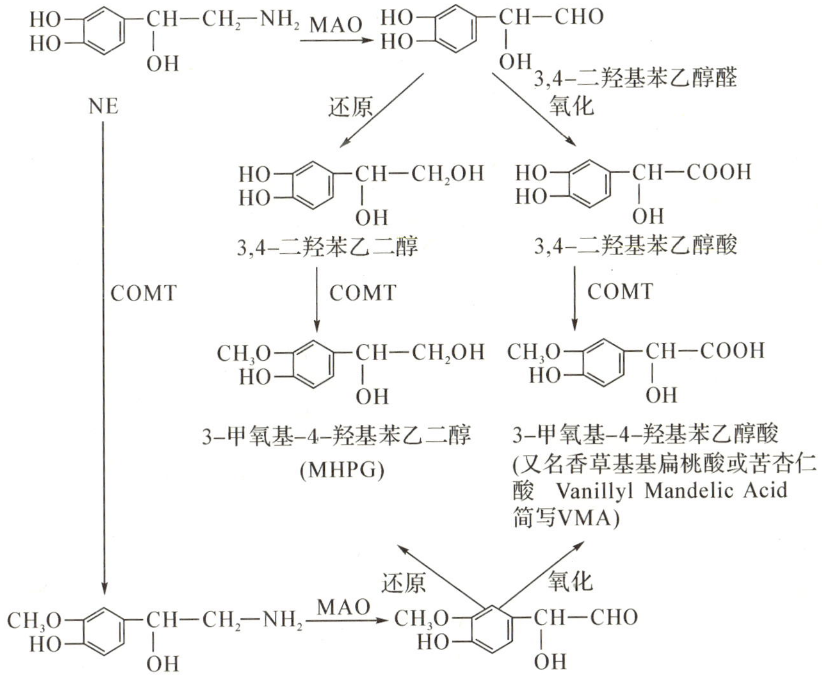

NE —MAO→ 3,4-二羟基苯乙醇醛

3,4-二羟基苯乙醇醛 —还原→ 3,4-二羟苯乙二醇 —COMT→ 3-甲氧基-4-羟基苯乙二醇（MHPG）

3,4-二羟基苯乙醇醛 —氧化→ 3,4-二羟基苯乙醇酸 —COMT→ 3-甲氧基-4-羟基苯乙醇酸（又名香草基基扁桃酸或苦杏仁酸 Vanillyl Mandelic Acid 简写VMA）

NE —COMT→ 3-甲氧基-4-羟基苯乙醇胺 —MAO→ 3-甲氧基-4-羟基苯乙醇醛 —还原→ MHPG；—氧化→ VMA

五、乙醇的代谢

人类摄入的乙醇可被胃和小肠迅速吸收，吸收后的乙醇90%以上在肝脏代谢。主要依赖肝中两种脱氢酶，乙醇脱氢酶催化乙醇脱氢生成乙醛，乙醛由乙醛脱氢酶催化脱氢生成乙酸，乙酸转化成乙酰辅酶A，进入三羧酸循环彻底氧化，生成水和二氧化碳。

人的酒量与肝内两种脱氢酶含量相关。豪饮者含有两种高活性的乙醇脱氢酶和乙醇脱氢酶。中毒酒量者一般只含乙醇脱氢酶，能把乙醇转化为乙醛，但因缺乏乙醛脱氢酶而导致乙醛积累，引起广泛的血管扩张，面部潮红。微饮或不能饮者一般两种酶都不存在。另外两种酶的活性与心情和时间有关。一般情况下，心情愉悦时则酶活性高，焦虑郁闷时酶活性低，且随时间(早、中、晚)不同酶活性逐渐增强。饮酒必加重肝脏负担，故肝病患者务必禁酒。

$$CH_3CH_2OH \xrightarrow{\text{乙醇脱氢酶}} CH_3CHO \xrightarrow{\text{乙醛脱氢酶}} CH_3COOH \longrightarrow \text{乙酰辅酶A} \xrightarrow{\text{三羧酸循环}} CO_2+H_2O$$

知识点归纳

肝脏是生物转化的主要器官。生物转化是指非营养物质在体内代谢转变的过程。生物转化反应的主要类型有第一相反应(包括氧化、还原和水解反应)和第二相反应(结合反应)。通过生物转化可使非营养物质极性增强，易于排出体外；使生物活性物质的活性、药物的药性或毒物的毒性降低或消除。但有的药物必须经生物转化才能表现出药理作用；某些非营养物质经生物转化后，其活性、毒性反而增强或极性反而降低不易排泄。生物转化的特点有连续性、多样性和解毒与致毒的双重性。

胆色素是含铁卟啉化合物在体内分解代谢的产物，包括胆绿素、胆红素、胆素原和胆素等化合物，其中主要成分是胆红素。胆红素主要来源于衰老的红细胞内血红蛋白分解。血红蛋白在单核-吞噬细胞中分解为珠蛋白和血红素。血红素分解释放出 CO 和 Fe 并生成胆绿素，胆绿素还原为胆红素。胆红素主要与血浆白蛋白结合形成胆红素-白蛋白复合物被运输至肝，与葡萄糖醛酸结合成葡萄糖醛酸胆红素(结合胆红素)。葡萄糖醛酸胆红素随胆汁排入肠道，脱去葡萄糖醛酸基团逐步还原生成无色的胆素原。少量胆素原被肠黏膜吸收，经门静脉入肝后，大部分又随胆汁排入肠腔，形成胆素原的肠-肝循环。小部分胆素原脱离该循环进入体循环随尿排出。

血清胆红素浓度超过 17.1 μmol/L，称为高胆红素血症。过量的胆红素扩散入组织，因其与弹性蛋白质有较高的亲和力，可将巩膜、上颚、皮肤黄染，临床上称为黄疸。

一、名词解释

生物转化　胆色素　胆素原的肠肝循环　黄疸　胆红素

二、选择题

单选题

1. 下列哪种物质在单核-吞噬系统细胞中生成　(　)

A. 胆红素　　B. 甲状腺素

C. 石胆酸　　D. 胆汁酸

E. 葡萄糖醛酸胆红素

2. 下列对游离胆红素的叙述正确的是　（　）

A. 胆红素与葡萄糖醛酸结合　B. 水溶性较大

C. 易通过生物膜　D. 可通过肾脏随尿排出

E. 与重氮试剂呈直接反应

3. 结合胆红素是指　（　）

A. 胆红素与血浆清蛋白结合　B. 胆红素与血浆球蛋白结合

C. 胆红素与肝细胞内 Y 蛋白结合　D. 胆红素与肝细胞内 Z 蛋白结合

E. 胆红素与葡萄糖醛酸结合

4. 胆红素主要源于下列哪种物质的降解　（　）

A. 血红蛋白　B. 肌红蛋白　C. 过氧化物酶　D. 过氧化氢酶　E. 细胞色素

5. 生物转化第二相反应最常见的结合物是　（　）

A. 乙酰基　B. 葡萄糖醛酸　C. 谷胱甘肽　D. 硫酸　E. 甘氨酸

6. 下列对直接胆红素的叙述错误的是　（　）

A. 是胆红素葡萄糖醛酸二酯　B. 水溶性较大

C. 不易透过生物膜　D. 必能透过肾脏随尿排出

E. 与重氮试剂起反应的速度快，呈直接反应

7. 生物转化最重要的意义是　（　）

A. 灭活生物活性物质　B. 解毒

C. 供能　D. 增加非营养物质溶解性，以利于排泄

E. 使某些药物药性更强或毒性增加

8. 血清直接胆红素指的是　（　）

A. 胆红素-清蛋白　B. GA-胆红素

C. 胆素　D. 胆素原

E. 胆绿素

多选题

9. 能进行生物转化的物质有　（　）

A. 营养物质

B. 生物活性物质

C. 药物，毒物，食品添加剂等外源性物质

D. 某些代谢终产物

E. 肠道内的腐败产物

10. 肝脏生物转化的特点有　（　）

A. 反应类型的多样性　B. 转化反应的连续性

C. 转化反应与年龄无关　D. 解毒和制毒的双重性

E. 转化作用的特异性

11. 下列关于肝脏生物转化的叙述错误的是　（　）

A. 可使非营养物质生物活性减低或消失

B. 可以转化非营养物质，使其利于从胆汁或尿液中排出体外

C. 生物转化作用是解毒作用

D. 氧化、还原、水解、结合是生物转化的基本反应

E. 结合反应是在肾脏中进行的

12. 影响肝脏生物转化的因素有　（　）

A. 年龄　B. 性别　C. 疾病　D. 诱导物　E. 抑制物

13. 结合胆红素的特点有　（　）

A. 重氮试剂起反应直接阳性　　B. 不能进入脑组织产生毒性
C. 是与血浆清蛋白结合的胆红素　　D. 分子最大,不在尿中出现
E. 重氮试剂起反应间接阳性

14. 游离胆红素的特点有（　）
A. 水溶性大　　B. 易通过细胞膜
C. 与血浆清蛋白亲和力大　　D. 不能透过肾小球滤过膜从尿中排出
E. 重氮试剂反应直接阳性

三、简答题

1. 何为生物转化？其反应类型、生理意义、影响因素及特点是什么？
2. 正常人尿液中是否有胆红素？为什么？
3. 阻塞性黄疸的患者粪便颜色有何改变？为什么？

选择题答案:1. A　2. C　3. E　4. A　5. B　6. D　7. D　8. B　9. BCDE　10. ABD　11. CE　12. ABCDE　13. AB　14. BCD

（迟亚璢）

主要参考文献

1. 朱霖.生物化学.合肥:安徽科学技术出版社,2009
2. 黄纯.生物化学.3版.北京:科学出版社,2009
3. 潘文干.生物化学.6版.北京:人民卫生出版社,2010
4. 贾弘禔,冯作化.生物化学与分子生物学.2版.北京:人民卫生出版社,2010
5. 康爱英.生物化学.郑州:河南科技出版社,2012
6. 蔡太生.生物化学.2版.郑州:河南科技出版社,2008
7. 鲁文胜.生物化学.南京:东南大学出版社,2006
8. 周建涛.生物化学.北京:中国协和医科大学出版社,2013
9. 周爱儒.生物化学.6版.北京;人民卫生出版社,2009